插图 1
400 度的浊度标准溶液

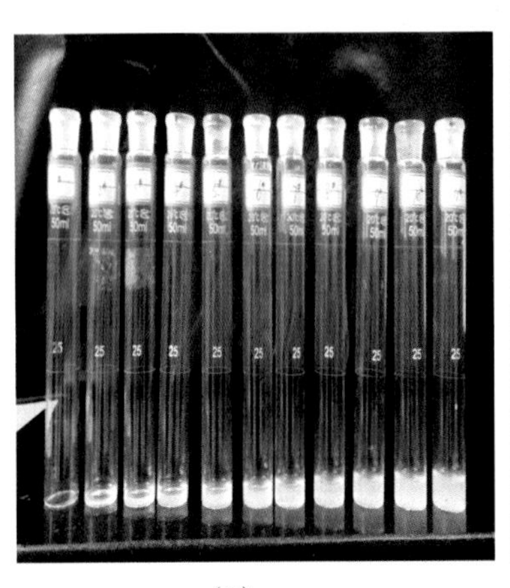

(1)

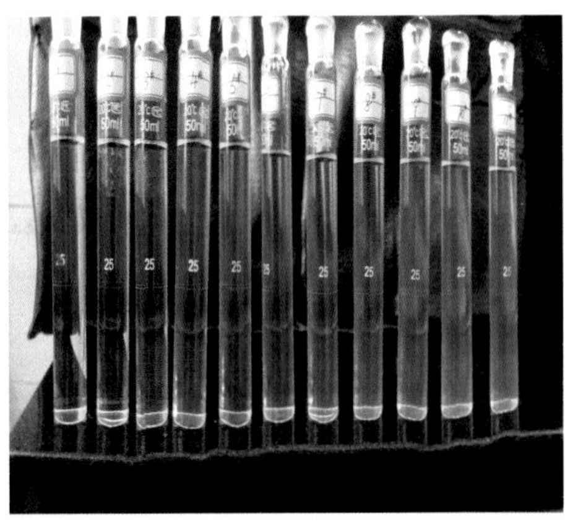

(2)

插图 2 浊度标准系列溶液

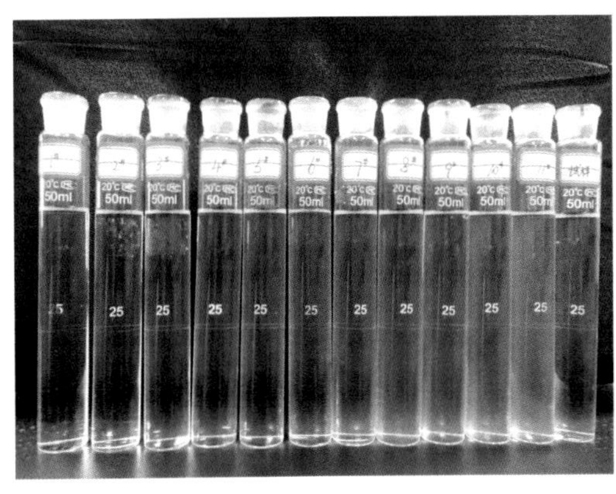

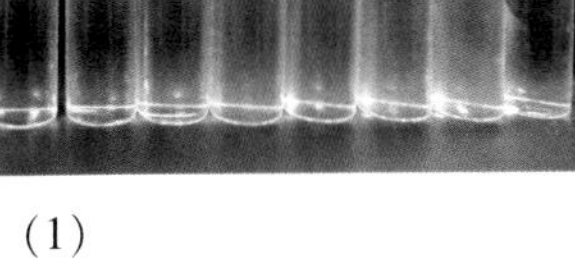

(1)

(2)

插图 3 目视比浊法测定水样浊度

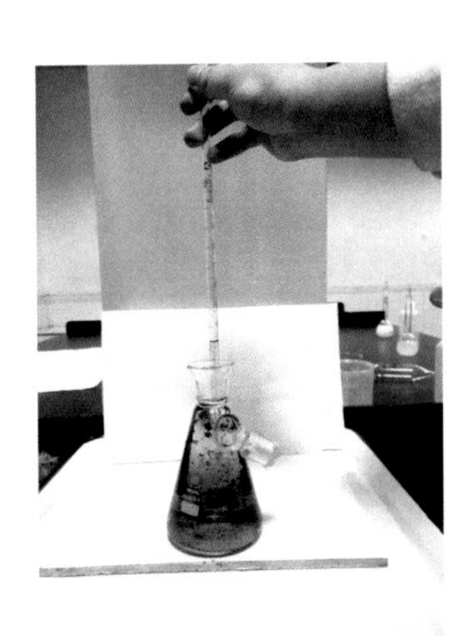

(1)

(2)

(3)

插图 4 溶解氧测定中游离碘的操

插图5 溶解氧测定滴定过程颜色变化对比图

（1）　　　　　　（2）

插图 6　钙镁总量测定滴定终点的颜色变化

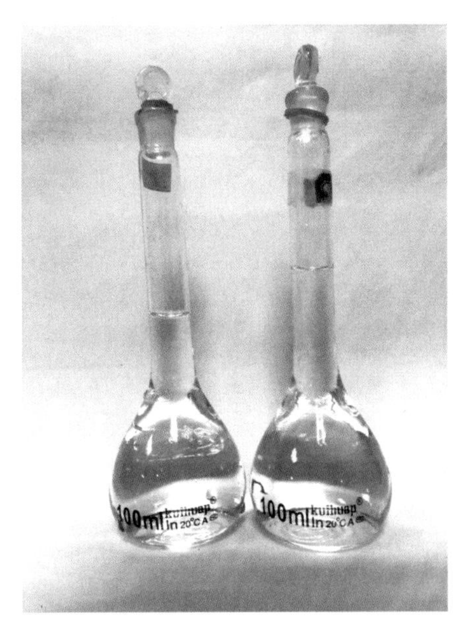

插图 7　总铬测定比色前的样品溶液

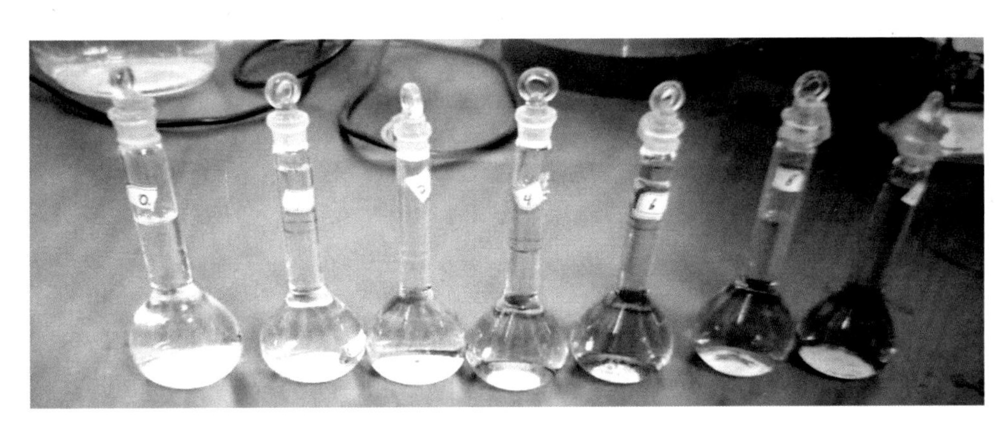

插图 8　显色后总铬测定的标准系列溶液

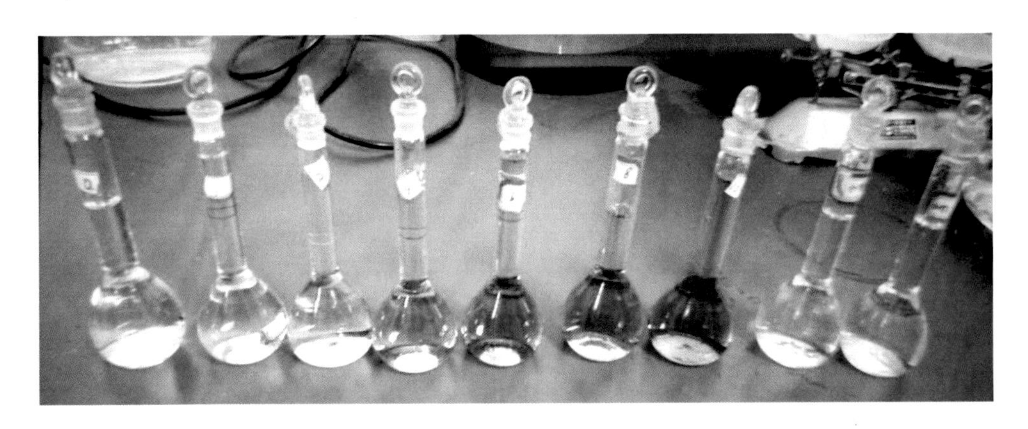

插图 9　显色后总铬测定的标准系列溶液和样品溶液

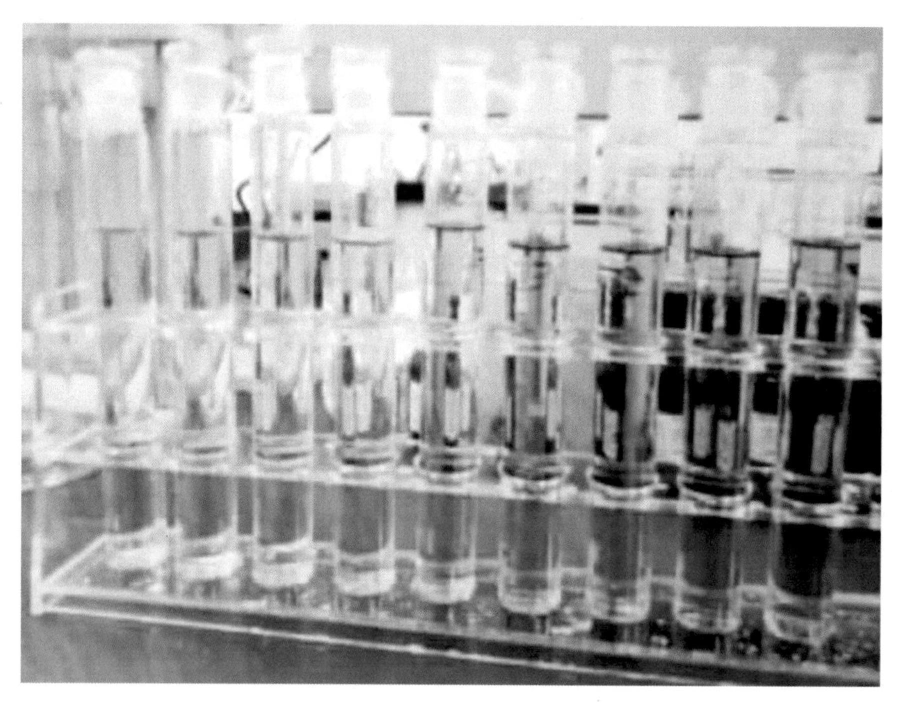

插图 10 总磷测定比色前磷标准系列溶液

插图 11 化学需氧量测定水样消解完成

插图 12 化学需氧量测定滴定终点

插图 13 阴离子洗涤剂测定过程中的颜色变化

全国技工教育规划教材

环境监测技术

主　审：张　雁　王启秀

主　编：王　坤　李文静

副主编：龚　锋　孙建华　吕　洁

参　编：陈德晋　江孟莲　万　堡

HUANJING JIANCE JISHU

西南大学出版社

SWUP 国家一级出版社 全国百佳图书出版单位

图书在版编目(CIP)数据

环境监测技术 / 王坤, 李文静主编. — 重庆：西南师范大学出版社, 2017.9(2024.6 重印)

ISBN 978-7-5621-8961-9

Ⅰ. ①环… Ⅱ. ①王… ②李… Ⅲ. ①环境监测-中等专业学校-教材 Ⅳ. ①X83

中国版本图书馆 CIP 数据核字(2017)第 217311 号

环境监测技术

张　雁　王启秀　主审

王　坤　李文静　主编

责任编辑：周明琼

装帧设计：汤　立

制作排版：重庆新综艺图文广告有限责任公司

出版发行：西南大学出版社(原西南师范大学出版社)

地址：重庆市北碚区天生路 2 号

印 刷 者：重庆市圣立印刷有限公司

开　　本：787mm×1092mm　1/16

彩　　插：2

印　　张：19.5

字　　数：480 千字

版　　次：2018 年 2 月　第 1 版

印　　次：2024 年 6 月　第 2 次印刷

书　　号：ISBN 978-7-5621-8961-9

定　　价：46.00 元

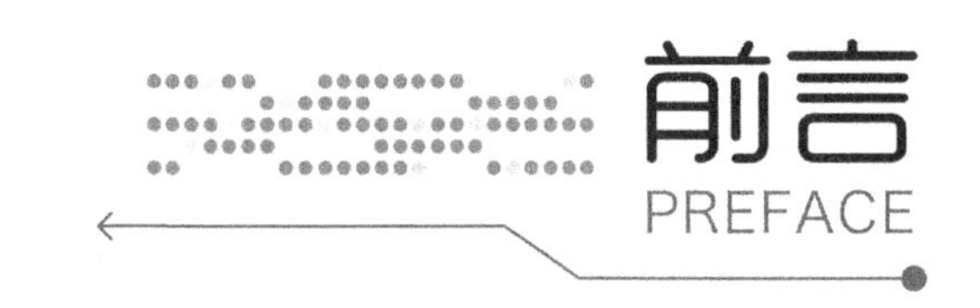

“环境监测技术”是职业院校工业分析与检验专业的专业核心课程。本教材是以职业院校工业分析与检验专业课程标准中“环境监测技术”课程标准为依据，以工业分析与检验专业相关工作任务和岗位职业能力分析为指导，以“任务引领，理实一体”的课程设计思路，根据岗位职业需求，结合本校学生以及教学的特点编写而成。

教材在编写过程中，以实践性内容为主，以测定项目有关的“必要、够用”的理论知识为辅，通过工作任务整合相关知识、技能、态度，将本课程设计为理论和实践一体化课程。以企业真实工作任务为导向设计教学过程，将要求掌握的教学内容，设计成若干项目，每个项目由若干任务组成，将理论知识融于实践中，每个任务按活动内容组织教学，在完成任务的过程中培养学生的职业能力，养成良好的职业规范，满足学生就业和职业发展的需要。教材中采用的测定方法全都来源于国家标准，使教材内容更贴近岗位实际，能帮助学生尽快地上岗工作。

本教材在编写形式上力求做到新颖、实用。教材中使用了插图，形式多样、内容丰富，使测定方法更直观、形象、易懂。教材在编排顺序上，从项目导入、总体介绍、污染情况、监测项目、任务划分等方面做了简单介绍；每个任务都编有任务引入、任务目标、任务分析、相关知识、任务实施、任务评价、拓展提高、课后自测、参考资料等栏目。这些多种形式的栏目编排，促使学生在学习过程中发现问题、提出问题，加强师生、生生之间的交流、讨论和展示，从而改变学生单一地被动接受知识的学习方式。

本教材改变传统的评价模式，每个项目都设有“过程评价”，做到操作过程、实验结果、知识掌握程度的全方位评价，促进每个学生的发展。

本教材由重庆市工业学校王坤、李文静主编，龚锋、孙建华、吕洁任副主编，陈德晋、江孟莲、万堡(重庆万州区上海中学)参编。重庆市工业学校张雁、重庆市环境监测中心王启秀主审。全书由三个项目、十四个任务组成。全书由王坤、李文静、龚锋、孙建华统筹。项目一的任务一、任务五、任务七由王坤编写;项目一的任务二、任务四、任务六、任务八由李文静编写;项目二的任务一由龚锋编写;项目二的任务二由孙建华编写;项目二的任务三、任务四,项目三由吕洁编写;项目一的任务三由万堡编写。资料和图片由陈德晋、江孟莲提供。全书由王坤统稿。

本书的编写得到许多企业的技术人员,特别是重庆恒鼎环境检测有限公司的技术人员很大的帮助和支持,在此谨向所有朋友致以衷心的感谢。

由于编者水平有限,编写时间仓促,书中疏漏和欠妥之处在所难免,恳请读者批评指正。

目录

CONTENTS

认识环境监测技术

我们环境监测技术要学习什么呢?

环境监测技术主要内容包括采样技术、监测技术、数据处理技术,是利用物理、化学和生物等技术手段及时、全面、准确地了解和反映环境质量状况及其变化趋势,是目前最具发展活力的环境分支学科之一,在环境学科及分析检测课程体系中占有重要的地位。

环境监测的过程一般为:现场调查、监测方案设计、监测区域优化布点、样品采集、样品运输保存、分析测试、数据处理、综合评价等。根据流程,从信息角度看,环境监测是环境质量信息的捕获、传递、解析、综合的过程。只有在对监测信息进行解析、综合的基础上,才能全面、客观、准确地揭示监测数据的内涵,对环境质量及其变化做出正确评价。

项目一 水和废水监测技术

项目导入

水是人类赖以生存的最重要的自然资源之一。地球上的水分布于由海洋、江、河、湖、库和地下水、大气水分及冰川共同构成的地球水圈中。据估计，地球上的水资源存在的总水量大约为 1.386×10^{18} m^3，其中，海水约占 94.47%(难以直接使用)，淡水仅占 2.53%。淡水不仅占的比例小，而且大部分存在于地球南北极的冰川、冰盖中，可利用的淡水资源只有河流、淡水湖和地下水的一小部分，总计不到总量的 1%。与人类关系最密切、又较易开发利用的淡水仅占地球上总水量的 0.77%。全球年降水量大约为 4×10^{14} m^3，其中 1/4 降在陆地上。

我国是一个水资源缺乏的国家，拥有水资源总量为 2.71×10^{12} m^3（其中地下水 8.23×10^{11} m^3），居世界第四位，但人均水资源占有量仅 2400 m^3，仅为世界人均占有量的四分之一。全国 600 多个城市中大约有一半城市缺水，缺水量 6×10^{11} m^3，每年因缺水造成上亿元人民币的经济损失。我国水资源的时空分布很不均衡，华北、西北地区严重缺水，为半干旱和干旱地区。秦岭—淮河以北的北方地区水资源量约占全国总水资源的 14.7%，而其耕地面积占全国总耕地面积的 59.2%。西北地区占据国土面积的 32%，只有约 7%的水资源量，且集中在夏季。首都北京严重缺水，被列为世界十大缺水城市之一。

问题的严重性不仅在于人类对水资源的需求量越来越大，而且还在于人为的污染造成了今天我们可利用的水资源越来越少。因此，保护水资源日益成为全人类共同关注的重要课题。

水的用途不同，对水质的要求也各异，依据水的不同用途以及水体保护的需要，中华人民共和国环保部和国家质量监督检验检疫总局制定了相应的水质标准和污水排放标准。包括海水、地面水、饮用水、渔业用水、农田灌溉用水、工业废水及某些行业排放废水的控制标准。

水质监测的项目主要包括物理性指标、化学性指标和卫生学指标等三个方面。物理性指标主要包括：温度、色度、嗅味、固体物质（总固体 TS、悬浮固体 SS）等。化学性指标主要包括：酸碱度、化学/生化需氧量、化学毒物等。卫生学指标主要包括：细菌总数、总大肠菌群、粪大肠菌群等。

本项目共包含八个工作任务。

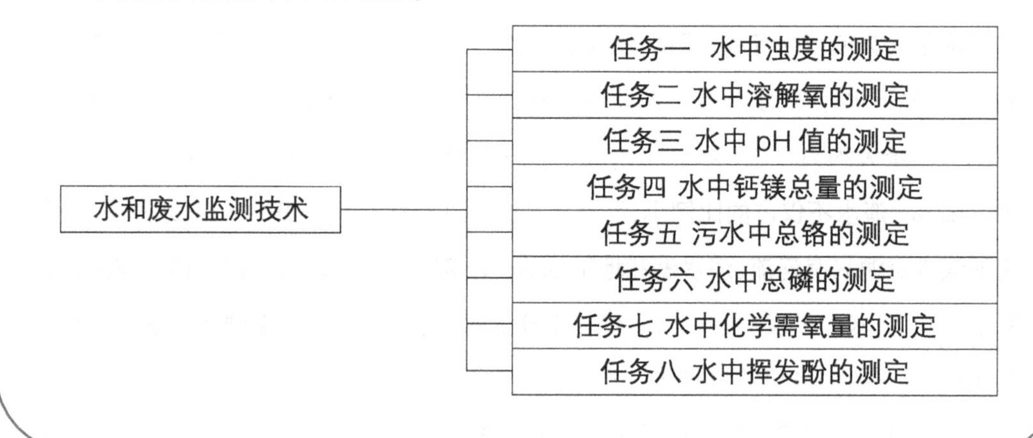

任务一　水中浊度的测定

任务引入

浊度是由于水中含有泥沙、黏土、有机物、无机物、浮游生物和微生物等悬浮物质所造成的，可使光散射或吸收。国家标准 GB 13200−1991《水质 浊度的测定》中规定了水质浊度测定的方法。

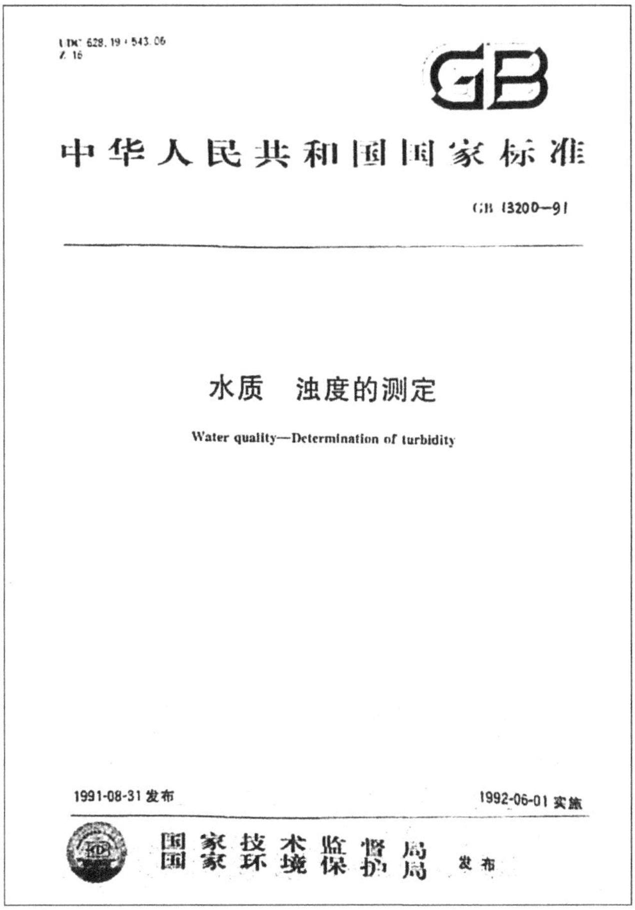

UDC 628.19:543.06
Z 16

GB

中华人民共和国国家标准

GB 13200—91

水质 浊度的测定

Water quality—Determination of turbidity

1991-08-31 发布　　1992-06-01 实施

国家技术监督局
国家环境保护局 发布

图 1-1-1 标准首页

任务目标

(1)会查阅有关标准,并能根据国家标准确认所需仪器和试剂。

(2)能根据国家标准规范配制浊度测定的标准溶液。

(3)了解浊度的定义,初步学会水样的采集与保存方法。

(4)掌握目视比浊法、分光光度法测定水中浊度的测量原理。

(5)通过水中浊度的测定实验与职业技能实训加深理解,学会监测操作的全过程。

(6)理解水体、水体污染、水体自净作用等名词术语。

(7)会区分水污染的类型,熟悉水中污染物的来源、对水体污染的程度和对环境的影响。

(8)了解水质监测指标的分类,熟悉水质监测项目的内容。

任务分析

1.明确任务流程

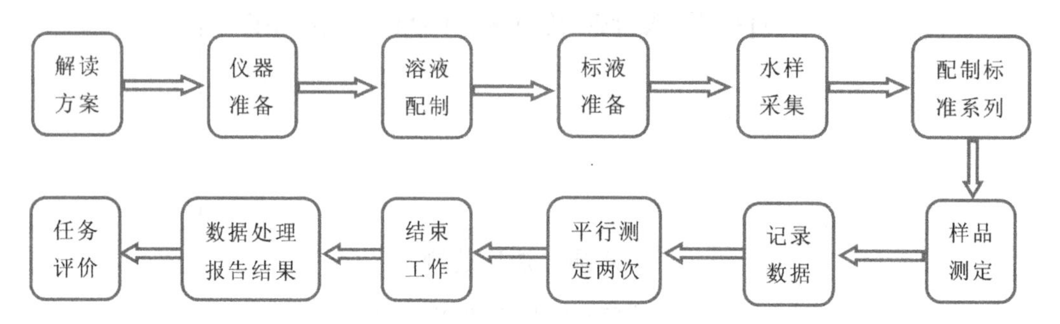

图 1-1-2　任务流程

2.任务难点分析

(1)浊度标准贮备液的配制。

(2)分光光度计的使用。

3.任务前准备

(1)GB 13200-1991《水质 浊度的测定》。

(2)水中浊度的测定视频资料。

(3)水中浊度的测定所需的仪器和试剂。

①仪器:100 mL 具塞比色管、1 L 容量瓶、250 mL 具塞无色玻璃瓶、1 L 量筒等。

②试剂:无浊度水、硫酸肼贮备液和六次甲基四胺贮备液、浊度标准溶液等。

相关知识

一、浊度测定基础知识

浊度是水中悬浮物对光线透射时所发生阻碍程度的一种衡量指标，水的浊度不仅与水中悬浮物质的含量有关,而且与它们的大小、形状及折射系数等有关。天然水经过混凝、沉淀和过滤等处理,变得清澈。测定水样浊度可用分光光度法、目视比浊法或浊度计(仪)法。国家标准 GB 13200-1991《水质 浊度的测定》中规定了水质浊度测定的两种方法。一种是分光光度法,此法适用于饮用水、天然水及高浊度水,最低检测浊度为 3 度;另一种是目视比浊法,它适用于饮用水和水源水等低浊度的水，最低检测浊度为 1 度。此外还可用浊度仪进行测定,适用于饮用水、天然水及高浊度水，最低检测浊度为 3 度。

测量浊度的样品应收集于具塞玻璃瓶内,应在取样后尽快测定。如需保存,可在 4 ℃冷藏、暗处保存 24 h,测试前要剧烈振摇水样并恢复到室温。

(一)分光光度法

分光光度法是将一定量硫酸肼[$(N_2H_4)\cdot H_2SO_4$] 和六次甲基四胺[$(CH_2)_6N_4$] 反应生成的白色高分子聚合物作为浊度标准溶液，规定 1 L 水中含 0.125 mg 硫酸肼和 1.25 mg 六次甲基四胺时的浑浊程度为 1 度。再用其配制一系列不同浊度的溶液,在 680 nm 波长处用比色皿测定吸光度,绘制吸光度−浊度标准工作曲线。在相同条件下测水样或稀释水样的吸光度,由工作曲线查水样浊度。如果水样经过稀释,要换算成原水样的浊度。

(二)目视比浊法

目视比浊法是将水样与用硅藻土(或白陶土)配制的标准浊度溶液进行比较,以确定水样的浊度。测定时配制一系列标准浊度溶液,其范围视水样浊度而定,取与标准浊度溶液等体积的摇匀水样,目视比较水样的浊度。我国采用 1 L 蒸馏水中含有 1 mg 一定粒度的硅藻土(或白陶土)溶液的浊度为一个浊度单位。

(三)浊度计法

浊度计是依据浑浊液对光进行散射或透射的原理制成的，用于测量悬浮于水或透明液体中不溶性颗粒物质所产生的光的散射程度,并能定量表征这些悬浮颗粒物质的含量。可以广泛应用于发电厂、纯净水厂、自来水厂、生活污水处理厂、饮料厂、环保部门、制酒行业及制药行业、防疫部门、医院等的浊度测量。一般用于水体浊度的连续监测。如图 1−1−3 和图 1−1−4 所示。

仪器的特点:①微电脑,触摸式键盘,LCD 背光液晶显示屏,串行 RS232 数据通信接口,可选配外置或内置打印机。②特制高强度长寿命光源,年、月、日时间显示,设有数据存储查询功能,可满足 GLP 需求。③数据非线性处理及数据平滑功能,快速自动多点校正,自诊断信息提示,可选量程自动或人工切换。④快捷设置平均测量模式,以最短的时间得到正确的数据,特别适用于极低浊度测量,可测不稳定水样。⑤精确的光路系统,可靠的定位结构,有效的色度补偿,直读浊度值。⑥可选光谱测量单元,多种测量模式,选配流动取样装置,可实现连续测量。

图 1-1-3 直读式浊度仪

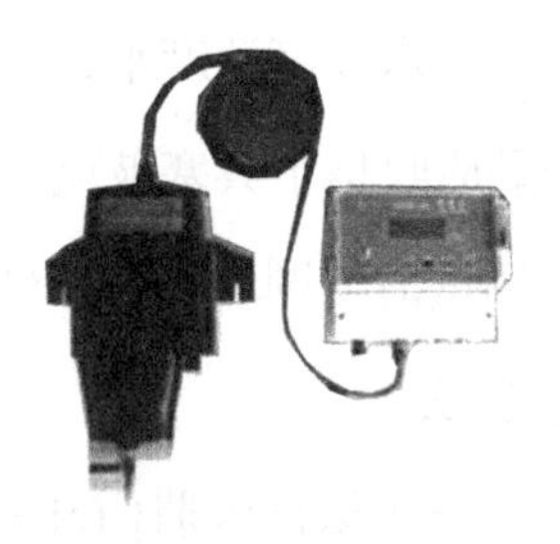

图 1-1-4 在线浊度计

二、水样的采集、运输、保存

(一)地表水采集

1.采样方法和采样器

(1)采样方法。

采样方法有船只采样、桥梁采样、涉水采样以及索道采样等。

①船只采样:适用于一般河流和水库。灵活,但采样地点不易固定。如图 1-1-5(1)(2)(3)所示。

(1)江河的采样点

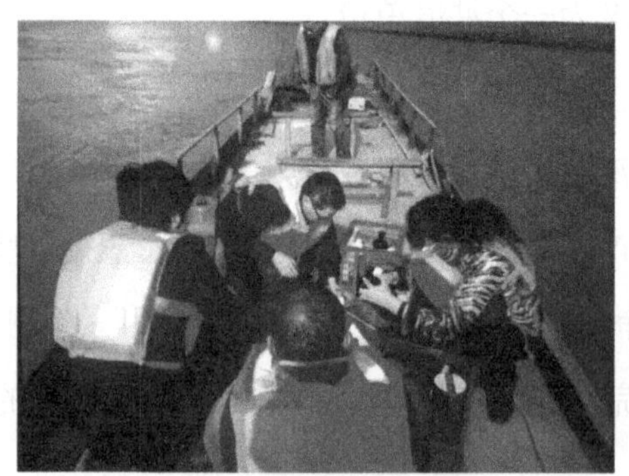

(2)利用船只采样

(3)现场进行样品保存

图 1-1-5 船只采样

②桥梁采样:利用现有桥梁或大坝采样。安全、可靠,不受天气和洪水的影响。如图 1-1-6 和 1-1-7 所示。

图 1-1-6 利用桥梁采样

图 1-1-7 利用大坝采样

③涉水采样：适用于较浅的小河和靠近岸边水浅的采样点。避免搅动沉积物，采样者应站在下游，向上游方向采集水样。如图 1-1-8 和图 1-1-9 所示。

图 1-1-8 涉水采集浅水样

图 1-1-9 涉水采集岸边浅水样

④索道采样：适用于地形复杂、险要、偏僻的小河流。

(2)采样器及使用方法。

常用的采样器有水桶、单层采水瓶、急流采水器、双层采水器等，其他还有塑料手摇泵、电动采水泵等。

①采集表层水。

可用桶、瓶等容器直接采取。一般用水样冲洗水桶 2~3 次，将其沉入水面下 0.3~0.5 m 处采集，而不宜直接取表层水。去除水面漂浮物。如图 1-1-10 和图 1-1-11 所示。

图 1-1-10 采集河流表层水

图 1-1-11 采集水塘表层水

②采集深层水样。

必须采用采样器，主要的采样器有：常用采水器、急流采水器、双层溶解气体采样器。

A.常用采水器：主要有简单采样器、单层采水瓶、有机玻璃采水器。用于无湍急水流的湖泊、水库和池塘等水体的深层水采样。

简单采样器是将带重锤的采样器沉入水中采集。将采样容器沉降至所需深度(可从绳上的标度看出)，上提细绳打开瓶塞，待水样充满容器后提出。如图 1-1-12 所示。

单层采水瓶适用于采集水流平缓的深层水样,是最常用的采样器。它是由底部附有重物的金属框和装在金属框内的小口采样瓶组成。框底附有铅块,以增加采样器质量。框架上有两根长绳或金属链,一根系在瓶塞上,控制瓶塞的起落。另一根系住金属框,控制金属框的升降,如图 1-1-13 所示。将采样瓶盖紧瓶塞,沉入预定深度,向上提取瓶塞的绳子,拔出瓶塞,水样即进入采样瓶内。待瓶内停止冒出气泡时,再放下瓶塞,将采样器提离水面即可。当采取全液层样品时,先向上提起瓶塞,再将采样器匀速地沉入水底部,若采样器刚沉到底部时,气泡停止冒出,放下瓶塞,提出采样器,即完成采样。

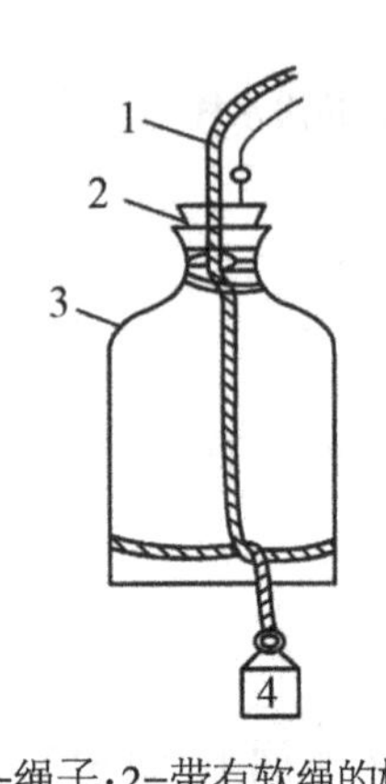

1-绳子;2-带有软绳的橡胶塞;3-采样瓶;4-重锤

图 1-1-12 简单采样器

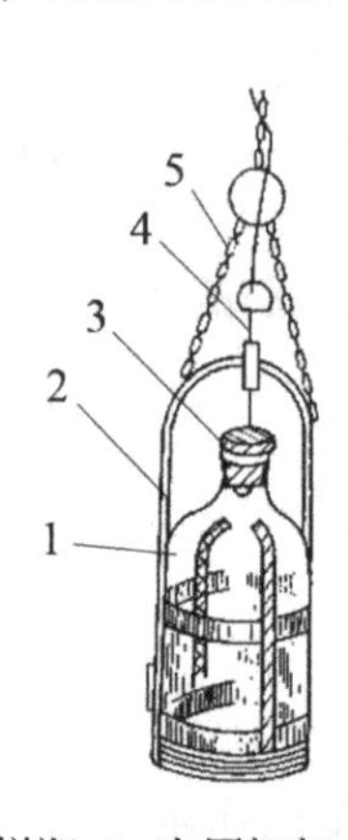

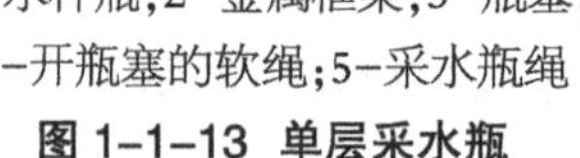
1-水样瓶;2-金属框架;3-瓶塞;4-开瓶塞的软绳;5-采水瓶绳

图 1-1-13 单层采水瓶

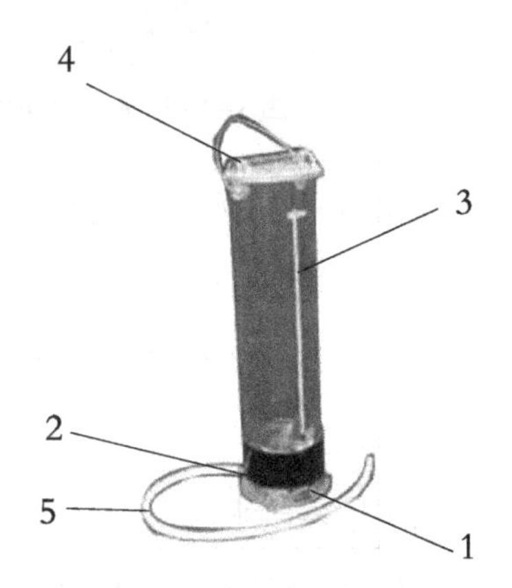

1-进水阀;2-压重铅阀;3-温度计;4-溢水门;5-橡胶管

图 1-1-14 有机玻璃采水器

有机玻璃采水器为圆柱形,上下底面均有活门。采水器沉入水中后,活门自动开启。采水器内部有温度计,可同时测定水温。如图 1-1-14 所示。

B.急流采水器适用于水流湍急、流量较大的采样点处的采样。它是将一根长钢管固定在铁框上,管内装一根橡胶管,其上部用夹子夹紧,下部与瓶塞上的短玻璃管相连,瓶塞上另有一长玻璃管通至采样瓶底部。采样前塞紧橡皮塞,然后沿船身垂直伸入要求水深处,打开上部橡胶管夹,水样即沿长玻璃管流入采样瓶中,瓶内空气由短玻璃管沿橡胶管排出。如图 1-1-15 所示。

C.双层溶解气体采样器可用于测定溶解气体(如溶解氧)项目的水样采集,如图 1-1-16 所示。将采样器沉入要求水深处后,打开上部的橡胶管夹,水样进入小瓶(采样瓶)并将空气驱入大瓶,从连接大瓶短玻璃管的橡胶管排出,直到大瓶中充满水样,提出水面后迅速密封。

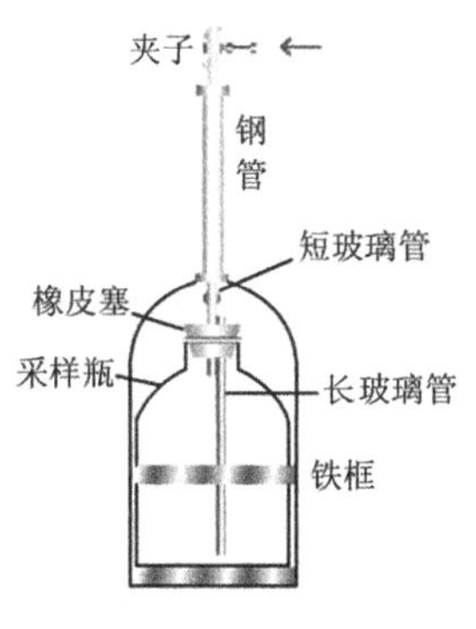

图 1-1-15 急流采水器

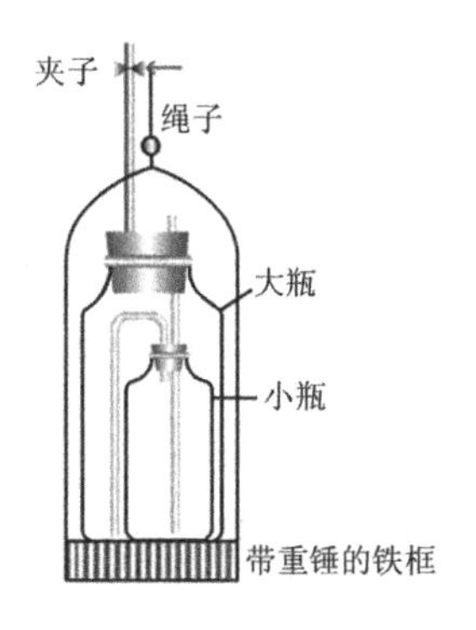

图 1-1-16 双层溶解气体采样器

2.采样记录

采样之后应按监测技术规范要求进行采样记录，一般包括采样现场描述与现场测定两部分内容,按表 1-1-1 记录,并妥善保管现场记录。

表 1-1-1 水质采样记录表

监测站名 ________________ 年度________________

编号							
河流(湖库)名称							
采样月日							
断面名称							
采样位置	断面号						
	垂线号						
	点位号						
	水深,m						
气象参数	气温,℃						
	气压,kPa						
	风向						
	风速,m/s						
	相对湿度,%						
流速,m/s							
流量,m^3/s							
现场测定记录	水温,℃						
	pH 值						
	溶解氧,mg/L						
	透明度,cm						
	电导率,μS/cm						
	感官指标描述						

采样人员:________________ 记录人员:________________

(二)地下水采集

采样前需要确定采样负责人，由采样负责人负责制订采样计划并组织实施。采样计划应包括:采样目的、监测井位、监测项目、采样数量、采样时间和路线、采样人员及分工、采样质量保证措施、采样器材和交通工具、需要现场监测的项目、安全保证等。

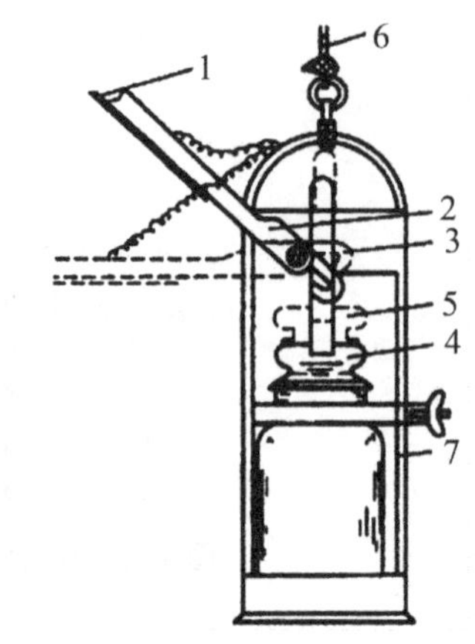

1-叶片;2-杠杆(关闭位置);3-杠杆(开口位置);4-玻璃塞(关闭位置);5-玻璃塞(开启位置);6-悬挂绳;7-金属架

图 1-1-17 深层采水器

采样方法和采样器:

对于专用的地下水水质监测井，采集水样时可以利用抽水设备或虹吸管。采样前应提前数日将监测井中积留的陈旧水抽出,待新水重新补充后再采集水样,采样深度应在距离地下水水面 0.5 m 以下,以确保水样能代表地下水水质。

对于无抽水设备的水井,可选择合适的专用采水器采集水样。一般采用深层采水器,如图 1-1-17 所示。

对于自喷的泉水,可在涌水口处直接采样。

地下水的水质比较稳定,一般采集瞬时水样,即能有较好的代表性。

(三)污水采集

污水一般都有固定的排水口,流量较小,距地面近,地形也不复杂,所以,所用采样设备和方法比较简单。

1.采样方法及监测项目

(1)浅水采样。

水面距地面较近时,可用容器直接灌注,注意不要用手接触污水。为安全起见,可用聚乙烯塑料长把勺采样。

(2)深水采样。

水面距地面较远时,使用特制的深层采样器采集。或用自制的负重架,架内固定聚乙烯塑料样品容器,沉入污水中采样。也可用塑料手摇泵或电动采水泵采样。

(3)自动采样。

用自动采样器或连续自动定时采样器采集。在企业内部的监测中,利用连续自动定时采样器采样具有很高的效率,所得数据不仅用于环保,也可为生产部门提供生产情况的信息。

注意采样时实际的采样位置在采样断面的中心。当水深大于 1 m 时，应在表层下 1/4 深度处采样；水深小于或等于 1 m 时，在水深的 1/2 处采样。

在分时间单元采集样品时，测定 pH 值、化学需氧量(COD)、五日生化需氧量(BOD_5)、溶解氧(DO)、硫化物、油类、有机物、余氯、大肠菌群、悬浮物、放射性等项目的样品，不能混合，只能单独采样。

2.采样记录

采样之后应按表 1-1-2 记录，并妥善保管现场记录。

表 1-1-2 污水采样记录表

监测站名 ________________　　　　年度________________

序号	企业名称	行业名称	采样口	采样口位置(车间或出厂口)	采样口流量，m^3/s	采样时间(月、日)	颜色	嗅味	备注

现场情况描述：　　　　治理设施运行状况：

采样人员：____________　企业接待人员：____________　记录人员：____________

(四)水样的管理与运输

1.采样器材与现场测定仪器的准备

采样器材主要是之前介绍的各种采样器和水样容器。关于水样保存及容器洗涤方法可查阅相关规定。对于使用过的容器应认真洗涤；对于新启用容器，则应事先做更充分的清洗，容器应做到定点、定项。采样器的材质和结构应符合《水质采样技术规程》中的规定。

2.水样的运输管理

对于采集的各种水样，除少部分在现场测定外，大部分要送到实验室进行检测。因此，要对采集的样品进行运输，在运输的过程中需要注意以下的几个问题：要塞紧采样容器塞子；为避免水样在运输过程中因震动、碰撞导致损失，最好将样品瓶装箱；需要冷藏的样品，应配备专门的隔热容器，放入制冷剂，将样品瓶置入其中；冬季应采取保温措施，以免冻裂样品瓶。

在水样转运过程中，每个水样都要附有一张管理程序登记卡(见表1-1-3)。在转运水样时，转交人和接收人都必须清点和检查水样并在登记卡上签字，注明日期和时间。管理程序登记卡是水样在运输过程中的文件，必须妥善保管，以防止出现差错和备查。尤其是通过第三者把水样从采样地点转移到实验室分析人员手中时，这张管理程序登记卡就显得更为重要了。

表 1-1-3 管理程序登记卡

<table>
<tr><td colspan="2">课题编号</td><td></td><td colspan="2">课题名称</td><td></td><td colspan="2" rowspan="3">样品容器编号</td><td colspan="4" rowspan="3">备注</td></tr>
<tr><td colspan="6">采样人员(签字)</td></tr>
<tr><td>采样点编号</td><td>日期</td><td>时刻</td><td>混合样</td><td>定时样</td><td>采样点位置</td></tr>
<tr><td></td><td></td><td></td><td></td><td></td><td></td><td></td><td></td><td></td><td></td><td></td><td></td></tr>
<tr><td></td><td></td><td></td><td></td><td></td><td></td><td></td><td></td><td></td><td></td><td></td><td></td></tr>
<tr><td></td><td></td><td></td><td></td><td></td><td></td><td></td><td></td><td></td><td></td><td></td><td></td></tr>
<tr><td colspan="2">转交人签字</td><td colspan="2">日期时刻</td><td colspan="2">接收人签字</td><td colspan="2">转交人签字</td><td colspan="2">日期时刻</td><td colspan="2">接收人签字</td></tr>
<tr><td colspan="2">转交人签字</td><td colspan="2">日期时刻</td><td colspan="2">接收人签字</td><td colspan="2">转交人签字</td><td colspan="2">日期时刻</td><td colspan="2">接收人签字</td></tr>
<tr><td colspan="2">转交人签字</td><td colspan="2">日期时刻</td><td colspan="2">接收人签字</td><td colspan="2">转交人签字</td><td colspan="4">备注</td></tr>
</table>

(五)水样的保存

1.水样保存的基本要求

水样的保存过程需要满足以下几个基本要求：减缓生物作用，减缓化合物或者络合物的水解及氧化还原作用，减少组分的挥发和吸附损失。

2.水样保存措施

储存水样的容器可能吸附水中欲测组分，因此水样应尽快分析测定。对于不能在现场测定的样品，应根据监测项目的不同，采取适宜的保存方法。

(1)储存容器的选择。

选择适当材料的容器，容器不能是新的污染源，如测定硅、硼不能使用硼硅玻璃瓶；容器器壁不应吸收或吸附某些待测组分，如测定有机物不能使用聚乙烯瓶；容器不应与某些待测组分发生反应，如测氟的水样不应贮于玻璃瓶中；测定对光敏感的组分，其水样应贮于深色瓶中。常用的容器材质有硼硅玻璃、石英、聚乙烯和聚四氟乙烯。其中石英和聚四氟乙烯杂质含量少，但价格昂贵，一般常规监测中广泛使用聚乙烯和硼硅玻璃材质的容器。

(2)水样的保存时间。

水样的运输时间以 24 h 为最大允许时间；最长储放时间清洁水样为 72 h，轻污染水样为 48 h,严重污染水样为 12 h。

(3)水样的保存方法。

①冷藏或冷冻。

冷藏或冷冻的目的是为了抑制微生物活动,减缓物理挥发和化学反应速度。

②加入生物抑制剂。

如在测定氨氮、化学需氧量的水样中加入 $HgCl_2$,可抑制生物的氧化还原作用;对测定酚的水样,用磷酸调至 pH=4 时,加入适量的 $CuSO_4$,可抑制苯酚菌的分解活动。

③控制溶液的 pH 值。

如测定金属离子的水样常用 HNO_3 酸化至 pH 值为 1~2,既可防止重金属离子水解生成沉淀，又可避免金属离子被器壁吸附；测定氰化物或挥发性酚的水样加入氢氧化钠调至 pH=12 时，使之生成稳定的酚盐等。另外，低 pH 还能抑制微生物的代谢，消除微生物对 COD、总有机碳(TOC)、油脂等项目测定的影响。

④加入氧化剂或还原剂。

加入氧化剂或还原剂以抑制氧化还原反应和生化作用。如测定硫化物的水样时加入抗坏血酸,可以防止硫化物被氧化;测定溶解氧的水样则需加入少量硫酸锰和碘化钾固定溶解氧等。

对于每个水样,我们可以根据其化学性质、水样组成等采取相应的保存措施,也可查阅相关资料。但应指出,加入的保存剂不应干扰测定,纯度最好是优级纯,还应做相应的空白试验,对测定结果进行校正。对于具体项目的水样保存技术可参看附录一。

任务实施

活动 1 解读水中浊度的测定国家标准

1.阅读与查找标准

(1)上网搜索查找浊度的测定方法标准。

(2)仔细阅读国家标准 GB 13200−1991《水质 浊度的测定》,确定浊度测定方案,找出方法的适用范围、检测限、干扰、方法原理、精密度和准确度等内容,并列出所需的其他相关标准。将查找结果填入表 1−1−4 中。

2.仪器和试剂的确认

依据查阅的标准,拟订仪器和试剂计划,填入表 1−1−4 中。

3.数据记录

表 1-1-4 解读《水质 浊度的测定》国家标准的原始记录

记录编号			
一、阅读与查找标准			
方法原理			
相关标准			
检测限			
准确度		精密度	
二、标准内容			
适用范围		限值	
定量公式		性状	
样品处理			
操作步骤			
三、仪器确认			
所需仪器			检定有效日期
四、试剂确认			
试剂名称	纯度	库存量	有效期
五、安全防护			
确认人		复核人	

活动 2 浊度测定仪器准备

按国家标准 GB 13200-1991《水质 浊度的测定》拟订和领取所需仪器，确认仪器的规格、型号，并完成表 1-1-5 领用记录的填写，做好仪器和设备的准备工作。

(1)目视比浊法：2 L 试剂瓶、100 mL 具塞比色管、1 L 容量瓶、250 mL 具塞无色玻璃瓶、1 L 量筒等。

(2)分光光度法：50 mL 和 100 mL 具塞比色管、分光光度计等。

活动 3 浊度测定中溶液的制备

按国家标准 GB 13200−1991《水质 浊度的测定》拟订和领取所需的试剂，完成表 1−1−5 领用记录的填写，并按要求配制所需的溶液和标准溶液。

表 1−1−5 仪器和试剂领用记录

仪器				
编号	名称	规格	数量	备注
试剂				
编号	名称	级别	数量	配制方法

浊度测定需要领取的试剂如图 1−1−18 所示。

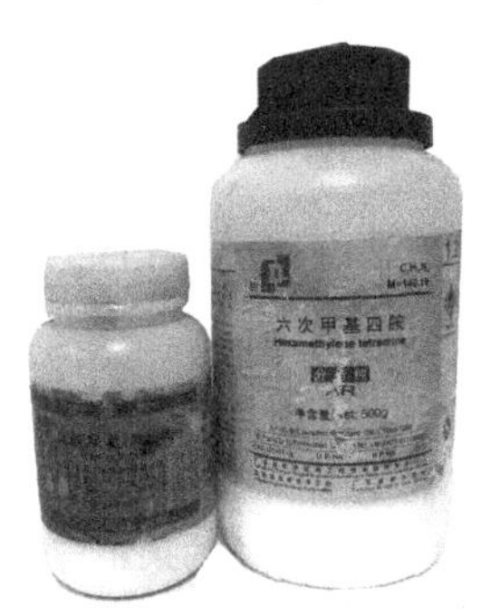

图 1−1−18 浊度测定的试剂

溶液制备具体任务：(1)制备无浊度水；(2)配制贮备液；(3)配制浊度标准溶液。

注意事项

(1)硫酸肼有毒、致癌！

(2)配制的浊度标准溶液可保存一个月。

1.无浊度水的制备

以蒸馏过的蒸馏水，通过 0.2 μm 的滤膜制备而成的，无浊度水的盛放瓶要保证清洁，应使用过滤水荡洗两次的烧瓶。

2.贮备液的配制

包括硫酸肼贮备液和六次甲基四胺贮备液。

(1)硫酸肼贮备液:1.000 g 的硫酸肼溶于无浊度水后,定容至 100 mL。

(2)六次甲基四胺贮备液:10.00 g 六次甲基四胺溶于无浊度水后定容至 100 mL。

3.浊度标准溶液的配制

取 5.00 mL 的硫酸肼贮备液和 5.00 mL 六次甲基四胺贮备液,置入 100 mL 容量瓶内混合容量均匀,在 25±3 ℃的条件下静置 24 h 后,以无浊度水将混合液稀释至 100 mL 标线并混合均匀,即为浊度 400 度的浊度标准溶液。如插图 1 所示。

活动 4 采集浊度测定的水样

1.取学校喷水池的水样

将 1 L 的采水瓶按要求清洗干净，找一处水深在 1 m 以上的学校喷水池，采集水面下 0.3 ~ 0.5 m 处的水样。

2.取自来水水样

用橡皮管一端接水龙头,另一端插入 1 L 的采水瓶底部,打开水龙头,待水试样进入采水瓶并溢出 1 min,取出橡皮管,但采水瓶内不得留有气泡。

3.记录数据

将水样采集记录填写在表 1-1-6 中。

表 1-1-6 水样的采集与保存记录

序号	测定项目	采样时间	采样点	颜色	嗅味	采样容器	保存剂及用量	保存期	采样量	备注

采样人员:____________ 记录人员:____________

注意事项

(1)测量浊度的样品应收集于具塞玻璃瓶内,应在取样后尽快测定。

(2)如需保存,可在 4 ℃冷藏、暗处保存 24 h。

(3)测试前要剧烈振摇水样并恢复到室温。

活动5 水中浊度的测定

1.实验原理

使用硫酸肼与六次甲基四胺聚合物悬浮液作为浊度标准溶液，来比对待测定水样的浊度值。

2.操作步骤

(1)目视比浊法。

①浊度10度及以下的水样测定。

配制浊度标准系列溶液:吸取浊度为100度的标准液0 mL,0.5 mL,1.0 mL,1.5 mL,2.0 mL,2.5 mL,3.0 mL,3.5 mL,4.0 mL,4.5 mL及5.0 mL于50 mL的比色管中,如插图2(1)所示;加水稀释至标线,混匀,配制成浊度为0度,1.0度,2.0度,3.0度,4.0度,5.0度,6.0度,7.0度,8.0度,9.0度和10.0度的标准液,如插图2(2)所示。

水样浊度测定:取50 mL摇匀的水样于50 mL比色管中,与上述标液进行比较。可在黑色底板上由上向下垂直观察,选出与水样产生相近视觉效果的标准液,记下其浊度。如插图3所示。

②浊度为10度以上的水样测定。

配制浊度标准系列溶液:吸取浊度为250度的标准液0 mL,10 mL,20 mL,30 mL,40 mL,50 mL,60 mL,70 mL,80 mL,90 mL及100 mL于250 mL容量瓶中,加水稀释至标线,混匀。即得浊度为0,10度,20度,30度,40度,50度,60度,70度,80度,90度和100度的标准液,将其移入成套的250 mL具塞无色玻璃瓶中,每瓶加入1 g氯化汞,以防菌类生长。

水样浊度测定:取250 mL摇匀的水样置于成套的250 mL具塞无色玻璃瓶中,瓶后放一块有黑线的白纸板作为判别标志。从瓶前向后观察,根据目标的清晰程度选出与水样产生相近视觉效果的标准液,记下其浊度值。

水样浊度超过100度时,用无浊度水稀释后测定。

(2)分光光度法。

①分光光度法标准曲线的绘制。

吸取浊度为400度的标准液0.00 mL,0.50 mL,1.25 mL,2.50 mL,5.00 mL,10.00 mL及12.50 mL于50 mL具塞比色管，稀释至50 mL即可获得0度,4度,10度,20度,40度,80度和100度的浊度系列溶液。以680 nm波长、30 mm比色皿来测定溶液的吸光度,绘制浊度标准溶液的吸光度标准曲线。

②水样浊度测定。

待测定水样的浊度如果低于 100 度则直接取样 50.0 mL，如果大于 100 度则取样量酌减并以无浊度水稀释至 50.0 mL，以 680 nm 波长、30 mm 比色皿来测定其吸光度，再将测定结果与标准曲线对比，即获得水样浊度测定值。

3.结果的表述

(1)目视比浊法：水样的浊度直接以目视确定为浊度报告。

(2)分光光度法：浊度(度)= $\frac{A(V+V_0)}{V_0}$

式中：A——稀释后水样的浊度，度；

V——稀释水体积，mL；

V_0——原水样体积，mL。

注意事项

(1)所有与样品接触的玻璃器皿必须清洁，可用盐酸或表面活性剂清洗。

(2)水样不准有碎屑及易沉颗粒。

活动 6　水中浊度的测定数据记录与处理

将测定数据及处理结果记录于表 1-1-7。

表 1-1-7　浊度的测定原始记录

样品名称			测定项目			测定时间	
测定方法			判定依据			环境温度	
合作人							
一、目视比浊法							
测定次数	1				2		
水样的浊度，度							
平均值，度							
二、标准曲线的绘制							
序号	1	2	3	4	5	6	7
标液的体积，mL	0.00	0.50	1.25	2.50	5.00	10.00	12.50
标液的浊度，度	0	4	10	20	40	80	100
吸光度							
标准曲线							
三、水样浊度的测定							
测定次数	1				2		
原水样体积 V_0，mL							

续表

稀释水体积 V,mL		
水样吸光度		
稀释后水样的浊度 A,度		
水样浊度计算公式		
水样的浊度,度		
平均值,度		
相对极差,%		

活动 7 撰写分析报告

将测定结果填写入表 1-1-8。

表 1-1-8 浊度测定检验报告(内页)

采样地点			样品编号	
执行标准				
检测项目	检测结果	限值	本项结论	备注
以下空白				

检验员(签字):______________ 工号:______________ 日期:______________

任务评价

表 1-1-9 任务评价表

考核内容	序号	考核标准	分值	小组评价	教师评价
解读国家标准(10分)	1	标准查找正确	2分		
	2	仪器的确认(种类、规格、精度)正确	2分		
	3	试剂的确认(种类、纯度、数量)正确	2分		
	4	解读标准的原始记录填写无误	4分		
仪器准备(5分)	5	仪器选择正确(规格、型号)	2分		
	6	仪器领用正确(规格、型号)	1分		
	7	仪器领用记录的填写正确	2分		
溶液准备(10分)	8	试剂领用正确(种类、纯度、数量)	2分		
	9	试剂领用记录的填写正确	3分		
	10	正确配制所需溶液	5分		
水样采集保存(10分)	11	选择采样点、采样方法、采样容器、采样量、运输等正确	5分		
	12	水样的保存方法、保存剂及用量、保存期等适当	5分		
测定操作(25分)	13	正确使用分光光度计	5分		
	14	测定浊度操作正确	10分		
	15	读数正确	2分		
	16	再次测定操作正确	5分		
	17	样品测定两次	3分		
测后工作及团队协作(10分)	18	仪器清洗、归位正确	2分		
	19	药品、仪器摆放整齐	2分		
	20	实验台面整洁	1分		
	21	分工明确,各尽其职	5分		
数据记录、处理及测定结果(25分)	22	及时记录数据、记录规范、无随意涂改	3分		
	23	正确填写原始记录表	2分		
	24	计算正确	5分		
	25	测定结果与标准值比较≤±1.0%	10分		
	26	相对极差≤1.0%	5分		
撰写分析报告(5分)	27	检验报告内容正确	2分		
	28	正确撰写检验报告	3分		
考核结果					

拓展提高

水和废水监测的基本知识

水是生态系统中最活跃、影响最广泛的要素，是一切生命必需元素得以循环的介质之一,它既是生命的源泉,也是工农业生产中不可替代的重要资源。水作为一种宝贵的资源,人们利用它不仅有量的需求,而且有质的限制。随着工农业的发展,城市的扩大,各种工业废水、生活污水、农业灌溉弃水及其他废弃物排入水体,致使江、河、湖、水库以及地下水等受到污染,引起水质恶化;在大气污染的协同作用下,干、湿尘降也进一步加剧了水体的污染,严重破坏了水生生态系统的生态平衡,对人类的生存和发展构成了严重威胁。对于不同的水体,监测的主要指标、监测的过程、评价的标准等方面都不完全一致,我们有必要先弄清水体及类型。

一、水体及水体类型

(一)什么是水体

水体是水的集合体,是海洋、湖泊、河流、沼泽、水库、地下水等的总称,是生物圈中水圈的重要组成部分。在环境科学领域中,水体不仅包括水,而且也包括水中的悬浮物、底泥和水中生物等。

(二)水体类型

按水体的类型,可将水体分为海洋水体和陆地水体两种。陆地水等体进一步可以分成地表水水体、地下水水体和降水三大类型。地表水存在于地壳表面,暴露于大气,亦称"陆地水",通常包括江河水、湖库水、海水、水塘水。地下水存在于地壳岩石裂缝或土壤空隙中,可分为浅层水、深层水和

图 1-1-19 水的自然循环示意图

泉水。降水是地面从大气中获得的水汽凝结物，包括水平降水（如霜、露、雾）和垂直降水（如雨、雪），它们之间通过地球物理循环相互转化，如图 1-1-19 所示。

二、水体污染及类型

（一）水体污染

水体污染是指排入水体的污染物在数量上超过了该物质在水体中的本底含量和水体的自净能力，导致水体的物理、化学特征发生不良变化，从而破坏其生态系统、功能及作用的现象。

（二）水体污染类型

水体污染可分为化学型污染、物理型污染和生物型污染三种主要类型。

1.化学型污染

化学型污染指随污水及其他废物排入水体中的酸、碱性物质，重金属或其化合物，氮、磷等营养元素和碳水化合物、脂肪和酚、蛋白质、醇等耗氧性有机物等造成的水体污染。又可分为无机物污染和有机物污染。

2.物理型污染

物理型污染指色度和浊度物质污染、悬浮杂质污染、热污染、放射性污染等物理因素造成的水体污染。

热污染是典型的物理污染。如工矿企业、热电站的热污水使水体的温度升高，水中的化学反应、生化反应也随之加快，溶解氧减少，影响鱼类的生存和繁殖。水温升高还会使水中的氰化物、重金属离子等有毒物质的毒性增强。

3.生物型污染

生物型污染是指病原微生物排入水体后，直接或间接地使人感染或传染各种疾病的污染。衡量指标主要有大肠菌类指数、细菌总数等。生活污水中的粪便，屠宰、畜牧、制革业、餐饮业以及医药等行业排出的污水，常含有各种病原体，如病毒、病菌、寄生虫等。

在实际的水体环境中，上述各类污染往往并不是单一存在的，它们常常同时并存，互有联系。

（三）水中污染物的类型

水中污染物有多种。

按污染物的性质可分为金属、非金属无机污染物，有机、农药及放射性污染物。

按污染物的性状则可分为物理的（色度、浊度、水温等）、化学的（有机污染和无机污染）、卫生学的(异味、臭氧)、生物的(微生物等)四个类型。

按污染物的危害程度可分为一类污染物(包括汞、镉、砷、铅和它们的无机化合物,六价铬的无机化合物,有机氯和强致癌物等)、二类污染物(包括悬浮物、硫化物、挥发酚、氰化物、有机磷、石油类,铜、锌、氟及它们的无机化合物,硝基苯类、苯胺类)。

各种污染物的环境迁移行为差别很大,但经过生物迁移以后,使得痕量的污染物得到浓集(或富集),并通过食物链的作用,进而影响到人类的健康和生命。

三、水体自净

(一)水体自净

当污染物进入水体以后,水质就会恶化,但恶化的水质在自然的作用下经过一定时间之后,又会恢复到受污染前的状况,这是由于水体具有自净的功能。

广义的水体自净是指在物理、化学和生物作用下,受污染的水体逐渐自然净化,水质复原的过程。

狭义的水体自净是指水体中微生物氧化分解有机污染物而使水体净化的作用。

水体自净可以发生在水中,如污染物在水中的稀释、扩散和水中生物化学分解等;可以发生在水与大气界面,如酚的挥发;也可以发生在水与水底间的界面,如水中污染物的沉淀、底泥吸附和底质中污染物的分解等。

(二)自净类型

水体自净大致分为三类,即物理净化、化学净化和生物净化。它们同时发生,相互影响,共同作用。

1.物理净化

物理净化是指污染物质由于稀释、扩散、混合和沉淀等作用而降低浓度的过程。污水进入水体后,可沉性固体在水流较弱的地方逐渐沉入水底,形成污泥;悬浮体、胶体和溶解性污染物因混合、稀释,浓度逐渐降低。污水稀释的程度通常用稀释比表示,对河流来说,用参与混合的河水流量与污水流量之比表示。污水排入河流经相当长的距离才能达到完全混合,因此这一比值是变化的。达到完全混合的距离受许多因素的影响,主要有稀释比、河流水文情势、河道弯曲程度、污水排放口的位置和形式等。在湖泊、水库和海洋中影响污水稀释的因素还有水流方向、风向和风力、水温和潮汐等。

2.化学净化

化学净化是指污染物由于氧化还原、酸碱反应、分解化合和吸附凝聚等化学或物理化学作用而降低浓度的过程。流动的水体从水面上大气中溶入氧气,使污染物中铁、锰等重金属离子氧化,生成难溶物质析出沉降。某些元素在一定酸性环境中,形成易溶性化合物,随水漂移而稀释;在中性或碱性条件下,某些元素形成难溶化合物而沉降。天然水中的胶体和悬浮物质微粒,吸附和凝聚水中污染物,随水流移动或逐渐沉降。

3.生物净化

生物净化,又称生物化学净化,是指生物活动尤其是微生物对有机物的氧化分解使污染物质的浓度降低的过程。工业有机废水和生活污水排入水域后,即产生分解转化,并消耗水中溶解氧。水中一部分有机物消耗于腐生微生物的繁殖,转化为细菌机体,细菌又成为原生动物的食料;另一部分转化为无机物。有机物逐渐转化为无机物和高等生物,水便净化。如果有机物过多,氧气消耗量大于补充量,水中溶解氧不断减少,终于因缺氧,有机物由好氧分解转为厌氧分解,于是水体变黑发臭。

图 1-1-20 表示的是一条假定河流,污水排入河流后河水自净过程中 COD、生化需氧量(BOD)和 DO 的变化过程。

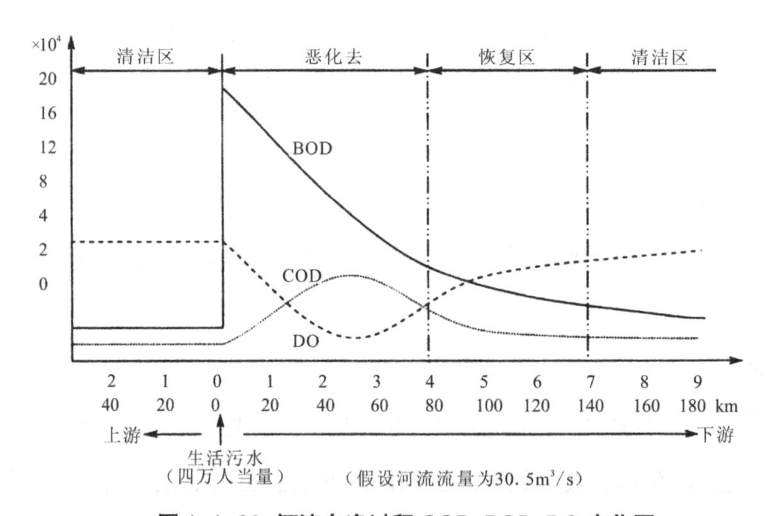

图 1-1-20 河流自净过程 COD、BOD、DO 变化图

四、水质和水质标准

水质是指水与水中杂质共同表现的综合特征。描述水质量的参数称为水质标准。依据水的不同用途以及水体保护的需要，中华人民共和国环保部和国家质量监督检验检疫总局制定了相应的水质标准和污水排放标准。水质标准中的各项指标是对水体进行监测、评价、利

用以及污染治理的主要依据。

水质标准主要有:《饮用净水水质标准》《农田灌溉水质标准》《游泳池水质标准》《海水水质标准》《地表水环境质量标准》《渔业水质标准》《自来水水质标准》《地下水水质标准》《污水排入城市下水道水质标准》等。

以 GB 5749-2006《生活饮用水卫生标准》为例,其中的水质指标包括:微生物指标、毒理学指标、感官性状和一般化学指标、放射性指标等四大类,参见表 1-1-10。

表 1-1-10 生活饮用水水质常规指标及限值(GB 5749-2006)

指　标	限　值
1.微生物指标①	
总大肠菌群(MPN/100 mL 或 CFU/100 mL)	不得检出
耐热大肠菌群(MPN/100 mL 或 CFU/100 mL)	不得检出
大肠埃希氏菌(MPN/100 mL 或 CFU/100 mL)	不得检出
菌落总数(CFU/mL)	100
2.毒理指标	
砷(mg/L)	0.01
镉(mg/L)	0.005
铬(六价,mg/L)	0.05
铅(mg/L)	0.01
汞(mg/L)	0.001
硒(mg/L)	0.01
氰化物(mg/L)	0.05
氟化物(mg/L)	1.0
硝酸盐(以 N 计,mg/L)	10,地下水源限制时为 20
三氯甲烷(mg/L)	0.06
四氯化碳(mg/L)	0.002
溴酸盐(使用臭氧时,mg/L)	0.01
甲醛(使用臭氧时,mg/L)	0.9
亚氯酸盐(使用二氧化氯消毒时,mg/L)	0.7
氯酸盐(使用复合二氧化氯消毒时,mg/L)	0.7

续表

指　标	限　值
3.感官性状和一般化学指标	
色度(铂钴色度单位)	15
浑浊度(NTU–散射浊度单位)	1,水源与净水技术条件限制时为3
臭和味	无异臭、异味
肉眼可见物	无
pH值	不小于6.5且不大于8.5
铝(mg/L)	0.2
铁(mg/L)	0.3
锰(mg/L)	0.1
铜(mg/L)	1.0
锌(mg/L)	1.0
氯化物(mg/L)	250
硫酸盐(mg/L)	250
溶解性总固体(mg/L)	1000
总硬度(以$CaCO_3$计,mg/L)	450
耗氧量(COD_{Mn}法,以O_2计,mg/L)	3 水源限制,原水耗氧量>6 mg/L时为5
挥发酚类(以苯酚计,mg/L)	0.002
阴离子合成洗涤剂(mg/L)	0.3
4.放射性指标②	指导值
总α放射性(Bq/L)	0.5
总β放射性(Bq/L)	1

①MPN表示最可能数;CFU表示菌落形成单位。当水样检出总大肠菌群时,应进一步检验大肠埃希氏菌或耐热大肠菌群;水样未检出总大肠菌群,不必检验大肠埃希氏菌或耐热大肠菌群。
②放射性指标超过指导值,应进行核素分析和评价,判定能否饮用。

五、水质监测的目的和项目

水质监测可分为水环境现状监测和水污染源监测。代表水环境现状的水体包含地表水(江、河、湖、库、海水)和地下水;水污染源包括生活污水、医院污水和各种工业废水,有时还包括农业废水、初级雨水和酸性矿山排水。

(一)水质监测的目的

水质监测的目的可概括为以下几个方面：

(1)对进入江、河、湖、库、海洋等地表水体的污染物质及渗透到地下水中的污染物质进行经常性的监测,以掌握水质现状及其发展趋势。

(2)对生产过程、生活设施及其他排放源排放的各类污水进行监视性监测,为污染源管理和排污收费提供依据。

(3)对水环境污染事故进行应急监测,为分析判断事故原因、危害及采取对策提供依据。

(4)为国家政府部门制定环境保护法规、标准及规划,全面开展环境保护管理工作提供有关数据和资料。

(5)为开展水环境质量评价、预测预报及进行环境科学研究提供基础数据和手段。

(二)水质监测的项目

水质监测的项目主要包括物理的、化学的和生物的三个方面,但由于水体中通常都含有数量繁多的化学物质和微生物,不可能全部加以监测,因而监测项目的选择首先取决于水体目前和将来的用途,其次是监测站的职能。

《地表水和污水监测技术规范》(HJ/T 91-2002)中分别规定了地表水监测项目(参见表1-1-11)、工业废水监测项目(参见表1-1-12)、水和污水监测分析方法(参见表1-1-13)。

表1-1-11 地表水监测项目①(HJ/T 91-2002)

	必测项目	选测项目
河流	水温、pH值、溶解氧、高锰酸盐指数、化学需氧量、BOD_5、氨氮、总氮、总磷、铜、锌、氟化物、硒、砷、汞、镉、铬(六价)、铅、氰化物、挥发酚、石油类、阴离子表面活性剂、硫化物和粪大肠菌群	总有机碳、甲基汞,其他项目参照表1-1-12,根据纳污情况由各级相关环境保护主管部门确定
集中式饮用水源地	水温、pH值、溶解氧、悬浮物②、高锰酸盐指数、化学需氧量、BOD_5、氨氮、总磷、总氮、铜、锌、氟化物、铁、锰、硒、砷、汞、镉、铬(六价)、铅、氰化物、挥发酚、石油类、阴离子表面活性剂、硫化物、硫酸盐、氯化物、硝酸盐和粪大肠菌群	三氯甲烷、四氯化碳、三溴甲烷、二氯甲烷、1,2-二氯乙烷、环氧氯丙烷、氯乙烯、1,1-二氯乙烯、1,2-二氯乙烯、三氯乙烯、四氯乙烯、氯丁二烯、六氯丁二烯、苯乙烯、甲醛、乙醛、丙烯醛、三氯乙醛、苯、甲苯、乙苯、二甲苯③、异丙苯、氯苯、1,2-二氯苯、1,4-二氯苯、三氯苯④、四氯苯⑤、六氯苯、硝基苯、二硝基苯⑥、2,4-二硝基甲苯、2,4,6-三硝基甲苯、硝基氯苯⑦、2,4-二硝基氯苯、2,4-二氯苯酚、2,4,6-三氯苯酚、五氯酚、苯胺、联苯胺、丙烯酰胺、丙烯腈、邻苯二甲酸二丁酯、邻苯二甲酸二(2-乙基己基)酯、水合肼、四乙基铅、吡啶、松节油、苦味酸、丁基黄原酸、活性氯、滴滴涕、林丹、环氧七氯、对硫磷、甲基对硫磷、马拉硫磷、乐果、敌敌畏、敌百虫、内吸磷、百菌清、甲萘威、溴氰菊酯、阿特拉津、苯并[a]芘、甲基汞、多氯联苯⑧、微囊藻毒素-LR、黄磷、钼、钴、铍、硼、锑、镍、钡、钒、钛、铊

续表

	必测项目	选测项目
湖泊水库	水温、pH值、溶解氧、高锰酸盐指数、化学需氧量、BOD_5、氨氮、总磷、总氮、铜、锌、氟化物、硒、砷、汞、镉、铬(六价)、铅、氰化物、挥发酚、石油类、阴离子表面活性剂、硫化物和粪大肠菌群	总有机碳、甲基汞、硝酸盐、亚硝酸盐,其他项目参照表1-1-12,根据纳污情况由各级相关环境保护主管部门确定
排污河(渠)	根据纳污情况,参照表1-1-12中工业废水监测项目	

注:①监测项目中,有的项目监测结果低于检测限,并确认没有新的污染源增加时可减少监测频次。根据各地经济发展情况不同,在有监测能力(配置GC/MS)的地区每年应监测1次选测项目。

② 悬浮物在5 mg/L以下时,测定浊度。

③ 二甲苯指邻二甲苯、间二甲苯和对二甲苯。

④ 三氯苯指1,2,3-三氯苯、1,2,4-三氯苯和1,3,5-三氯苯。

⑤ 四氯苯指1,2,3,4-四氯苯、1,2,3,5-四氯苯和1,2,4,5-四氯苯。

⑥ 二硝基苯指邻二硝基苯、间二硝基苯和对二硝基苯。

⑦ 硝基氯苯指邻硝基氯苯、间硝基氯苯和对硝基氯苯。

⑧ 多氯联苯指PCB-1016、PCB-1221、PCB-1232、PCB-1242、PCB-1248、PCB-1254和PCB-1260。

表1-1-12 工业废水监测项目(HJ/T 91-2002)

类型	必测项目	选测项目[①]
黑色金属矿山(包括磷铁矿、赤铁矿、锰矿等)	pH值、悬浮物、重金属[②]	硫化物、锑、铋、锡、氯化物
钢铁工业(包括选矿、烧结、炼焦、炼铁、炼钢、连铸、轧钢等)	pH值、悬浮物、COD、挥发酚、氰化物、油类、六价铬、锌、氨氮	硫化物、氟化物、BOD_5、铬
选矿药剂	COD、BOD_5、悬浮物、硫化物、重金属	
有色金属矿山及冶炼(包括选矿、烧结、电解、精炼等)	pH值、COD、悬浮物、氰化物、重金属	硫化物、铍、铝、钒、钴、锑、铋
非金属矿物制品业	pH值、悬浮物、COD、BOD_5、重金属	油类
煤气生产和供应业	pH值、悬浮物、COD、BOD_5、油类、重金属、挥发酚、硫化物	多环芳烃、苯并[a]芘、挥发性卤代烃
火力发电(热电)	pH值、悬浮物、硫化物、COD	BOD_5

续表

类 型		必测项目	选测项目①
电力、蒸汽、热水生产和供应业		pH 值、悬浮物、硫化物、COD、挥发酚、油类	BOD_5
煤炭采造业		pH 值、悬浮物、硫化物	砷、油类、汞、挥发酚、COD、BOD_5
焦化		COD、悬浮物、挥发酚、氨氮、氰化物、油类、苯并[a]芘	总有机碳
石油开采		COD、BOD_5、悬浮物、油类、硫化物、挥发性卤代烃、总有机碳	挥发酚、总铬
石油加工及炼焦业		COD、BOD_5、悬浮物、油类、硫化物、挥发酚、总有机碳、多环芳烃	苯并[a]芘、苯系物、铝、氯化物
化学矿开采	硫铁矿	pH 值、COD、BOD_5、硫化物、悬浮物、砷	
	磷矿	pH 值、氟化物、悬浮物、磷酸盐(P)、黄磷、总磷	
	汞矿	pH 值、悬浮物、汞	硫化物、砷
无机原料	硫酸	酸度(或 pH 值)、硫化物、重金属、悬浮物	砷、氟化物、氯化物、铝
	氯碱	碱度(或酸度，或 pH 值)、COD、悬浮物	汞
	铬盐	酸度(或碱度，或 pH 值)、六价铬、总铬、悬浮物	汞
有机原料		COD、挥发酚、氰化物、悬浮物、总有机碳	苯系物、硝基苯类、总有机碳、有机氯类、邻苯二甲酸酯等
塑料		COD、BOD_5、油类、总有机碳、硫化物、悬浮物	氯化物、铝
化学纤维		pH 值、COD、BOD_5、悬浮物、总有机碳、油类、色度	氯化物、铝
橡胶		COD、BOD_5、油类、总有机碳、硫化物、六价铬	苯系物、苯并[a]芘、重金属、邻苯二甲酸酯、氯化物等
医药生产		pH 值、COD、BOD_5、油类、总有机碳、悬浮物、挥发酚	苯胺类、硝基苯类、氯化物、铝
染料		COD、苯胺类、挥发酚、总有机碳、色度、悬浮物	硝基苯类、硫化物、氯化物
颜料		COD、硫化物、悬浮物、总有机碳、汞、六价铬	色度、重金属
油漆		COD、挥发酚、油类、总有机碳、六价铬、铅	苯系物、硝基苯类
合成洗涤剂		COD、阴离子合成洗涤剂、油类、总磷、黄磷、总有机碳	苯系物、氯化物、铝
合成脂肪酸		pH 值、COD、悬浮物、总有机碳	油类

续表

类型		必测项目	选测项目①
聚氯乙烯		pH值、COD、BOD_5、总有机碳、悬浮物、硫化物、总汞、氯乙烯	挥发酚
感光材料,广播电影电视业		COD、悬浮物、挥发酚、总有机碳、硫化物、银、氰化物	显影剂及其氧化物
其他有机化工		COD、BOD_5、悬浮物、油类、挥发酚、氰化物、总有机碳	pH值、硝基苯类、氯化物
化肥	磷肥	pH值、COD、BOD_5、悬浮物、磷酸盐、氟化物、总磷	砷、油类
	氮肥	COD、BOD_5、悬浮物、氨氮、挥发酚、总氮、总磷	砷、铜、氰化物、油类
合成氨工业		pH值、COD、悬浮物、氨氮、总有机碳、挥发酚、硫化物、氰化物、石油类、总氮	镍
农业	有机磷	COD、BOD_5、悬浮物、挥发酚、硫化物、有机磷、总磷	总有机碳、油类
	有机氯	COD、BOD_5、悬浮物、硫化物、挥发酚、有机氯	总有机碳、油类
除草剂工业		pH值、COD、悬浮物、总有机碳、百草枯、阿特拉津、吡啶	除草醚、五氯酚、五氯酚钠、2,4-D、丁草胺、绿麦隆、氯化物、铝、苯、二甲苯、氨、氯甲烷、联吡啶
电镀		pH值、碱度、重金属、氰化物	钴、铝、氯化物、油类
烧碱		pH值、悬浮物、汞、石棉、活性氯	COD、油类
电气机械及器材制造业		pH值、COD、BOD_5、悬浮物、油类、重金属	总氮、总磷
普通机械制造		COD、BOD_5、悬浮物、油类、重金属	氰化物
电子仪器、仪表		pH值、COD、BOD_5、氰化物、重金属	氟化物、油类
造纸及纸制品业		酸度(或碱度)、COD、BOD_5、可吸附有机卤化物(AOX)、pH值、挥发酚、悬浮物、色度、硫化物	木质素、油类
纺织染整业		pH值、色度、COD、BOD_5、悬浮物、总有机碳、苯胺类、硫化物、六价铬、铜、氨氮	总有机碳、氯化物、油类、二氧化氯
皮革、毛皮、羽绒服及其制品		pH值、COD、BOD_5、悬浮物、硫化物、总铬、六价铬、油类	总氮、总磷
水泥		pH值、悬浮物	油类
油毡		COD、BOD_5、悬浮物、油类、挥发酚	硫化物、苯并[a]芘
玻璃、玻璃纤维		COD、BOD_5、悬浮物、氰化物、挥发酚、氟化物	铅、油类

续表

类型		必测项目	选测项目[①]
陶瓷制造		pH值、COD、BOD_5、悬浮物、重金属	
石棉(开采与加工)		pH值、石棉、悬浮物	挥发酚、油类
木材加工		COD、BOD_5、悬浮物、挥发酚、pH值、甲醛	硫化物
食品加工		pH值、COD、BOD_5、悬浮物、氨氮、硝酸盐氮、动植物油	总有机碳、铝、氯化物、挥发酚、铅、锌、油类、总氮、总磷
屠宰及肉类加工		pH值、COD、BOD_5、悬浮物、动植物油、氨氮、大肠菌群	石油类、细菌总数、总有机碳
饮料制造业		pH值、COD、BOD_5、悬浮物、氨氮、粪大肠菌群	细菌总数、挥发酚、油类、总氮、总磷
兵器工业	弹药装药	pH值、COD、BOD_5、悬浮物、梯恩梯(TNT)、地恩锑(DNT)、黑索今(RDX)	硫化物、重金属、硝基苯类、油类
	火工品	pH值、COD、BOD_5、悬浮物、铅、氰化物、硫氰化物、铁(Ⅰ、Ⅱ)氰络合物	肼和叠氮化物(叠氮化钠生产厂为必测)、油类
	火炸药	pH值、COD、BOD_5、悬浮物、色度、铅、TNT、DNT、硝化甘油(NG)、硝酸盐	油类、总有机碳、氨氮
航天推进剂		pH值、COD、BOD_5、悬浮物、氨氮、氰化物、甲醛、苯胺类、肼、一甲基肼、偏二甲基肼、三乙胺、二乙烯三胺	油类、总氮、总磷
船舶工业		pH值、COD、BOD_5、悬浮物、油类、氨氮、氰化物、六价铬	总氮、总磷、硝基苯类、挥发性卤代烃
制糖工业		pH值、COD、BOD_5、色度、油类	硫化物、挥发酚
电池		pH值、重金属、悬浮物	酸度、碱度、油类
发酵和酿造工业		pH值、COD、BOD_5、悬浮物、色度、总氮、总磷	硫化物、挥发酚、油类、总有机碳
货车洗刷和洗车		pH值、COD、BOD_5、悬浮物、油类、挥发酚	重金属、总氮、总磷
管道运输业		pH值、COD、BOD_5、悬浮物、油类、氨氮	总氮、总磷、总有机碳
宾馆、饭店、游乐场所及公共服务业		pH值、COD、BOD_5、悬浮物、油类、挥发酚、阴离子洗涤剂、氨氮、总氮、总磷	粪大肠菌群、总有机碳、硫化物
绝缘材料		pH值、COD、BOD_5、挥发酚、悬浮物、油类	甲醛、多环芳烃、总有机碳、挥发性卤代烃
卫生用品制造业		pH值、COD、悬浮物、油类、挥发酚、总氮、总磷	总有机碳、氨氮

续表

类 型	必测项目	选测项目[1]
生活污水	pH 值、COD、BOD_5、悬浮物、氨氮、挥发酚、油类、总氮、总磷、重金属	氯化物
医院污水	pH 值、COD、BOD_5、悬浮物、油类、挥发酚、总氮、总磷、汞、砷、粪大肠菌群、细菌总数	氟化物、氯化物、醛类、总有机碳

注：表中所列必测项目、选测项目的增减，由县级以上环境保护行政主管部门认定。

①选测项目同表 1-1-11 注①；

②重金属系指 Hg、Cr、Cr(Ⅵ)、Cu、Pb、Zn、Cd 和 Ni 等，具体监测项目由县级以上环境保护行政主管部门确定。

表 1-1-13 水和污水监测分析方法(HJ/T 91-2002)

序号	监测项目	分 析 方 法	最低检出浓度(量)	有效数字最多位数	小数点后最多位数(5)	备 注
1	水温	温度计法	0.1℃	3	1	GB 13195-91
2	色度	1.铂钴比色法 2.稀释倍数法	– –	– –	– –	GB 11903-89 GB 11903-89
3	臭	1.文字描述法 2.臭阈值法	– –	– –	– –	(1) (1)
4	浊度	1.分光光度法 2.目视比浊法	3 度 1 度	3 3	0 1	GB 13200-91 GB 13200-91
5	透明度	1.铅字法 2.塞氏圆盘法 3.十字法	0.5 cm 0.5 cm 5 cm	2 2 2	1 1 0	(1) (1) (1)
6	pH 值	玻璃电极法	0.1(pH 值)	2	2	GB 6920-86
7	悬浮物	重量法	4 mg/L	3	0	GB 11901-89
8	矿化度	重量法	4 mg/L	3	0	(1)
9	电导率	电导仪法	1 μS/cm(25℃)	3	1	(1)
10	总硬度	1.EDTA 滴定法 2.钙镁换算计 3.流动注射法	0.05 mmol/L – –	3 – –	2 – –	GB 7477-87 (1) (1)
11	溶解氧	1.碘量法 2.电化学探头法	0.2 mg/L –	3 3	1 1	GB 7489-87 GB 11913-89
12	高锰酸盐指数	1.高锰酸盐指数 2.碱性高锰酸钾法 3.流动注射连续测定法	0.5 mg/L 0.5 mg/L 0.5 mg/L	3 3 3	1 1 1	GB 11892-89 (1) (1)

续表

序号	监测项目	分析方法	最低检出浓度(量)	有效数字最多位数	小数点后最多位数(5)	备注
13	化学需氧量	1.重铬酸盐法 2.库仑法 3.快速 COD 法（①催化快速法，②密闭催化消解法，③节能加热法）	 5 mg/L 2 mg/L 2 mg/L	 3 3 3	 0 0 1	GB 11914−89 (1) 需与标准回流 2 h 进行对照(1)
14	生化需氧量	1.稀释与接种法 2.微生物传感器快速测定法	2 mg/L −	3 3	1 1	GB 7488−87 HJ/T 86−2002
15	氨氮	1.纳氏试剂光度法 2.蒸馏和滴定法 3.水杨酸分光光度法 4.电极法	0.025 mg/L 0.2 mg/L 0.01 mg/L 0.03 mg/L	4 4 4 3	3 2 3 3	GB 7479−87 GB 7478−87 GB 7481−87
16	挥发酚	1.4−氨基安替比林萃取光度法 2.蒸馏后溴化容量法	0.002 mg/L −	3 −	4 −	GB 7490−87 GB 7491−87
17	总有机碳	1.燃烧氧化−非分散红外线吸收法 2.燃烧氧化−非分散红外法	0.5 mg/L 0.5 mg/L	3 3	1 1	GB 13193−91 HJ/T 71−2001
18	总氮	碱性过硫酸钾消解−紫外分光光度法	0.05 mg/L	3	2	GB 11894−89
19	油类	1.重量法 2.红外分光光度法	10 mg/L 0.1 mg/L	3 3	0 2	(1) GB/T 16488−1996
20	总磷	1.钼酸铵分光光度法 2.孔雀绿−磷钼杂多酸分光光度法 3.氯化亚锡还原光光度法 4.离子色谱法	0.01 mg/L 0.005 mg/L 0.025 mg/L 0.01 mg/L	3 3 3 3	3 3 3 3	GB 11893−89 (1) (1) (1)
21	亚硝酸盐氮	1.N−(1−萘基−)−乙二胺比色法 2.分光光度法 3.α−萘胺比色法 4.离子色谱法 5.气相分子吸收法	0.005 mg/L 0.003 mg/L 0.003 mg/L 0.05 mg/L 5 μg/L	3 3 3 3 3	3 4 4 2 1	GB 13580.7−92 GB 7493−87 GB 13589.5−92 (1) (1)
22	硝酸盐氮	1.酚二磺酸分光光度法 2.镉柱还原法 3.紫外分光光度法 4.离子色谱法 5.气相分子吸收法 6.电极流动法	0.02 mg/L 0.005 mg/L 0.08 mg/L 0.04 mg/L 0.03 mg/L 0.21 mg/L	3 3 3 3 3 3	3 3 2 2 3 2	GB 7480−87 (1) (1) (1) (1) (1)

续表

序号	监测项目	分析方法	最低检出浓度(量)	有效数字最多位数	小数点后最多位数(5)	备注
23	凯氏氮	蒸馏-滴定法	0.2 mg/L	3	2	GB 11891-89
24	酸度	1.酸碱指示剂滴定法 2.电位滴定法	- -	3 4	1 2	(1) (1)
25	碱度	1.酸碱指示剂滴定法 2.电位滴定法	- -	4 4	1 2	(1) (1)
26	氯化物	1.硝酸银滴定法 2.电位滴定法 3.离子色谱法 4.电极流动法	2 mg/L 3.4 mg/L 0.04 mg/L 0.9 mg/L	3 3 3 3	1 1 2 1	GB 11896-89 (1) (1) (1)
27	游离氯和总氯(活性氯)	1.N,N-二乙基-1,4-苯二胺滴定法 2.N,N-二乙基-1,4-苯二胺分光光度法	0.03 mg/L 0.05 mg/L	3 3	3 2	GB 11897-89 GB 11898-89
28	二氧化氯	连续滴定碘量法	-	4	4	GB 4287-92 附录A
29	氟化物	1.离子选择电极法(含流动电极法) 2.氟试剂分光光度法 3.茜素磺酸锆目视比色法 4.离子色谱法	0.05 mg/L 0.05 mg/L 0.05 mg/L 0.02 mg/L	3 3 3 3	2 2 2 3	GB 7484-87 GB 7483-87 GB 7482-87 (1)
30	氰化物	1.异烟酸-吡唑啉酮比色法 2.吡啶-巴比妥酸比色法 3.硝酸银滴定法	0.004 mg/L 0.002 mg/L 0.25 mg/L	3 3 3	3 4 2	GB 7486-87 GB 7486-87 GB 7486-87
31	石棉	重量法	4 mg/L	3	0	GB 11901-89
32	硫氰酸盐	异烟酸-吡唑啉酮分光光度法	0.04 mg/L	3	2	GB/T 13897-92
33	铁(Ⅱ,Ⅲ)氰化合物	1.原子吸收分光光度法 2.三氯化铁分光光度法	0.5 mg/L 0.4 mg/L	3 3	1 1	GB/T 13898-92 GB/T 13899-92
34	硫酸盐	1.重量法 2.铬酸钡光度法 3.火焰原子吸收法 4.离子色谱法	10 mg/L 1 mg/L 0.2 mg/L 0.1 mg/L	3 3 3 3	0 1 2 2	GB 11899-89 (1) GB 13196-91 (1)
35	硫化物	1.亚甲基蓝分光光度法 2.直接显色分光光度法 3.间接原子吸收法 4.碘量法	0.005 mg/L 0.004 mg/L 0.02 mg/L	3 3 3 3	3 3 2 3	GB/T 16489-1996 GB/T 17133-1997 (1) (1)

续表

序号	监测项目	分析方法	最低检出浓度(量)	有效数字最多位数	小数点后最多位数(5)	备注
36	银	1.火焰原子吸收法 2.镉试剂 2B 分光光度法 3.3,5−Br_2−PADAP 分光光度法	0.03 mg/L 0.01 mg/L 0.02 mg/L	3 3 3	3 3 3	GB 11907−89 GB 11908−89 GB 11909−89
37	砷	1.硼氢化钾−硝酸银分光光度法 2.氢化物发生原子吸收法 3.二乙基二硫代氨基甲酸银分光光度法 4.等离子发射光谱法 5.原子荧光法	0.0004 mg/L 0.002 mg/L 0.007 mg/L 0.2 mg/L 0.5 μg/ L	3 3 3 3 3	4 4 3 2 1	GB 11900−89 (1) GB 7485−87 (1) (1)
38	铍	1.石墨炉原子吸收法 2.铬菁 R 光度法 3.等离子发射光谱法	0.02 μg/L 0.2 μg/L 0.02 mg/L	3 3 3	3 2 3	HJ/T 59−2000 HJ/T 58−2000 (1)
39	镉	1.流动注射−在线富集火焰原子吸收法 2.火焰原子吸收法 3.双硫腙分光光度法 4.石墨炉原子吸收法 5.阳极溶出伏安法 6.极谱法 7.等离子发射光谱法	2 μg/L 0.05 mg/L(直接法) 1 μg/L(螯合萃取法) 1 μg/L 0.10 μg/L 0.5 μg/L 10^{-6} mol/L 0.006 mg/L	3 3 3 3 3 3 3 3	1 2 1 1 2 1 1 3	环监测[1995]079号文 GB 7475−87 GB 7475−87 GB/T 7471−87 (1) (1) (1) (1)
40	铬	1.火焰原子吸收法 2.石墨炉原子吸收法 3.高锰酸钾氧化−二苯碳酰二肼分光光度法 4.等离子发射光谱法	0.05 mg/L 0.2 μg/L 0.004 mg/L 0.02 mg/L	3 3 3 3	2 2 3 3	(1) (1) GB 7466−87 (1)
41	六价铬	1.二苯碳酰二肼分光光度法 2.APDC−MIBK 萃取原子吸收法 3.DDTC−MIBK 萃取原子吸收法 4.差示脉冲极谱法	0.004 mg/L 0.001 mg/L 0.001 mg/L 0.001 mg/L	3 3 3 3	3 4 4 4	GB 7467−87 (1) (1) (1)

续表

序号	监测项目	分析方法	最低检出浓度(量)	有效数字最多位数	小数点后最多位数(5)	备注
42	铜	1.火焰原子吸收法 2.2,9−二甲基−1,10−菲啰啉分光光度法 3.二乙基二硫代氨基甲酸钠分光光度法 4. 流动注射−在线富集火焰原子吸收法 5.阳极溶出伏安法 6.示波极谱法 7.等离子发射光谱法	0.05 mg/L(直接法) 1 μg/L(螯合萃取法) 0.06 mg/L 0.01 mg/L 2 μg/L 0.5 μg/L 10^{-6} mol/L 0.02 mg/L	3 3 3 3 3 3 3 3	2 1 2 3 1 1 1 3	GB 7475−87 GB 7475−87 GB 7473−87 GB 7474−87 (1) (1) (1) (1)
43	汞	1.冷原子吸收法 2.原子荧光法 3.双硫腙分光光度法	0.1 μg/L 0.01 μg/L 2 μg/L	3 3 3	2 3 1	GB 7468−87 (1) GB 7469−87
44	铁	1.火焰原子吸收法 2.邻菲啰啉分光光度法	0.03 mg/L 0.03 mg/L	3 3	3 3	GB 11911−89
45	锰	1.火焰原子吸收法 2.高碘酸钾氧化光度法 3.等离子发射光谱法	0.01 mg/L 0.05 mg/L 0.002 mg/L	3 3 3	3 2 4	GB 11911−89 GB 11906−89 (1)
46	镍	1.火焰原子吸收法 2.丁二酮肟分光光度法 3.等离子发射光谱法	0.05 mg/L 0.25 mg/L 0.02 mg/L	3 3 3	2 2 3	GB 11912−89 GB 11910−89 (1)
47	铅	1.火焰原子吸收法 2.流动注射−在线富集火焰原子吸收法 3.双硫腙分光光度法 4.阳极溶出伏安法 5.示波极谱法 6.等离子发射光谱法	0.2 mg/L(直接法) 10 μg/L(螯合萃取法 5.0 μg/L 0.01 mg/L 0.5 mg/L 0.02 mg/L 0.10 mg/L	3 3 3 3 3 3 3	2 0 1 3 1 3 2	GB 7475−87 GB 7475−87 环监[1995]079 号文 GB 7470−87 (1) GB/T 13896−92 (1)
48	锑	1.氢化物发生原子吸收法 2.石墨炉原子吸收法 3.5−Br−PADAP 光度法 4.原子荧光法	0.2 mg/L 0.02 mg/L 0.050 mg/L 0.001 mg/L	3 3 3 3	2 3 3 4	(1) (1)
49	铋	1.氢化物发生原子吸收法 2.石墨炉原子吸收法 3.原子荧光法	0.2 mg/L 0.02 mg/L 0.5 μg/L	3 3 3	2 3 2	(1) (1) (1)

续表

序号	监测项目	分析方法	最低检出浓度(量)	有效数字最多位数	小数点后最多位数(5)	备注
50	硒	1.原子荧光法 2.2,3–二氨基萘荧光法 3.3,3′–二氨基联苯胺光度法	0.5 μg/L 0.25 μg/L 2.5 μg/L	3 3 3	1 2 1	(1) GB 11902–89 (1)
51	钾	1.火焰原子吸收法 2.等离子发射光谱法	0.03 mg/L 1.0 mg/L	3 3	2 1	GB 11904–89 (1)
52	锌	1.火焰原子吸收法 2.流动注射–在线富集火焰原子吸收法 3.双硫腙分光光度法 4.阳极溶出伏安法 5.示波极谱法 6.等离子发射光谱法	0.02 mg/L 4 μg/L 0.005 mg/L 0.5 mg/L 10^{-6} mol/L 0.01 mg/L	3 3 3 3 3 3	3 0 3 1 1 3	GB 7475–87 (1) GB 7472–87 (1) (1) (1)
53	钠	1.火焰原子吸收法 2.等离子发射光谱法	0.010 mg/L 0.40 mg/L	3 3	3 2	GB 11904–89 (1)
54	钙	1.火焰原子吸收法 2.EDTA 络合滴定法 3.等离子发射光谱法	0.02 mg/L 1.00 mg/L 0.01 mg/L	3 3 3	3 2 3	GB 11905–89 GB 7476–87 (1)
55	镁	1.火焰原子吸收法 2.EDTA 络合滴定法	0.002 mg/L 1.00 mg/L	3 3	3 2	GB 11905–89 GB 7477–87(Ca, Mg 总量)
56	锡	火焰原子吸收法	2.0 mg/L	3	1	(1)
57	钼	无火焰原子吸收法	0.003 mg/L	3	4	(2)
58	钴	无火焰原子吸收法	0.002 mg/L	3	4	(2)
59	硼	姜黄素分光光度法	0.02 mg/L	3	3	HJ/T 49–1999
60	锑	氢化物原子吸收法	0.0025 mg/L	3	4	(2)
61	钡	无火焰原子吸收法	0.00618 mg/L	3	3	(2)
62	钒	1.钽试剂(BPHA)萃取分光光度法 2.无火焰原子吸收法	0.018 mg/L 0.007 mg/L	3 3	3 3	GB/T 15503–1995 (2)
63	钛	1.催化示波极谱法 2.水杨基荧光酮分光光度法	0.4 μg/L 0.02 mg/L	3 3	1 3	(2) (2)
64	铊	无火焰原子吸收法	4 ng/L	3	0	(2)
65	黄磷	钼–锑–抗分光光度法	0.0025 mg/L	3	4	(2)
66	挥发性卤代烃	1.气相色谱法 2.吹脱捕集气相色谱法 3.GC/MS 法	0.01~0.10 μg/L 0.009~0.08 μg/L 0.03~0.3 μg/L	3 3 3	3 3 3	GB/T 17130–1997 (1) (1)

续表

序号	监测项目	分析方法	最低检出浓度(量)	有效数字最多位数	小数点后最多位数(5)	备注
67	苯系物	1.气相色谱法 2.吹脱捕集气相色谱法 3.GC/MS 法	0.005 mg/L 0.002~0.003 μg/L 0.01~0.02 μg/L	3 3 3	3 4 3	GB 11890-89 (1) (1)
68	苯胺类	1.N-(1-萘基)乙二胺偶氮分光光度法 2.气相色谱法 3.高效液相色谱法	0.03 mg/L 0.01 mg/L 0.3~1.3 μg/L	3 3 3	3 3 2	GB 11889-89 (1) (1)
69	氯苯类	1.气相色谱法(1,2-二氯苯、1,4-二氯苯、1,2,4-三氯苯) 2.气相色谱法 3.GC/MS 法	1~5 μg/L 0.5~5 μg/L 0.02~0.08 μg/L	3 3 3	1 1 3	GB/T 17131-1997 (1) (1)
70	丙烯腈和丙烯醛	1.气相色谱法 2.吹脱捕集气相色谱法	0.6 mg/L 0.5~0.7 μg/L	3 3	1 1	HJ/T 73-2001 (1)
71	邻苯二甲酸酯(二丁酯、二辛酯)	1.气相色谱法 2.高效液相色谱法	0.01 mg/L 0.1~0.2 μg/L	3 3	3 2	HJ/T 72-2001
72	甲醛	1.乙酰丙酮光度法 2.变色酸光度法	0.05 mg/L 0.1 mg/L	3 3	2 2	GB 13197-91 (1)
73	苯酚类	气相色谱法	0.03 mg/L	3	3	GB 8972-88
74	硝基苯类	1.气相色谱法 2.还原-偶氮光度法(一硝基和二硝基化合物) 3.氯代十六烷基吡啶光度法(三硝基化合物)	0.2~0.3 μg/L 0.20 mg/L 0.50 mg/L	3 3 3	2 2 2	GB 13194-91 (1) (1)
75	烷基汞	气相色谱法	20 ng/L	3	0	GB 14204-93
76	甲基汞	气相色谱法	0.01 ng/L	3	3	GB/T 17132-1997
77	有机磷农药	1.气相色谱法(乐果、对硫磷、甲基对硫磷、马拉硫磷、敌敌畏、敌百虫) 2.气相色谱法(速灭磷、甲拌磷、二嗪农、异稻瘟净、甲基对硫磷、杀螟硫磷、溴硫磷、水胺硫磷、稻丰散、杀扑磷)	0.05~0.5 μg/L 0.0002~0.0058 mg/L	3 3	2 5	GB 13192-91 GB/T 14552-93

续表

序号	监测项目	分析方法	最低检出浓度(量)	有效数字最多位数	小数点后最多位数(5)	备注
78	有机氯农药	1.气相色谱法 2.GC/MS 法	4~200 ng/L 0.5~1.6 ng/L	3 3	0 1	GB 7492—87 (1)
79	苯并[a]芘	1.乙酰化滤纸层析荧光分光光度法 2.高效液相色谱法	0.004 μg/L 0.001 μg/L	3 3	3 4	GB 11895—89 GB 13198—91
80	多环芳烃	高效液相色谱法{荧蒽、苯并[b]荧蒽、苯并[k]荧蒽、苯并[a]芘、苯并[G,H,I]苝、茚并[1,2,3—cd]芘}	ng/L 级	3	2	GB 13198—91
81	多氯联苯	GC/MS	0.6~1.4 ng/L	3	1	(1)
82	三氯乙醛	1.气相色谱法 2.吡唑啉酮光度法	0.3 ng/L 0.02 mg/L	3 3	2 3	(1) (1)
83	可吸附有机卤素(AOX)	1.微库仑法 2.离子色谱法	0.05 mg/L 15 μg/L	3 3	2 0	GB 15959—1995 (1)
84	丙烯酰胺	气相色谱法	0.15 μg/L	3	2	(2)
85	一甲基肼	对二甲氨基苯甲醛分光光度法	0.01 mg/L	3	3	GB 14375—93
86	肼	对二甲氨基苯甲醛分光光度法	0.002 mg/L	3	3	GB/T 15507—95
87	偏二甲基肼	氨基亚铁氰化钠分光光度法	0.005 mg/L	3	3	GB 14376—93
88	三乙胺	溴酚蓝分光光度法	0.25 mg/L	3	2	GB 14377—93
89	二乙烯三胺	水杨醛分光光度法	0.2 mg/L	3	2	GB 14378—93
90	黑索今	分光光度法	0.05 mg/L	3	2	GB/T 13900—92
91	二硝基甲苯	示波极谱法	0.05 mg/L	3	2	GB/T 13901—92
92	硝化甘油	示波极谱法	0.02 mg/L	3	3	GB/T 13902—92
93	梯恩梯	1. 分光光度法 2. 亚硫酸钠分光光度法	0.05 mg/L 0.1 mg/L	3 3	2 2	GB/T 13903—92 GB/T 13905—92

续表

序号	监测项目	分析方法	最低检出浓度(量)	有效数字最多位数	小数点后最多位数(5)	备注
94	梯恩梯、黑索今、地恩锑	气相色谱法	0.01~0.10 mg/ L	3	3	GB/T 13904-92
95	总硝基化合物	分光光度法	—	3	3	GB 4918—85
96	总硝基化合物	气相色谱法	0.005~0.05 mg/L	3	3	GB 4919—85
97	五氯酚和五氯酚钠	1.气相色谱法 2.藏红 T 分光光度法	0.04 μg/L 0.01 mg/L	3 3	2 3	GB 8972-89 GB 9803-88
98	阴离子洗涤剂	1.电位滴定法 2.亚甲蓝分光光度法	0.12 mg/L 0.50 mg/L	4 3	2 1	GB 13199-91 GB 7493-87
99	吡啶	气相色谱法	0.031 mg/L	3	3	GB 14672-93
100	微囊藻毒素-LR	高效液相色谱法	0.01 μg/L	3	3	(2)
101	粪大肠菌群	1.发酵法 2.滤膜法				(1)
102	细菌总数	培养法				(1)

注:(1)《水和废水监测分析方法(第四版)》,中国环境科学出版社,2002 年。

(2)《生活饮用水卫生规范》,中华人民共和国卫生部,2001 年。

(3)我国尚没有标准方法或达不到检测限的一些监测项目,可采用 ISO、美国 EPA 或日本 JIS 相应的标准方法,但在测定实际水样之前,要进行适用性检验,检验内容包括:检测限、最低检出浓度、精密度、加标回收率等。并在报告数据时作为附件同时上报。

(4)COD、高锰酸盐指数等项目,可使用快速法或现场检测法,但须进行适用性检验。

(5)小数点后最多位数是根据最低检出浓度(量)的单位选定的,如单位改变其相应的小数点后最多位数也随之改变。

课后自测

(1)什么是水体,水体有哪些类型?

(2)水体污染是怎么回事?污染的类型有哪些?

(3)简述水体的自净过程。

(4)保存水样的基本要求是什么?多采取哪些措施?

(5)为什么要进行水样预处理?主要有哪些方法?

(6)我国颁布的水质标准主要有哪些?饮用水的水质指标包括哪些大类?

(7)水质监测的目的和项目是什么?

参考资料

(1)GB 13200—1991《水质 浊度的测定》

(2)GB 5749—2006《生活饮用水卫生标准》

(3)HJ/T 91—2002《地表水和污水监测技术规范》

任务二 水中溶解氧的测定

任务引入

溶解氧(DO)是指溶解于水中的氧气。地面水与大气接触以及某些含叶绿素的水生植物在水中进行生化作用,致使水中常有溶解氧存在。当水体受污染时,由于污染物质被氧化而耗氧,水中的溶解氧就会逐渐减少,甚至接近于零。在工业上由于溶解氧能使铁氧化而使腐蚀加速。国家标准中规定了水质溶解氧的测定方法有 GB 7489−1987《水质 溶解氧的测定 碘量法》和 HJ 506−2009《水质 溶解氧的测定 电化学探头法》两种。

UDC 614.777 : 543.242.3 : 546.21
Z 16

GB

中华人民共和国国家标准

GB 7489—87

水质 溶解氧的测定 碘量法

Water quality—Determination of dissolved oxygen—Iodometric method

1987-03-14 发布 1987-08-01 实施

国家环境保护局 发布

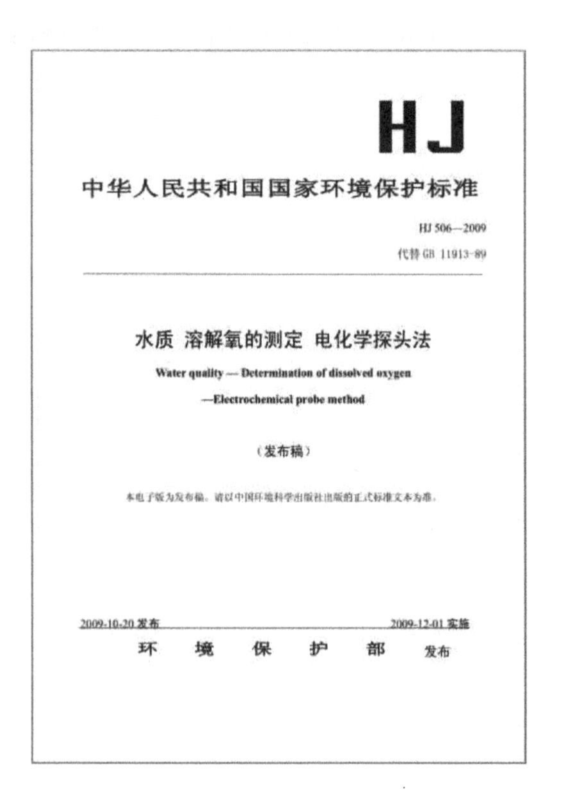
HJ

中华人民共和国国家环境保护标准

HJ 506—2009
代替 GB 11913-89

水质 溶解氧的测定 电化学探头法

Water quality — Determination of dissolved oxygen —Electrochemical probe method

（发布稿）

本电子版为发布稿。请以中国环境科学出版社出版的正式标准文本为准。

2009-10-20 发布 2009-12-01 实施

环境保护部 发布

图 1-2-1 标准首页

任务目标

(1)会查阅有关标准,并能根据国家标准确认所需仪器和试剂。

(2)能根据国家标准规范制备溶解氧测定的标准溶液。

(3)了解溶解氧的定义,初步学会溶解氧水样的采集与固定氧操作。

(4)掌握碘量法测定水中溶解氧的测量原理。

(5)通过水中溶解氧的测定实验与职业技能实训加深理解,学会监测操作的全过程。

(6)能根据实验结果对水质做出评价。

(7)掌握水样中溶解氧测定方法和原理及各方法的特点及适用范围,学会有关含量计算。

任务分析

1.明确任务流程

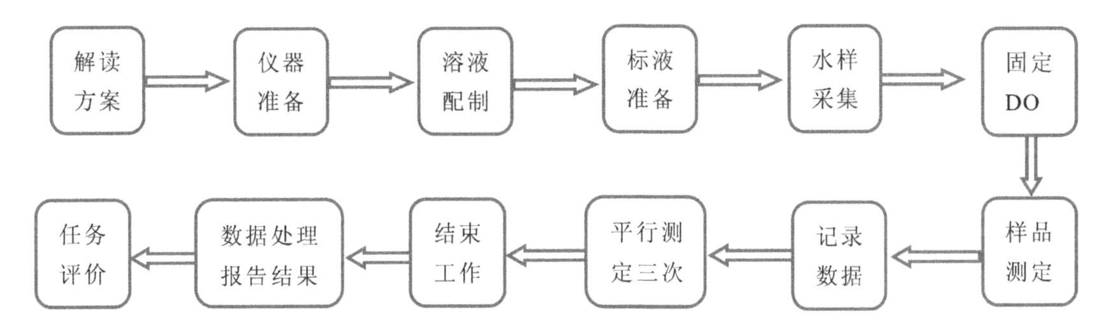

图 1-2-2 任务流程

2.任务难点分析

(1)溶解氧测定试剂的配制。

(2)硫代硫酸钠标准溶液的标定。

(3)溶解氧的测定操作。

3.任务前准备

(1)GB 7489—1987《水质 溶解氧的测定 碘量法》。

(2)水中溶解氧的测定视频资料。

(3)水中溶解氧的测定所需的仪器和试剂。

①仪器:分析天平、溶解氧瓶(或细口瓶)、移液管、吸量管、锥形瓶、酸式滴定管、试剂瓶、

量筒等。

②试剂：硫酸溶液、碱性碘化钾-叠氮化物试剂、二价硫酸锰溶液、碘酸钾标准溶液、硫代硫酸钠标准滴定液、淀粉溶液、酚酞-乙醇溶液、碘溶液、碘化钾等。

相关知识

一、溶解氧测定基础知识

溶解氧是指溶解于水中的分子态氧，以每升水所含氧的毫克数表示。天然水中的溶解氧含量随水的深度而减少，也与水的温度、大气压强、空气中氧的分压密切相关，若大气压强下降、水温升高、含盐量增加，都会导致溶解氧含量降低。溶解氧越少，表明污染程度越严重。

清洁的地面水在常压情况下，所含溶解氧接近饱和状态，正常情况下含氧量约为 9 mg/L。当水中存在水生植物并进行光合作用时，就可能使水中含有过饱和的溶解氧。当水体受污染时，由于污染物质被氧化而耗氧，水中的溶解氧就会逐渐减少，甚至接近于零。溶解氧在海水中含量约为淡水的 80%左右。

溶解氧的测定对水体自净作用的研究有极其重要的作用，它可帮助了解水体在不同地点进行自净的速度。溶解氧对于水生动物如鱼类等的生存有着密切的关系，许多鱼类在水中含溶解氧低于 3~4 mg/L 时就不易生存，可能发生窒息死亡。在工业上由于溶解氧能使铁氧化而使腐蚀加速。所以对水中溶解氧的测定是极其重要的。

溶解氧测定的方法有碘量法和电化学探头法。GB 7489−1987《水质 溶解氧的测定 碘量法》是测定水中溶解氧的基准方法。在没有干扰的情况下，此方法适用于各种溶解氧浓度大于 0.2 mg/L 和小于氧的饱和浓度两倍（约 20 mg/L）的水样。HJ 506−2009《水质 溶解氧的测定 电化学探头法》适用于地表水、地下水、生活污水、工业废水和盐水中溶解氧的测定。

（一）碘量法

在采集的水样中加入硫酸锰和碱性碘化钾，溶解氧将低价锰（Ⅱ）氧化成高价锰（Ⅳ）的棕色沉淀。加酸后，棕色沉淀溶解并与碘离子反应释放出游离碘。以淀粉作指示剂，用硫代硫酸钠滴定释放出的碘，可计算溶解氧的量。主要反应式如下：

$$MnSO_4+2NaOH = Na_2SO_4+Mn(OH)_2\downarrow \text{(白色)}$$

$$2Mn(OH)_2+O_2 = 2MnO(OH)_2\downarrow \text{(棕色)}$$

$$MnO(OH)_2+2H_2SO_4 = Mn(SO_4)_2+3H_2O$$

$$Mn(SO_4)_2+2KI = MnSO_4+K_2SO_4+I_2$$

$$I_2+2Na_2S_2O_3 = Na_2S_4O_6+2NaI$$

(二)氧电极法

氧电极法测定溶解氧根据工作原理可分为极谱型和原电池型两种。极谱型电极的阴极由黄金组成,阳极用银-氯化银组成。电极顶端覆有一层高分子薄膜(如聚乙烯或聚四氟乙烯等)将电解液和被测水样分开,只允许溶解氧渗过。当在两个电极上外加一个固定极化电压(常为 0.7 V)时,水中溶解氧渗过薄膜在阴极上还原,产生与氧浓度成比例的稳定扩散电流。电极反应如下:

$$\text{阴极}\quad O_2+4H^++4e^- = 2H_2O$$

$$\text{阳极}\quad 4Ag+4Cl^- = 4AgCl+4e^-$$

氧电极法测定溶解氧不受水样色度、浊度及化学滴定法中干扰物质影响,快速简便,适用于现场及连续监测。

二、溶解氧测定样品的采集

进行水中溶解氧的测定,必须专门采取水试样。样品应采集在细口瓶中,测定就在瓶内进行,试样充满细口瓶。

由取样瓶中取样时,可利用虹吸法。虹吸管必须插到测定瓶的底部,待水试样进入测定瓶,并溢出 1 min,取出虹吸管,但测定瓶内不得留有气泡。

(一)取地表水样

河、湖、蓄水泊、井中采取水试样时,可用取样装置(如图 1-2-3 所示)进行采样。充满细口瓶至溢流,小心避免溶解氧浓度的改变。对浅水用电化学探头法更好些。

(二)从配水系统管路中取水样

将一惰性材料管的入口与管道连接,将管子出口插入细口瓶的底部。用溢流冲洗的方式充入大约 10 倍细口瓶体积的水,最后注满瓶子。

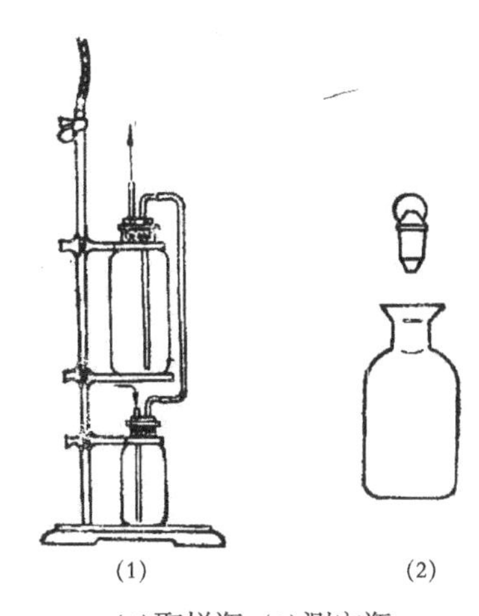

(1)取样瓶;(2)测定瓶

图 1-2-3 溶解氧取样瓶和测定瓶

(三)不同深度取水样

用一种特别的取样器,内盛细口瓶,瓶上装有橡胶入口管并插入细口瓶的底部,当溶液充满细口瓶时,将瓶中空气排出,避免溢流。某些类型的取样器可以同时充满几个细口瓶。

任务实施

活动 1 解读水中溶解氧的测定国家标准

1.阅读与查找标准

(1)上网搜索查找溶解氧的测定方法标准。

(2)测定方法使用标准的确定。

(3)仔细阅读国家标准 GB 7489-1987《水质 溶解氧的测定 碘量法》,确定溶解氧测定方案,找出方法的适用范围、检测限、干扰、方法原理、精密度和准确度等内容,并列出所需的其他相关标准。将查找结果填入表 1-2-1 中。

2.仪器和试剂的确认

依据查阅的标准,拟订仪器和试剂计划,填入表 1-2-1 中。

3.数据记录

表 1-2-1 解读《水质 溶解氧的测定 碘量法》国家标准的原始记录

记录编号			
一、阅读与查找标准			
方法原理			
相关标准			
检测限			
准确度		精密度	
二、标准内容			
适用范围		限值	
定量公式		性状	
样品处理			
操作步骤			
三、仪器确认			
所需仪器			检定有效日期

续表

四、试剂确认			
试剂名称	纯度	库存量	有效期
五、安全防护			
确认人		复核人	

活动 2 溶解氧测定仪器准备

按国家标准 GB 7489−1987《水质 溶解氧的测定 碘量法》拟订和领取所需仪器，确认仪器的规格、型号，并完成表 1−2−2 领用记录的填写，做好仪器和设备的准备工作。

分析天平（精确至 0.0001 g）、250 mL 溶解氧瓶（或细口瓶）、100 mL 移液管、1 mL+2 mL+5 mL 吸量管、250 mL 锥形瓶、50 mL 酸式滴定管、2 L 试剂瓶、50 mL 量筒等。

活动 3 溶解氧测定中溶液的制备

按国家标准 GB 7489−1987《水质 溶解氧的测定 碘量法》拟订和领取所需的试剂，完成表 1−2−2 领用记录的填写，并按要求配制所需的溶液和标准溶液。

表 1−2−2 仪器和试剂领用记录

仪器				
编号	名称	规格	数量	备注
试剂				
编号	名称	级别	数量	配制方法

溶解氧的测定需要领取的试剂如图 1-2-4 所示。

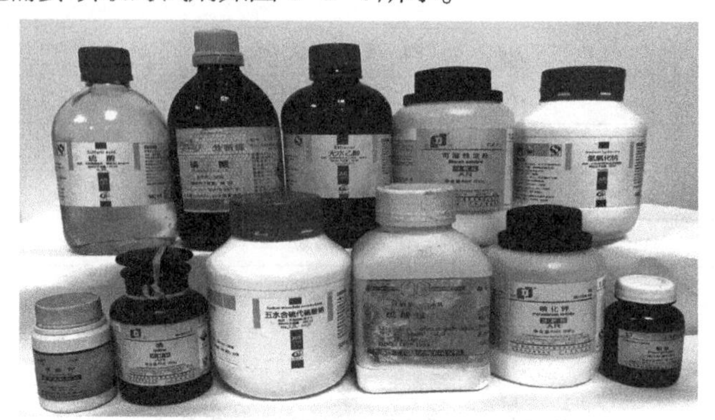

图 1-2-4 溶解氧测定的试剂

溶液制备具体任务:(1)配制硫酸溶液;(2)配制碱性碘化钾-叠氮化物试剂;(3)配制硫酸锰溶液;(4)配制碘酸钾标准溶液;(5)配制及标定硫代硫酸钠标准滴定液;(6)配制淀粉溶液;(7)配制酚酞-乙醇溶液;(8)配制碘溶液。

注意事项

(1)浓硫酸具有强腐蚀性。

(2)叠氮化钠是剧毒试剂!①操作过程中严防中毒。②不要使碱性碘化钾-叠氮化物试剂酸化,因为可能产生有毒的叠氮酸雾。

(3)当试样中亚硝酸盐含量大于 0.05 mg/L 而亚铁含量不超过 1 mg/L 时,为防止亚硝酸盐对测定结果的干涉,需在试样中加叠氮化物。叠氮化钠是剧毒试剂,若已知试样中的亚硝酸盐低于 0.05 mg/L 则可省去此试剂。

1.1+1 硫酸溶液的配制

小心地把 500 mL 浓硫酸(ρ=1.84 g/mL)在不停搅动下加入 500 mL 水中。 注:若怀疑有三价铁的存在则采用磷酸(H_3PO_4 ρ=1.70 g/mL)。

2.$c(1/2H_2SO_4)$ =2 mol/L 硫酸溶液的配制

3.碱性碘化钾-叠氮化物试剂的配制

将 35 g 的氢氧化钠(NaOH)[或 59 g 的氢氧化钾(KOH)]和 30 g 碘化钾(KI)[或 27 g 碘化钠(NaI)] 溶解在大约 50 mL 水中,单独地将 1 g 的叠氮化钠(NaN_3)溶于几毫升水中,将上述两种溶液混合并稀释至 100 mL。溶液贮存在塞紧的细口棕色瓶子里,经稀释和酸化后在有淀粉指示剂存在下本试剂应无色。

4.340 g/L 无水二价硫酸锰溶液的配制

可用 450 g/L 四水二价氯化锰溶液或一水硫酸锰 380 g/L 溶液代替。过滤不澄清的溶液。

5.$c(1/6KIO_3)$=10 mmol/L 碘酸钾标准溶液的配制

在 180 ℃干燥数克碘酸钾(KIO_3),称量 3.567±0.003 g 溶解在水中并稀释到 1000 mL。将上述溶液吸取 100 mL 移入 1000 mL 容量瓶中,用水稀释至标线 。

6.$c(Na_2S_2O_3)$ ≈10 mmol/L 硫代硫酸钠标准滴定液的配制及标定

(1)配制。

将 2.5 g 五水硫代硫酸钠溶解于新煮沸并冷却的水中,再加 0.4 g 的氢氧化钠(NaOH),并稀释至 1000 mL。 溶液贮存于深色玻璃瓶中。

(2)标定。

在锥形瓶中用 100~150 mL 的水溶解约 0.5 g 的碘化钾或碘化钠(KI 或 NaI),加入 5 mL 2 mol/L 的硫酸溶液,混合均匀,加 20.00 mL 标准碘酸钾溶液,稀释至约 200 mL,立即用硫代硫酸钠溶液滴定释放出的碘,当接近滴定终点时,溶液呈浅黄色,加淀粉指示剂,继续滴定至完全无色。

硫代硫酸钠浓度(c,mol/L)由下式求出:

$$c=\frac{6\times20\times1.66}{V}$$

式中:V——硫代硫酸钠溶液滴定量,mL。

每日标定一次溶液。

7.10 g/L 淀粉溶液的配制

8.1 g/L 酚酞-乙醇溶液的配制

9.约 0.005 mol/L 碘溶液的配制

溶解 4~5 g 的碘化钾或碘化钠于少量水中,加约 130 mg 的碘,待碘溶解后稀释至 100 mL。

10.碘化钾或碘化钠

活动 4 采集溶解氧测定的水样

1.取学校喷水池的水样

将溶解氧瓶(或细口瓶)按要求清洗干净,找一处水深在 1 m 以上的学校喷水池,采集水面下 0.3 ~ 0.5 m 处的水样。如图 1-2-5 所示。

2.取自来水水样

用橡皮管一端接水龙头,另一端插入溶解氧瓶底部,打开水龙头,待水试样进入溶解氧瓶并溢出 1 min,取出橡皮管,但溶解氧瓶内不得留有气泡。如图 1-2-6 所示。

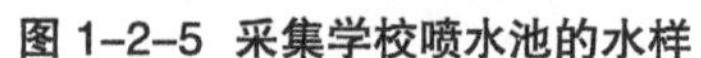

图 1-2-5 采集学校喷水池的水样

图 1-2-6 采集自来水样

3.记录数据

将水样采集记录填写在表 1-2-3 中。

表 1-2-3 水样的采集与保存记录

序号	测定项目	采样时间	采样点	颜色	嗅味	采样容器	保存剂及用量	保存期	采样量	备注

采样人员:________________ 记录人员:________________

注意事项

(1)采样瓶内不得留有气泡。

(2)在有氧化物或还原物的情况下需取两个试样。

(3)采样后,立即固定溶解氧。

活动 5 水中溶解氧的测定

1.实验原理

在样品中溶解氧与刚刚沉淀的二价氢氧化锰（将氢氧化钠或氢氧化钾加入到二价硫酸锰中制得)反应。酸化后,生成的高价锰化合物将碘化物氧化游离出一定量的碘,用硫代硫酸钠滴定法测定游离碘量。

2.操作步骤

(1)溶解氧的固定。

取样之后,最好在现场立即向盛有样品的细口瓶中加 1 mL 二价硫酸锰溶液(用刻度移液管加入,轻轻插入试样瓶的液面下 0.2~0.5 cm 处放出溶液)。如图 1−2−7(1)所示。用相同的方法再加入 2 mL 碱性碘化钾−叠氮化物试剂。如图 1−2−7(2)所示。小心盖上塞子,避免把空气泡带入。将细口瓶上下颠倒转动几次,使瓶内的成分充分混合,静置沉淀最少 5 min 。待沉淀降至半途,再重新颠倒混合,保证混合均匀。静置,待沉淀重新沉降至瓶底。如图 1−2−7(3)所示。这时可以将细口瓶运送至实验室,若避光保存,样品最长贮藏 24 h。

(1)

(2)

(3)

图 1−2−7 溶解氧的固定操作

(2)游离碘。

确保所形成的沉淀物已沉降在细口瓶下三分之一部分。

慢速加入 1.5 mL 硫酸溶液(或相应体积的磷酸溶液),如插图 4(1)、(2)所示。盖上细口瓶盖,然后摇动瓶子,要求瓶中沉淀物完全溶解,并且碘已均匀分布。如插图 4(3)所示。放置暗处 5 min。

(3)滴定。

将细口瓶内的组分或其部分体积($V_水$)转移到锥形瓶内,如插图 5(1)所示;用硫代硫酸钠标准滴定液滴定,在接近滴定终点(浅黄色)时,如插图 5(2)、(3);加淀粉指示剂,如插图 5(4)所示;继续滴定至蓝色恰好消失为止,如插图 5(5)、(6)所示。记录消耗硫代硫酸钠标准溶液的体积 V。

滴定过程中,溶液颜色变化如插图 5(7)所示。

3.结果的表述

$$溶解氧(O_2,mg/L)=\frac{c\times V\times 8\times 1000}{V_{水}}$$

式中：c——硫代硫酸钠标准溶液浓度，mol/L；

V——滴定消耗硫代硫酸钠标准溶液体积，mL；

$V_{水}$——滴定所取水样体积，mL。

8——$\frac{1}{4}O_2$的摩尔质量，即$M(\frac{1}{4}O_2)$，g/mol。

注意事项

(1)测定水中溶解氧时，关键在于勿使水中含氧量有所变化。最好在现场加入硫酸锰和碱性碘化钾–叠氮化物溶液，使溶解氧固定在水中，其余步骤可送至化验室后再进行。

(2)当加入试剂后，水试样体积有所变化，对结果必有影响。但在只取一部分溶液滴定的情况下影响甚小，计算中可以略去。

(3)如水试样中有大量的有机物或其他还原性物质时能使结果偏低，当水试样中含有氧化性物质时可使结果偏高。在此两种情况下均应将实验步骤做适当修正。如叠氮化钠修正法和高锰酸钾修正法，也可把硫酸改用磷酸等。但比较好的方法应为双瓶法测定水中溶解氧，具体操作如下。

取两个溶解氧测定瓶，各取出一瓶水试样，一瓶按上述碘量法测定进行，另一瓶则先加硫酸，再加碱性碘化钾–叠氮化物和硫酸锰溶液(数量与操作同碘量法)。生成的碘用硫代硫酸钠标准溶液滴定，记录消耗硫代硫酸钠标准溶液的体积。并由上述碘量法中所消耗的硫代硫酸钠标准溶液的体积中减去，即可消除氧化物的干扰。如果有还原物质存在时，在碱性碘化钾–叠氮化物中加入适量的碘酸钾即可。但在两瓶中所加入的碱性碘化钾–叠氮化物(内有碘酸钾)溶液要准确，以免又引入误差，因为碘酸钾和碘化钾在酸性条件反应而生成碘。

$$KIO_3+5KI+3H_2SO_4 = 3K_2SO_4+3H_2O+3I_2$$

活动6 水中溶解氧的测定数据记录与处理

将测定数据及处理结果记录于表1–2–4。

表1–2–4 溶解氧的测定原始记录

样品名称		测定项目	
测定方法		判定依据	

续表

测定时间		环境温度	
合作人			
一、硫代硫酸钠标准滴定液的浓度标定			
测定次数	1	2	3
消耗硫代硫酸钠体积 V,mL			
硫代硫酸钠浓度计算公式			
硫代硫酸钠浓度 c,mol/L			
平均值,mol/L			
相对极差,%			
二、水中溶解氧的测定			
测定次数	1	2	3
滴定时取水样体积 $V_{水}$,mL			
消耗硫代硫酸钠体积 V,mL			
溶解氧含量计算公式			
水样的溶解氧含量,mg/L			
平均值,mg/L			
相对极差,%			

活动 7 撰写分析报告

将测定结果填写入表1-2-5。

表 1-2-5 溶解氧测定检验报告内页

采样地点			样品编号	
执行标准				
检测项目	检测结果	限值	本项结论	备注
以下空白				

检验员(签字):________ 工号:________ 日期:________

任务评价

表 1-2-6 任务评价表

考核内容	序号	考核标准	分值	小组评价	教师评价
解读国家标准（10 分）	1	标准查找正确	2 分		
	2	仪器的确认(种类、规格、精度)正确	2 分		
	3	试剂的确认(种类、纯度、数量)正确	2 分		
	4	解读标准的原始记录填写无误	4 分		
仪器准备（5 分）	5	仪器选择正确(规格、型号)	2 分		
	6	仪器领用正确(规格、型号)	1 分		
	7	仪器领用记录的填写正确	2 分		
溶液准备（10 分）	8	试剂领用正确(种类、纯度、数量)	2 分		
	9	试剂领用记录的填写正确	3 分		
	10	正确配制所需溶液	5 分		
水样采集保存（10 分）	11	选择采样点、采样方法、采样容器、采样量、运输等正确	5 分		
	12	水样的保存方法、保存剂及用量、保存期等适当	5 分		
测定操作（25 分）	13	正确使用分光光度计	5 分		
	14	测定溶解氧操作正确	10 分		
	15	读数正确	2 分		
	16	再次测定操作正确	5 分		
	17	样品测定三次	3 分		
测后工作及团队协作（10 分）	18	仪器清洗、归位正确	2 分		
	19	药品、仪器摆放整齐	2 分		
	20	实验台面整洁	1 分		
	21	分工明确，各尽其职	5 分		
数据记录、处理及测定结果（25 分）	22	及时记录数据、记录规范、无随意涂改	3 分		
	23	正确填写原始记录表	2 分		
	24	计算正确	5 分		
	25	测定结果与标准值比较≤±1.0%	10 分		
	26	相对极差≤1.0%	5 分		
撰写分析报告（5 分）	27	检验报告内容正确	2 分		
	28	正确撰写检验报告	3 分		
考核结果					

拓展提高

HJ 506-2009《水质 溶解氧的测定 电化学探头法》

一、适用范围

本标准规定了测定水中溶解氧的电化学探头法。本标准适用于地表水、地下水、生活污水、工业废水和盐水中溶解氧的测定。本标准可测定水中饱和百分率为 0%~100%的溶解氧，还可测量高于 100%(20 mg/L)的过饱和溶解氧。

二、方法原理

溶解氧电化学探头是一个用选择性薄膜封闭的小室，室内有两个金属电极并充有电解质。氧和一定数量的其他气体及亲液物质可透过这层薄膜，但水和可溶性物质的离子几乎不能透过这层膜。将探头浸入水中进行溶解氧的测定时，由于电池作用或外加电压在两个电极间产生电位差，使金属离子在阳极进入溶液，同时氧气通过薄膜扩散在阴极获得电子被还原，产生的电流与穿过薄膜和电解质层的氧的传递速度成正比，即在一定的温度下该电流与水中氧的分压(或浓度)成正比。

薄膜对气体的渗透性受温度变化的影响较大，要采用数学方法对温度进行校正，也可在电路中安装热敏元件对温度变化进行自动补偿。

若仪器在电路中未安装压力传感器不能对压力进行补偿时，仪器仅显示与气压有关的表观读数，当测定样品的气压与校准仪器时的气压不同时，应按本标准规定进行校正。

若测定海水、港湾水等含盐量高的水，应根据含盐量对测量值进行修正。

三、试剂和材料

除非另有说明，本标准所用试剂均使用符合国家标准的分析纯化学试剂，实验用水为新制备的去离子水或蒸馏水。

(1)无水亚硫酸钠(Na_2SO_3)或七水合亚硫酸钠($Na_2SO_3 \cdot 7H_2O$)。

(2)二价钴盐，例如六水合氯化钴(Ⅱ)($CoCl_2 \cdot 6H_2O$)。

(3)零点检查溶液：称取 0.25 g 亚硫酸钠和约 0.25 mg 钴(Ⅱ)盐，溶解于 250 mL 蒸馏水中。临用时现配。

(4)氮气:99.9%。

四、仪器和设备

本标准除非另有说明,分析时均使用符合国家 A 级标准的玻璃量器。

(1)溶解氧测量仪:如图 1-2-8、图 1-2-9 所示。

图 1-2-8 溶解氧测定仪

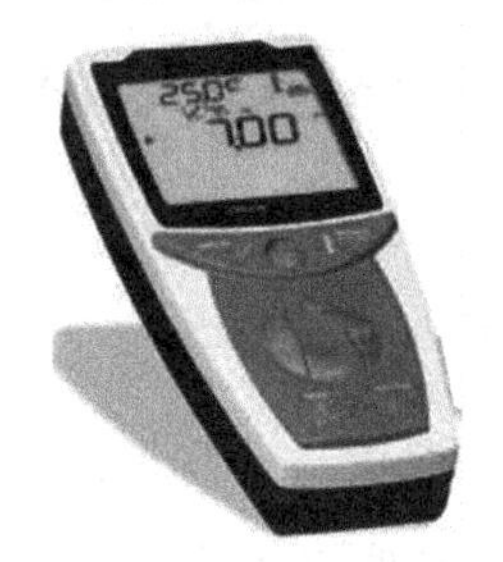

图 1-2-9 便携式溶解氧测定仪

①测量探头:原电池型(例如铅/银)或极谱型(例如银/金),探头上宜附有温度补偿装置。

②仪表:直接显示溶解氧的质量浓度或饱和百分率。

(2)磁力搅拌器。

(3)电导率仪:测量范围 2~100 mS/cm 。

(4)温度计:最小分度为 0.5 ℃。

(5)气压表:最小分度为 10 Pa。

(6)溶解氧瓶。

(7)实验室常用玻璃仪器。

五、分析步骤

使用测量仪器时,应严格遵照仪器说明书的规定。

(一)校准

1.零点检查和调整

当测量的溶解氧浓度水平低于 1 mg/L(或 10%饱和度)时,或者当更换溶解氧膜罩或内部的填充电解液时,需要进行零点检查和调整。若仪器具有零点补偿功能,则不必调整零点。

零点调整:将探头浸入零点检查溶液中,待反应稳定后读数,调整仪器到零点。

2.接近饱和值的校准

在一定的温度下，向蒸馏水中曝气，使水中氧的含量达到饱和或接近饱和。在这个温度下保持 15 min，采用 GB 7489−1987 规定的方法测定溶解氧的质量浓度。

将探头浸没在瓶内，瓶中完全充满按上述步骤制备并测定的样品，让探头在搅拌的溶液中稳定 2~3 min 以后，调节仪器读数至样品已知的溶解氧浓度。

当仪器不能再校准，或仪器响应变得不稳定或较低时，及时更换电解质或(和)膜。

注 1：如果以往的经验已给出空气饱和样品需要的曝气时间和空气流速，可以查表 1−2−7 或表 1−2−8 代替碘量法的测定。

注 2：有些仪器能够在水饱和空气中校准。

表 1−2−7 氧的溶解度与水温和含盐量的函数关系

温度/℃	在 101.325 kPa 标准大气压下氧的溶解度[$\rho(O)_s$]/(mg/L)	水中含盐量每增加 1 g/kg 时溶解氧的修正因子[$\Delta\rho(O)_s$]/[(mg/L)/(g/kg)]	温度/℃	在 101.325 kPa 标准大气压下氧的溶解度[$\rho(O)_s$]/(mg/L)	水中含盐量每增加 1 g/kg 时溶解氧的修正因子[$\Delta\rho(O)_s$]/[(mg/L)/(g/kg)]
0	14.62	0.0875	21	8.91	0.0464
1	14.22	0.0843	22	8.74	0.0453
2	13.83	0.0818	23	8.58	0.0443
3	13.46	0.0789	24	8.42	0.0432
4	13.11	0.0760	25	8.26	0.0421
5	12.77	0.0739	26	8.11	0.0407
6	12.45	0.0714	27	7.97	0.0400
7	12.14	0.0693	28	7.83	0.0389
8	11.84	0.0671	29	7.69	0.0382
9	11.56	0.0650	30	7.56	0.0371
10	11.29	0.0632	31	7.43	
11	11.03	0.0614	32	7.30	
12	10.78	0.0593	33	7.18	
13	10.54	0.0582	34	7.07	
14	10.31	0.0561	35	6.95	
15	10.08	0.0545	36	6.84	
16	9.87	0.0532	37	6.73	
17	9.66	0.0514	38	6.63	
18	9.47	0.0500	39	6.53	
19	9.28	0.0489	40	6.43	
20	9.09	0.0475			

表 1-2-8 不同大气压和水温条件下氧的溶解度　　单位：mg/L

温度/℃	Pw/kPa	大气压/kPa												
		50.5	55.5	60.5	65.5	70.5	75.5	80.5	85.5	90.5	95.5	100.5	105.5	110.5
0	0.61	7.24	7.97	8.69	9.42	10.15	10.87	11.60	12.32	13.05	13.77	14.50	15.23	15.95
1	0.66	7.04	7.75	8.45	9.16	9.87	10.57	11.28	11.98	12.69	13.40	14.10	14.81	15.52
2	0.71	6.84	7.53	8.22	8.91	9.59	10.28	10.97	11.65	12.34	13.03	13.72	14.40	15.09
3	0.76	6.66	7.33	8.00	8.67	9.33	10.00	10.67	11.34	12.01	12.68	13.35	14.02	14.69
4	0.81	6.48	7.13	7.79	8.44	9.09	9.74	10.39	11.05	11.70	12.35	13.00	13.65	14.31
5	0.87	6.31	6.94	7.58	8.22	8.85	9.49	10.12	10.76	11.39	12.03	12.67	13.30	13.94
6	0.93	6.15	6.77	7.39	8.01	8.63	9.25	9.87	10.49	11.11	11.73	12.35	12.97	13.59
7	1.00	5.99	6.59	7.20	7.80	8.41	9.02	9.62	10.23	10.83	11.44	12.04	12.65	13.25
8	1.07	5.84	6.43	7.02	7.61	8.20	8.79	9.38	9.97	10.56	11.15	11.74	12.33	12.92
9	1.15	5.69	6.27	6.85	7.43	8.00	8.58	9.16	9.73	10.31	10.89	11.46	12.04	12.62
10	1.23	5.56	6.12	6.69	7.25	7.81	8.38	8.94	9.51	10.07	10.63	11.20	11.76	12.32
11	1.31	5.42	5.98	6.53	7.08	7.63	8.18	8.73	9.28	9.84	10.39	10.94	11.49	12.04
12	1.40	5.30	5.84	6.38	6.92	7.45	7.99	8.53	9.07	9.61	10.15	10.69	11.23	11.77
13	1.49	5.17	5.70	6.23	6.76	7.29	7.81	8.34	8.87	9.40	9.93	10.45	10.98	11.51
14	1.60	5.06	5.57	6.09	6.61	7.12	7.64	8.16	8.67	9.19	9.71	10.22	10.74	11.26
15	1.71	4.94	5.44	5.95	6.45	6.96	7.47	7.97	8.48	8.98	9.49	10.00	10.50	11.01
16	1.81	4.83	5.33	5.82	6.32	6.81	7.31	7.80	8.30	8.80	9.29	9.79	10.28	10.78
17	1.93	4.72	5.21	5.69	6.18	6.66	7.15	7.64	8.12	8.61	9.09	9.58	10.07	10.55
18	2.07	4.62	5.10	5.57	6.05	6.53	7.01	7.48	7.96	8.44	8.91	9.39	9.87	10.35
19	2.20	4.52	4.99	5.46	5.93	6.39	6.86	7.33	7.80	8.27	8.73	9.20	9.67	10.14
20	2.81	4.42	4.88	5.34	5.80	6.26	6.72	7.18	7.64	8.10	8.56	9.01	9.47	9.93
21	2.99	4.33	4.78	5.23	5.68	6.13	6.58	7.03	7.48	7.93	8.38	8.84	9.29	9.74
22	3.17	4.24	4.68	5.12	5.57	6.01	6.45	6.90	7.34	7.78	8.22	8.67	9.11	9.55
23	3.36	4.15	4.59	5.02	5.46	5.90	6.33	6.77	7.20	7.64	8.07	8.51	8.94	9.38
24	3.56	4.07	4.50	4.92	5.35	5.78	6.21	6.64	7.06	7.49	7.92	8.35	8.78	9.21
25	3.77	3.98	4.40	4.82	5.25	5.67	6.09	6.51	6.93	7.35	7.77	8.19	8.61	9.03
26	4.00	3.90	4.32	4.73	5.14	5.56	5.97	6.39	6.80	7.21	7.63	8.04	8.46	8.87
27	4.24	3.83	4.23	4.64	5.05	5.46	5.86	6.27	6.68	7.09	7.50	7.90	8.31	8.72
28	4.49	3.75	4.15	4.55	4.95	5.36	5.76	6.16	6.56	6.96	7.36	7.76	8.17	8.57
29	4.76	3.67	4.07	4.46	4.86	5.25	5.65	6.04	6.44	6.83	7.23	7.62	8.02	8.41
30	5.02	3.60	3.99	4.38	4.77	5.16	5.55	5.94	6.33	6.72	7.11	7.50	7.89	8.27
31	5.32	3.53	3.91	4.30	4.68	5.06	5.45	5.83	6.22	6.60	6.98	7.37	7.75	8.13
32	5.62	3.46	3.84	4.21	4.59	4.97	5.35	5.73	6.10	6.48	6.86	7.24	7.62	7.99
33	5.94	3.39	3.76	4.14	4.51	4.88	5.25	5.63	6.00	6.37	6.75	7.12	7.49	7.86
34	6.28	3.33	3.70	4.06	4.43	4.80	5.17	5.54	5.90	6.27	6.64	7.01	7.38	7.75
35	6.62	3.26	3.62	3.99	4.35	4.71	5.07	5.44	5.80	6.16	6.53	6.89	7.25	7.62
36	6.98	3.20	3.55	3.91	4.27	4.63	4.99	5.35	5.71	6.06	6.42	6.78	7.14	7.50
37	2.81	3.13	3.49	3.84	4.19	4.55	4.90	5.26	5.61	5.96	6.32	6.67	7.03	7.38
38	2.99	3.07	3.42	3.77	4.12	4.47	4.82	5.17	5.52	5.87	6.22	6.57	6.92	7.27
39	3.17	3.01	3.36	3.70	4.05	4.40	4.74	5.09	5.43	5.78	6.13	6.47	6.82	7.17
40	7.37	2.95	3.29	3.64	3.98	4.32	4.66	5.00	5.35	5.69	6.03	6.37	6.72	7.06

(二)测定

将探头浸入样品,不能有空气泡截留在膜上,停留足够的时间,待探头温度与水温达到平衡,且数字显示稳定时读数。必要时,根据所用仪器的型号及对测量结果的要求,检验水温、气压或含盐量,并对测量结果进行校正。

探头的膜接触样品时,样品要保持一定的流速,防止与膜接触的瞬间将该部位样品中的溶解氧耗尽,使读数发生波动。

对于流动样品(例如河水)应检查水样是否有足够的流速(不得小于 0.3 m/s),若水流速低于 0.3 m/s,需在水样中往复移动探头,或者取分散样品进行测定。

对于分散样品:容器能密封以隔绝空气并带有搅拌器。将样品充满容器至溢出,密闭后进行测量。调整搅拌速度,使读数达到平衡后保持稳定,并不得夹带空气。

六、结果计算

(一)溶解氧的质量浓度

溶解氧的质量浓度以每升水中氧的毫克数表示。

1.温度校正

测量样品与仪器校准期间温度不同时,需要对仪器读数按以下公式进行校正。

$$\rho(O)=\rho'(O)\times\frac{\rho(O)_m}{\rho(O)_c}$$

式中:$\rho(O)$ —— 实测溶解氧的质量浓度,mg/L;

$\rho'(O)$ —— 溶解氧的表观质量浓度(仪器读数),mg/L;

$\rho(O)_m$ —— 测量温度下氧的溶解度,mg/L;

$\rho(O)_c$ ——校准温度下氧的溶解度,mg/L。

例如:

校准温度为 25 ℃时氧的溶解度为 8.26 mg/L(见表 1-2-7);

测量温度为 10 ℃时氧的溶解度为 11.29 mg/L(见表 1-2-7);

测量时仪器的读数为 7.0 mg/L。

10 ℃时实测溶解氧的质量浓度: $\rho(O)=7.0\times11.29/8.26=9.57$ mg/L

上式中 $\rho(O)_m$ 和 $\rho(O)_c$ 值,可根据对应的大气压和温度由以下公式计算而得,也可以由表 1-2-7 中查得:

$$\rho(O)=\rho(O)_s\times\frac{P-P_w}{101.325-P_w}$$

式中：$\rho(O)$ ——温度为 t、大气压为 P(kPa)时，水中氧的溶解度，mg/L；

$\rho(O)_s$ ——温度为 t、大气压为 101.325 kPa 时，水中溶解氧的理论浓度，mg/L，由表 1-2-7 中可查到；

P_w—— 温度为 t 时，饱和水蒸气的压强，kPa。

注：有些仪器能自动进行温度补偿。

2.气压校正

气压为 P(kPa)时，水中溶解氧的浓度 $\rho(O)$可由以下公式求出：

$$\rho(O)=\rho'(O)\times\frac{P-P_w}{101.325-P_w}$$

式中：$\rho(O)$ —— 温度为 t、大气压为 P(kPa)时，水中氧的质量浓度，mg/L；

$\rho'(O)$ —— 仪器默认大气压为 101.325 kPa，温度为 t 时，仪器的读数，mg/L；

P_w —— 温度为 t 时，饱和水蒸气的压强，kPa。

注：有些仪器能自动进行压强补偿。

3.盐度修正

当水中含盐量大于等于 3 g/kg 时，需要对仪器读数按以下公式进行修正。

$$\rho(O)=\rho''(O)-\Delta\rho(O)_s\times w\times\frac{\rho''(O)}{\rho'(O)_s}$$

式中：$\rho(O)$ ——P 大气压下和温度为 t 时，盐度修正后溶解氧的质量浓度，mg/L；

$\Delta\rho(O)_s$ —— 气压为 101.325 kPa，温度为 t 时，水中溶解氧的修正因子，(mg/L)/(g/kg)，见表 1-2-7；

w —— 水中含盐量，g/kg；

$\rho'(O)_s$ ——p 大气压下和温度为 t 时水中氧的溶解度，mg/L，见表 1-2-8；

$\rho''(O)$ ——p 大气压下和温度为 t 时，盐度修正前仪器的读数，mg/L；

$\frac{\rho''(O)}{\rho'(O)_s}$ ——p 大气压下和温度为 t 时水中溶解氧的饱和率。

（二）以饱和百分率表示的溶解氧浓度

水中溶解氧的饱和百分率，按照以下公式计算：

$$S=\frac{\rho''(O)}{\rho'(O)_s}\times 100$$

式中：S ——水中溶解氧的饱和百分率，%；

$\rho''(O)$—— 实测值，mg/L，表示在 p 大气压和温度为 t 时水中溶解氧的质量浓度；

$\rho'(O)_s$ —— 理论值，mg/L，表示在 p 大气压和温度为 t 时水中氧的溶解度（参见表 1-2-8）。

课后自测

(1)为什么应先分析水样中溶解氧和 pH 值两项？

(2)测定溶解氧时，为什么不能用简易采样器采取水样？

(3)测定溶解氧时，为什么在加入试剂溶液时，需将刻度吸管轻轻插入试样瓶的液面下 0.2~0.5 cm 处放出溶液？

(4)溶解氧的测定原理是什么？测定中干扰元素有哪些，如何消除？并需注意哪些问题才能得到可靠的结果？

参考资料

(1)GB 7489—1987《水质 溶解氧的测定 碘量法》

(2)HJ 506—2009《水质 溶解氧的测定 电化学探头法》

任务三 水中pH值的测定

任务引入

pH值是溶液中氢离子活度的负对数。水体受到污染后,pH值发生变化,使得水体自净能力受到阻碍,使水生生物的种群逐渐变化,鱼类减少,甚至绝迹。国家标准中规定了水质pH值的测定方法有GB 6920−1986《水质 pH值的测定 玻璃电极法》和比色法,也可用pH试纸粗略地测定。

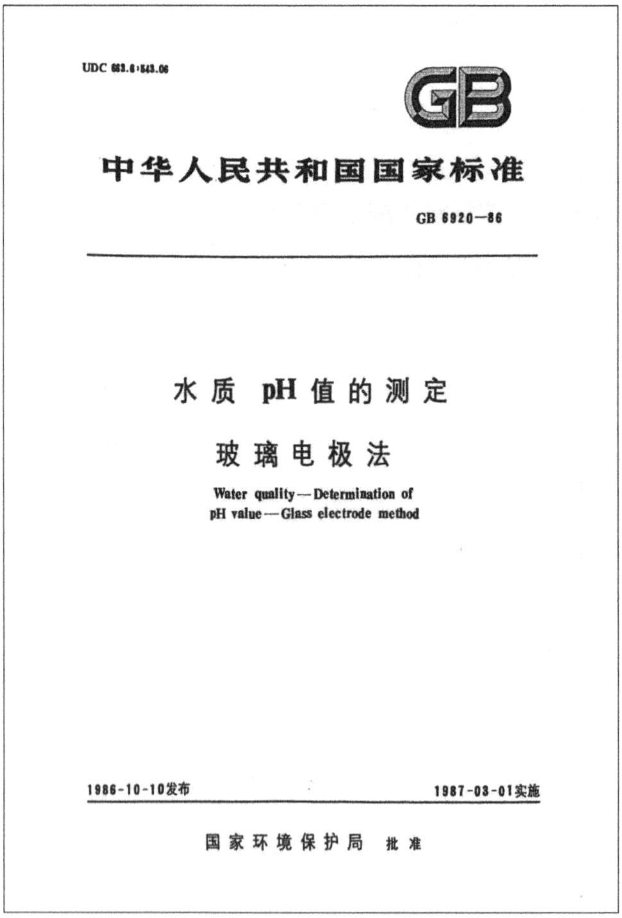

UDC 663.6:543.06

中华人民共和国国家标准

GB 6920—86

水质 pH值的测定

玻璃电极法

Water quality—Determination of
pH value—Glass electrode method

1986-10-10发布　　1987-03-01实施

国家环境保护局　批准

图1-3-1 标准首页

任务目标

(1)会查阅有关标准,并能根据国家标准确认所需仪器和试剂。

(2)能根据国家标准规范配制 pH 值测定的标准缓冲溶液。

(3)掌握玻璃电极法测定水中 pH 值的测量原理。

(4)通过水中 pH 值的测定实验与职业技能实训加深理解,学会监测操作的全过程。

(5)掌握水体理化指标主要包括的项目。

(6)掌握水体理化指标中主要指标的测定原理。

任务分析

1.明确任务流程

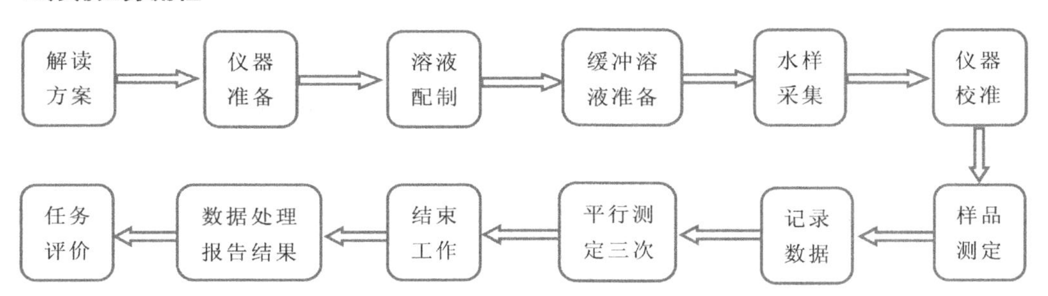

图 1-3-2 任务流程

2.任务难点分析

(1)缓冲溶液的准备。

(2)酸度计的使用。

3.任务前准备

(1)GB 6920-1986《水质 pH 值的测定 玻璃电极法》。

(2)水中 pH 值的测定视频资料。

(3)水中 pH 值的测定所需的仪器和试剂。

①仪器:酸度计、pH 复合玻璃电极(或 pH 玻璃电极、饱和甘汞电极)、磁力搅拌器、温度计、水浴锅等。

②试剂:配制 pH=4.00 标准缓冲溶液、配制 pH=6.86 标准缓冲溶液、配制 pH=9.18 标准缓冲溶液等。

相关知识

pH 值测定基础知识

pH 值是溶液中氢离子活度的负对数，即 $pH=-\lg\alpha_{H^+}$。当 25 ℃时，纯水的 pH=7.0，水呈中性。

pH 是水溶液中酸碱度的一种表示方法。pH 值的测定是水分析中最重要和经常进行的分析项目之一，pH 值是评价水质的一个重要参数。pH 值的大小反映了水的酸性或碱性，但并不能直接表明水样的具体酸度或碱度。天然水的 pH 值范围在 6~9 之间，而饮用水的 pH 值在 6.5~8.5 之间，江河水多在 6~8 之间，湖水则通常在 7.2~8.5 之间。

当水体受到外界的酸碱污染后，可能会引起 pH 值发生较大变化。水体的酸污染主要来源于冶金、电镀、轧钢、金属加工等工业排出的含酸废水，碱污染主要来源于碱法造纸、化学纤维、制碱、制革、炼油等工业废水。水体受到污染后，pH 值发生变化，在水体 pH 值小于 6.5 或大于 8.5 时，水中微生物生长受到一定程度的抑制，使得水体自净能力受到阻碍，使水生生物的种群逐渐变化，鱼类减少，甚至绝迹。

测定水中 pH 值的方法有电极法、比色法，也可用 pH 试纸粗略地测定。

(一)玻璃电极法

电极法测定 pH 值的原理符合能斯特方程。实际测试中，多采用标准比较法，即首先测得 pH 标准缓冲液的电位 E_s，再测定以待测样品溶液代替标准溶液时的电位 E_x。从而得到下列关系：

$$pH_x-pH_s=\frac{E_x-E_s}{2.303\ RT/F}$$

式中：E_x——未知溶液中电池的电动势；

E_s——标准缓冲溶液中电池的电动势；

pH_x——测得未知溶液的 pH 值；

pH_s——标准缓冲溶液的 pH 值；

R——摩尔气体常数，8.3144 J/ (K·mol)；

T——绝对温度(t ℃+273.15)；

F——法拉第常数，96485 C/mol。

当 t=25 ℃时，经换算得到：

$$pH_x-pH_s=\frac{E_x-E_s}{0.059}$$

即在 25 ℃,溶液中每改变一个 pH 值单位,其电位差的变化约为 59 mV。实验室使用的 pH 计上的刻度就是根据此原理制成的。通过标准溶液校准、定位后,可直接从表头读出 pH 值。

GB 6920—1986《水质　pH 值的测定　玻璃电极法》适于饮用水、地面水及工业废水 pH 值的测定。

电极法是我国测定水质 pH 值的标准方法,水的颜色、浊度、胶体物质、氧化剂、还原剂及高含盐量均不干扰测定。但在 pH<1 的强酸性溶液中,会有所谓“酸误差”,可按酸度测定;在 pH>10 的碱性溶液中,因有大量钠离子存在,产生误差,使读数偏低,通常称为“钠差”。消除“钠差”的方法,除了使用特制的“低钠差”电极外,还可以选用与被测溶液的 pH 值相近似的标准缓冲溶液对仪器进行校正。

(二)比色法

比色法测定原理是对各种酸碱指示剂在不同氢离子浓度的水溶液中所产生的不同颜色进行目视比色来测定, pH 值准确度可达到 0.1。

比色法适于测定浊度、色度很低的天然水及饮用水。

任务实施

活动 1　解读水中 pH 值的测定国家标准

1.阅读与查找标准

(1)上网搜索查找 pH 值的测定方法标准。

(2)仔细阅读国家标准 GB 6920—1986《水质　pH 值的测定　玻璃电极法》,确定 pH 值测定方案,找出方法的适用范围、检测限、干扰、方法原理、精密度和准确度等内容,并列出所需的其他相关标准。将查找结果填入表 1-3-1 中。

2.仪器和试剂的确认

依据查阅的标准,拟订仪器和试剂计划,填入表 1-3-1 中。

3.数据记录

表 1-3-1 解读《水质 pH 值的测定 玻璃电极法》国家标准的原始记录

记录编号			
一、阅读与查找标准			
方法原理			
相关标准			
检测限			
准确度		精密度	
二、标准内容			
适用范围		限值	
定量公式		性状	
样品处理			
操作步骤			
三、仪器确认			
所需仪器			检定有效日期
四、试剂确认			
试剂名称	纯度	库存量	有效期
五、安全防护			
确认人		复核人	

注意事项

(1)pH 值应在水样采集时测定,或水样送到实验室后立即测定,不宜久存。

(2)测定结果只表示在测定温度时的实际 pH 值。

活动 2 pH 值测定仪器准备

按国家标准 GB 6920-1986《水质 pH 值的测定 玻璃电极法》拟订和领取所需仪器,确认仪器的规格、型号,并完成表 1-3-2 领用记录的填写,做好仪器和设备的准备工作。

注意事项

(1)酸度计使用的注意事项

①仪器应保持干燥、防尘,定期通电维护,注意对工作电源的要求,并要有良好的“接地”。

②注意电极的输入端(即接线柱或电极插口)引线连接部分应保持清洁,不使水滴、灰尘、油污等侵入。

③应注意仪器零点和校正、定位等调节器,一经调试妥当,在测试过程中不应再随意旋动。

④对内部装有干电池的便携式酸度计,如需长期采用交流电或长期存放时,应将其内部的干电池取出,以防干电池腐烂而损害仪器。

(2)玻璃电极使用的注意事项:

①玻璃电极在使用前先放入蒸馏水中浸泡 24 h 以上。

②必须注意玻璃电极的内电极与球泡之间以及甘汞电极的内电极和陶瓷芯之间不得有气泡,以防断路。

③甘汞电极中的饱和氯化钾溶液的液面必须高出汞体,在室温下应有少许氯化钾晶体存在,以保证氯化钾溶液的饱和,但须注意氯化钾晶体不可过多,以防止堵塞与被测溶液的通路。

④玻璃电极表面受到污染时,需进行处理。如果系附着无机盐结垢,可用温稀盐酸溶解;对钙镁等难溶性结垢,可用 EDTA 二钠溶液溶解;沾有油污时,可用丙酮清洗。电极按上述方法处理后,应在蒸馏水中浸泡一昼夜再使用。注意忌用无水乙醇、脱水性洗涤剂处理电极。

(1)酸度计或离子浓度计。常规检验使用的仪器,至少应当精确到 0.1 个 pH 单位,pH 值范围从 0 至 14。如有特殊需要,应使用精度更高的仪器。如图 1-3-3 所示。

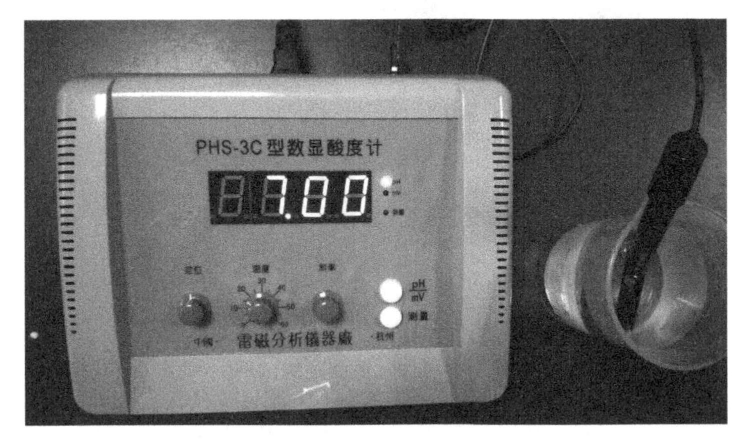

图 1-3-3 PHS-3C 型数显酸度计①

(2)pH 复合玻璃电极(或 pH 玻璃电极、饱和甘汞电极)。

(3)磁力搅拌器。

① 图片中部分仪器或试剂上涉及繁体字,因不影响阅读,故不对此进行处理。

(4)温度计:0~100 ℃。

(5)水浴锅。

活动 3 pH 值测定中溶液的制备

按国家标准 GB 6920-1986《水质 pH 值的测定 玻璃电极法》拟订和领取所需的试剂,完成表 1-3-2 领用记录的填写,并按要求配制所需的溶液和标准溶液。

表 1-3-2 仪器和试剂领用记录

仪器				
编号	名称	规格	数量	备注
试剂				
编号	名称	级别	数量	配制方法

pH 值的测定需要领取的试剂如图 1-3-4 所示。

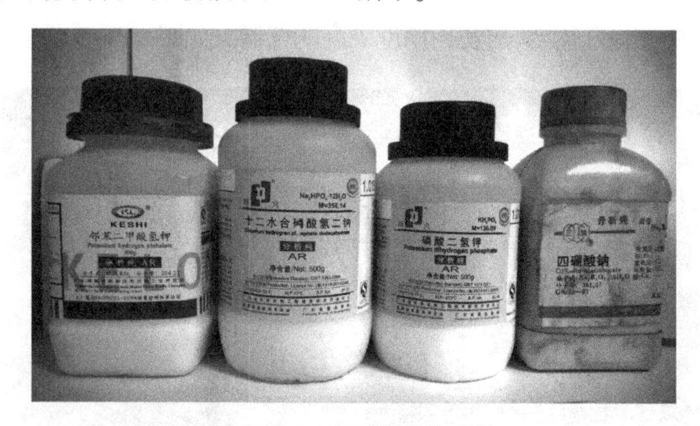

图 1-3-4 pH 值测定的试剂

溶液制备具体任务:(1)配制 pH=4.00 标准缓冲溶液;(2)配制 pH=6.86 标准缓冲溶液;(3)配制 pH=9.18 标准缓冲溶液。

注意事项

(1)邻苯二甲酸氢钾溶液保存期通常为四周。

(2)磷酸盐保存期可为 1~2 个月。

(3)硼砂溶液是碱性溶液,易吸收 CO_2 而使 pH 值降低。

(4)在空气中放置或使用过的溶液不宜倒回瓶内重复使用。

(5)标准缓冲液放在 4 ℃冰箱存放,可以延长使用期限。

(6)缓冲液可保存在硬质玻璃瓶或聚乙烯塑料瓶中。

1.pH=4.00 标准缓冲溶液

(1)用邻苯二甲酸氢钾 pH 标准物质 GBW(E)130070 pH=4.00 来配制:每次取一支邻苯二甲酸氢钾 pH 标准物质,将样品全部倒入 250 mL 的容量瓶中,用新蒸的蒸馏水多次洗涤小瓶并转入容量瓶,待全部溶解稀释至刻度,摇匀后即可使用。有效期为 5 年。

(2)用邻苯二甲酸氢钾(分析纯)来配制:称取在 110~130 ℃下干燥过 2~3 h 的邻苯二甲酸氢钾 5.06 g,用无 CO_2 的水溶解并稀释至 500 mL。贮存于用所配溶液淌洗过的试剂瓶中,贴上标签。

2.pH=6.86 标准缓冲溶液

(1)用混合磷酸盐 pH 标准物质(无水磷酸氢二钠和磷酸二氢钾)GBW(E)130071 pH=6.86 来配制:每次取一支混合磷酸盐 pH 标准物质,将样品全部倒入 250 mL 的容量瓶中,用新蒸的蒸馏水多次洗涤小瓶并转入容量瓶,待全部溶解后稀释至刻度,摇匀后即可使用。有效期为 5 年。

(2)用混合磷酸盐(分析纯)来配制:称取已于(120±10)℃下干燥过 2~3 h 的磷酸二氢钾 1.70 g 和磷酸氢二钠 1.77 g,用无 CO_2 水溶解并稀释至 500 mL。贮存于用所配溶液淌洗过的试剂瓶中,贴上标签。

3.pH=9.18 标准缓冲溶液

(1)用硼砂 pH 标准物质 GBW(E)130072 pH=9.18 来配制:每次取一支硼砂 pH 标准物质,将样品全部倒入 250 mL 的容量瓶中,用新蒸的蒸馏水多次洗涤小瓶并转入容量瓶,待全部溶解后稀释至刻度,摇匀后即可使用。有效期为 5 年。

(2)用硼砂(分析纯)来配制:称取 1.90 g 四硼酸钠,用无 CO_2 水溶解并稀释至500 mL。贮存于用所配溶液淌洗过的试剂瓶中,贴上标签。

pH 值的测定溶液配制完成如图 1-3-5 所示。

图 1-3-5 pH 值测定溶液配制

活动 4 采集 pH 值测定的水样

(1)取学校喷水池的水样：同项目一任务一。

(2)取自来水水样：同项目一任务一。

(3)将水样采集记录填写在表 1-3-3 中。

表 1-3-3 水样的采集与保存记录

序号	测定项目	采样时间	采样点	颜色	嗅味	采样容器	保存剂及用量	保存期	采样量	备注

采样人员：__________　　　　记录人员：__________

注意事项

最好现场测定。否则，应在采样后把样品保持在 0~4 ℃，并在采样后 6 h 之内进行测定。

活动 5 水中 pH 值的测定

1.实验原理

以玻璃电极为指示电极，饱和甘汞电极为参比电极，插入溶液组成原电池。用已知 pH 值的标准溶液定位、校准，用 pH 计直接测出水样的 pH 值。

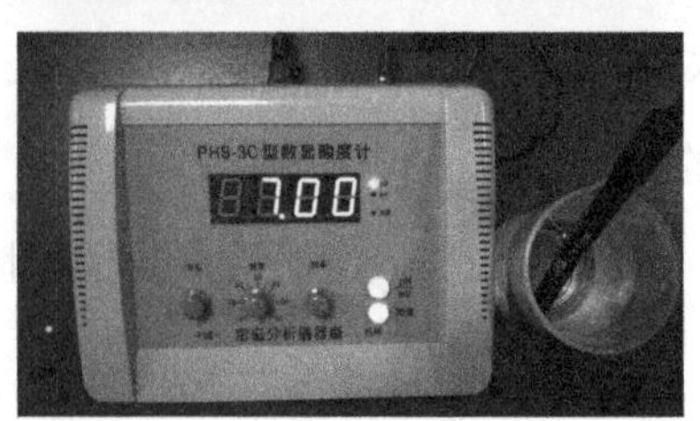

图 1-3-6 pH 值测定准备工作

2.操作步骤

(1)仪器校准。

操作程序按仪器使用说明书进行。先将水样与标准溶液调到同一温度，记录测定温度，并将仪器温度补偿旋钮调至该温度上。如图 1-3-6 所示。

用标准溶液校正仪器，该标准溶液与水样 pH 值相差不超过 2 个 pH 单位。从标准溶液中取出电极，彻底冲洗并用滤纸吸干。再将电极浸入第二个标准溶液中，其 pH 值大约与第一个标准溶液相差 3 个 pH 单位，如果仪器响应的示值与第二个标准溶液的 pH_S 值之差大于 0.1 个 pH 单位，就要检查仪器、电极或标准溶液是否存在问题。当三者均正常时，方可用于测定样品。如图 1-3-7 所示。

图 1-3-7 用标准溶液校正仪器

(2)样品测定。

测定样品时，先用蒸馏水认真冲洗电极，再用水样冲洗，然后将电极浸入样品中，小心摇动或进行搅拌使其均匀，静置，待读数稳定时记下 pH 值。如图 1-3-8(1)(2)(3)(4)所示。

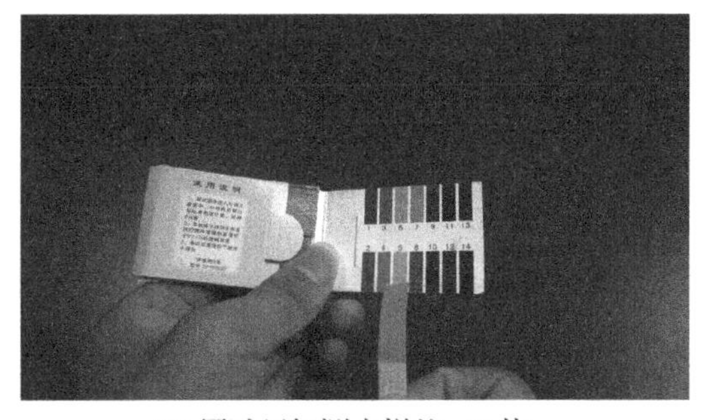

(1)用试纸粗测水样的 pH 值

(2)选择缓冲溶液

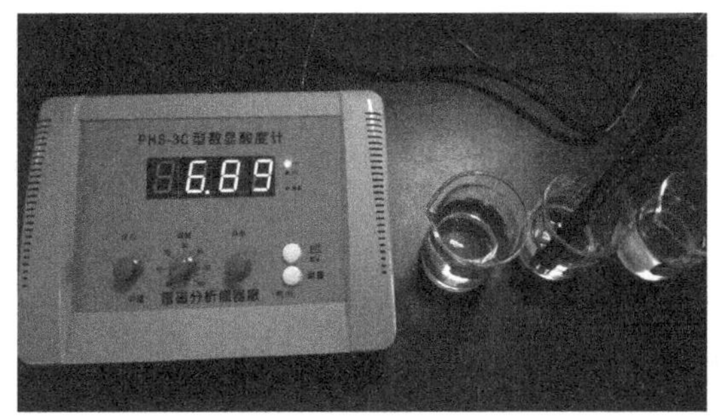

(3)用与水样 pH 值相近的缓冲溶液定位

(4)测定水样的 pH 值

图 1-3-8 水样 pH 值的测定

注意事项

(1)测定 pH 值时,玻璃电极的球泡应全部浸入溶液中,并使其稍高于甘汞电极的陶瓷芯端,以免搅拌时碰杯。

(2)测定 pH 值时,为减少空气和水样中二氧化碳的溶入或挥发,在测水样之前,不应提前打开水样瓶。

(3)在正式测量前,首先应检查仪器、电极、标准缓冲液三者是否正常。

通常做法是:①根据待测样品的 pH 值范围,在其附近选用两种标准缓冲溶液。②用第一种溶液定位后,对第二种溶液测试,观察其读数。仪器响应值与第二种溶液的 pH 值之差不得大于 0.1 个 pH 单位。

(4)更换标准缓冲液或样品时,应用水对电极进行充分的淋洗,用滤纸吸去电极上的水滴,再用待测溶液淋洗。

(5)测量 pH 值时,溶液应适当进行搅拌,在读数时则应停止搅动,静置片刻,以使读数稳定。

活动 6 水中 pH 值的测定数据记录与处理

将测定数据及处理结果记录于表 1-3-4。

表 1-3-4 pH 值的测定原始记录

样品名称		测定项目	
测定方法		判定依据	
测定时间		环境温度	
合作人			
测定次数	1	2	3
质控样 pH 值			
平均值			
试样 pH 值			
平均值			
相对极差,%			

活动 7 撰写分析报告

将测定结果填写入表 1-3-5。

表 1-3-5 pH 值测定检验报告内页

采样地点			样品编号	
执行标准				
检测项目	检测结果	限值	本项结论	备注
以下空白				

检验员(签字):______________ 工号:______________ 日期:______________

任务评价

表 1-3-6 任务评价表

考核内容	序号	考核标准	分值	小组评价	教师评价
解读国家标准(10分)	1	标准查找正确	2分		
	2	仪器的确认(种类、规格、精度)正确	2分		
	3	试剂的确认(种类、纯度、数量)正确	2分		
	4	解读标准的原始记录填写无误	4分		
仪器准备(5分)	5	仪器选择正确(规格、型号)	2分		
	6	仪器领用正确(规格、型号)	1分		
	7	仪器领用记录的填写正确	2分		
溶液准备(10分)	8	试剂领用正确(种类、纯度、数量)	2分		
	9	试剂领用记录的填写正确	3分		
	10	正确配制所需溶液	5分		
水样采集保存(10分)	11	选择采样点、采样方法、采样容器、采样量、运输等正确	5分		
	12	水样的保存方法、保存剂及用量、保存期等适当	5分		
测定操作(25分)	13	正确使用酸度计	5分		
	14	测定 pH 值操作正确	10分		
	15	读数正确	2分		
	16	再次测定操作正确	5分		
	17	样品测定三次	3分		
测后工作及团队协作(10分)	18	仪器清洗、归位正确	2分		
	19	药品、仪器摆放整齐	2分		
	20	实验台面整洁	1分		
	21	分工明确,各尽其职	5分		

续表

考核内容	序号	考核标准	分值	小组评价	教师评价
数据记录、处理及测定结果（25分）	22	及时记录数据、记录规范、无随意涂改	3分		
	23	正确填写原始记录表	2分		
	24	计算正确	5分		
	25	测定结果与标准值比较≤±1.0%	10分		
	26	相对极差≤1.0%	5分		
撰写分析报告（5分）	27	检验报告内容正确	2分		
	28	正确撰写检验报告	3分		
考核结果					

拓展提高

水体理化指标监测技术

水体水质的优劣主要是通过物理、化学和生物三大类指标来评价的。就一般的理化指标而言，它主要包括水温、色度、浊度、电导率、透明度、悬浮物、矿化度、溶解氧、pH值、氧化还原电位等十个项目。

一、水温

温度是水质重要的指标之一，水中溶解性气体（如 O_2、CO_2 等）的溶解度、水中生物和微生物活动、非离子氨、盐度、pH值以及碳酸钙饱和度等都受水温变化的影响。

温度为现场监测项目之一，目前主要有水温计法、深水温度计法和颠倒温度计法，前者用于地表水、污水等浅层水温的测量，后两者用于湖库等深层水温的测量。此外，还有热敏电阻温度计法等。

（一）水温温度计法

水温温度计适用于测量水体的表层温度。常用的水温温度计是安装于金属半圆槽壳内的水银温度表，下端连接一个金属贮水杯，温度表水银球部分悬在杯中，其顶端的槽壳带一圆环，拴以一定长度的绳子。测温范围通常为−6~41 ℃，最小分度值为0.2 ℃。如图1−3−9(1)所示。测量时将其插入一定深度的水中，放置5 min后，迅速提出水面并读数。

（二）深水温度计法

深水温度计适用于水深40 m以内的水温测量，测量范围−2~40 ℃，分度值0.2 ℃。如图1−3−9(2)所示。结构类似于水温温度计，其盛水圆筒较大，并有上、下活门，利用其在水中放入、提升时的自动开启和关闭,使筒内装满待测温度的水样。测定时,将其投入水中,与表层水温测定步骤相同。

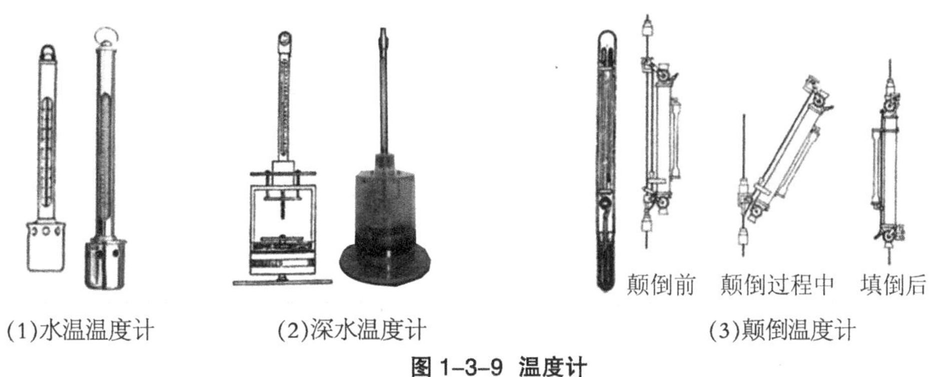

(1)水温温度计　(2)深水温度计　(3)颠倒温度计

图 1-3-9 温度计

(三)颠倒温度计法

颠倒温度计如图 1-3-9(3)所示。适用于测量水深在 40 m 以上的各层水温,一般装在颠倒采水器上使用。它由主温表和辅温表构成。主温表是双端式水银温度计,用于观测水温,测量范围-2~32 ℃,分度值为 0.10 ℃;辅温表为普通水银温度计,用于观测读取水温时的气温,以校正因环境温度改变而引起的主温表读数的变化,测量范围-20~50 ℃,分度值为 0.5 ℃。测量时,将其沉入预定深度水层,放置 7 min 后提出水面立即读数,并根据主、辅温度表的读数,用海洋常数表进行校正。

此外还有热敏电阻温度计,它适于表层水温和深层水温测定。测量时启动仪器,将控头放在预定深度的水中,感温 1 min 后,读取水温示数。读完后取出控头,用棉花擦干备用。

以上各种温度计均应定期进行校核。

二、色度

纯水为无色透明。清洁水在水层浅时应为无色,深层为浅蓝绿色。天然水中存在腐殖质、泥土、浮游生物、铁和锰等金属离子,均可使水体着色。

纺织、印染、造纸、食品、有机合成工业的废水中,常含有大量的染料、生物色素和有色悬浮微粒等,因此常常是使环境水体着色的主要污染源。有色废水常给人以不愉快感,排入环境后又使天然水着色,减弱水体的透光性,影响水生生物的生长。

水的颜色分为"表观颜色"和"真实颜色"。"真实颜色"是指去除浊度后水的颜色。测定真色时,如水样浑浊,应放置澄清后,取上清液或用孔径为 0.45 μm 的滤膜过滤,也可经离心后再测定。没有去除悬浮物的水所具有的颜色,包括了溶解性物质及不溶解的悬浮物所产生的颜色,称为"表观颜色"。对于清洁的或浊度很低的水,这两种颜色相近;对着色很深的工业废水，其颜色主要由胶体和悬浮物所造成，故可根据需要测定“真实颜色”或“表观颜色”。国家标准 GB 11903−1989《水质 色度的测定》中规定水的色度用铂钴比色法和稀释倍数法来测定。

测定较清洁的、带有黄色色调的天然水和饮用水的色度，用铂钴标准比色法，测定原理是用氯铂酸钾和氯化钴配制颜色标准溶液，与被测样品进行目视比色，以测定样品的色度。每升水中含有 1 mg 铂和 0.5 mg 钴时所具有的颜色，称为 1 度，作为标准色度单位。用度数表示结果，此法操作简单，标准色列的色度稳定，易保存。

对受工业废水污染的地表水和工业废水，可用文字描述颜色的种类和深浅程度，并以稀释倍数法测定色的强度。测定原理是将工业废水按一定的稀释倍数，用水稀释到接近无色时，记录稀释倍数，以此表示该水样的色度，单位为倍。

三、浊度(详见项目一任务一 水中浊度的测定 相关知识 浊度测定基础知识)

四、电导率

电导率表示溶液传导电流能力的大小。电导率与溶液中离子含量大致成比例地变化，同时它还与离子的种类、价态、总浓度，溶液的温度和黏度等有关。水溶液的电导率是指将距离 1 cm，横截面积各为 1 cm^2 的两片平行电极插入水中所测得的电阻值。设 κ 为电导率(S/cm)，G 为电导(S)，A 为极板面积(cm^2)，L 为两平行板电极间距(cm)，溶液的电导率可按下式计算：

$$\kappa=G\frac{L}{A}$$

新鲜蒸馏水的电导率为 0.5~2 μS/cm，但放置一段时间后，因吸收了 CO_2，电导率增加到 2~4 μS/cm；超纯水的电导率小于 0.10 μS/cm；天然水的电导率多在 50~500 μS/cm 之间；矿化水可达 500~1000 μS/cm；含酸、碱、盐的工业污水电导率往往超过 10000 μS/cm；海水的电导率约为 30000 μS/cm。

水样的电导率可用电导率仪(或电导仪)测定，操作方便，可直接读数。有关仪器的操作方法可参见仪器说明书。需要注意的是，电导率的测定通常在 25 ℃进行，如果温度不是25 ℃，则需要进行温度校正。此外，水样采集后应尽快测定电导率，水样中如含有粗大悬浮物、油脂等杂质会干扰测定，应预先过滤或萃取除去。

五、透明度

透明度是指水样的澄清程度。洁净的水是透明的，水中存在悬浮物和胶体时，透明度便降低。通常地下水的透明度较高，但由于供水和环境条件不同，其透明度可能不断变化。测定透明度的方法通常有铅字法、塞氏盘法和十字法。

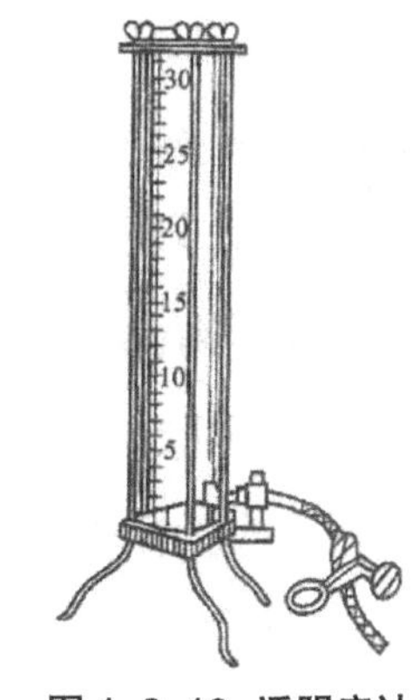

图 1-3-10 透明度计

图 1-3-11 透明度测定印刷符号

（一）铅字法

铅字法适用于天然水或处理后的水，使用透明度计进行测定。

透明度计是一种长 33 cm，内径 2.5 cm 的标有刻度的玻璃筒，筒底有一磨光玻璃片，筒与玻璃片之间有一个橡皮圈，用金属夹固定。距玻璃筒底部 1~2 cm 处有一放水侧管，如图 1−3−10 所示。

测定时，将振荡均匀的水样倒入筒内至 30 cm 处，从筒口垂直向下观察，以刚好能清楚地辨认出其底部的标准铅字印刷符号(如图 1−3−11 所示)时的水柱高度(以 cm 计)为该水样的透明度。如不能看清，则缓慢地放出水样，直到刚好能辨认出符号为止，记录此时水柱高度的厘米数，估读至 0.5 cm。超过 30 cm 时为透明水。

本法受监测人员的主观影响较大，因此最好取多次或数人测定结果的平均值为监测数据。

（二）塞氏盘法

塞氏盘法是一种现场测定透明度的方法，适用于现场测定。塞氏盘为直径 200 mm、黑白各半的圆板，如图 1−3−12 所示。

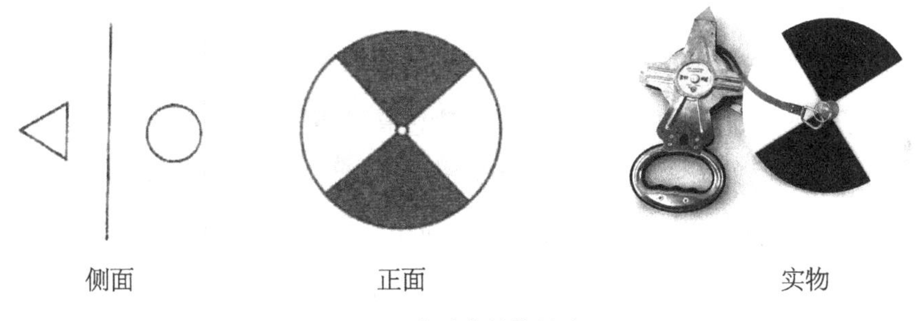

图 1-3-12 塞氏盘结构及实物图

测定时，将圆板平放沉入水中，至恰不能看见盘面时，记录水深(cm)，即为透明度数。观察时需反复 2~3 次。

（三）十字法

在内径为 30 mm，长为 0.5 m 或 1.0 m 的具刻度玻璃筒的底部放一白瓷片，片中部有宽度为 1 mm 的黑色十字和四个直径为 1 mm 的黑点。将待测水样注满筒内,从筒下部缓慢放水,直至明显地看到十字而看不到四个黑点为止,以此时水柱高度(cm)表示透明度。当高度达 1 m 以上时即为透明水。

六、悬浮物(称量法)

悬浮物的测定采用国际标准《水质　悬浮物的测定　重量法》(GB/T 11901−1989),此标准适用于地表水、地面水、生活污水和工业污水中悬浮物的测定。

水中悬浮物是指水样通过孔径为 0.45 μm 的滤膜，截留在滤膜上并于 103~105 ℃烘干至恒重的固体物质。

测定方法是：先将 0.45 μm 的微孔滤膜于 103~105 ℃烘箱中烘干至恒重，并称其质量(称准至0.2 mg),再将恒重的微孔滤膜放在滤膜过滤器的滤膜托盘上,加盖配套的漏斗,并用夹子固定好;以蒸馏水湿润滤膜,并不断吸滤;量取 100 mL 水样抽吸过滤,使水样全部通过滤膜;然后以 10 mL 蒸馏水连续洗涤三次,继续吸滤以除去痕量水分;停止吸滤后，仔细取出载有悬浮物的滤膜放在原恒重的称量瓶里，移入烘箱中于 103~105 ℃下烘干 1 h 后移入干燥器中,冷却至室温,称其质量;反复烘干、冷却、称量,直到两次称量的质量差≤0.4 mg 为止。过滤前后二者之差即为悬浮物质量,再除以水样的体积,即得到悬浮物的测定结果,单位是 mg/L。

操作时要注意水样中不能加入任何保护剂,以防破坏物质在固、液间的分配平衡。飘浮和浸没的不均匀固体物质不属于悬浮物质,应从水样中除去。

七、矿化度

矿化度是水中所含无机矿物成分的总量，经常饮用低矿化度的水会破坏人体内碱金属和碱土金属离子的平衡,产生病变,饮水中矿化度过高又会导致结石症。主要用于评价水中总含盐量,是农田灌溉用水适用性评价的主要指标之一,一般只用于天然水测定,对于无污染的水样,测得的矿化度与该水样在 103~105 ℃烘干的可滤残渣量值相近。

矿化度的测定方法有质量法、电导法、阴阳离子加和法及离子交换法等。

质量法含义明确,是较简单、通用的方法。质量法测定原理是取适量经过滤除去悬浮物及沉降物的水样于已称至恒重的蒸发皿中,在水浴上蒸干,加过氧化氢除去有机物并蒸干,移至 105~110 ℃烘箱中烘干至恒重,计算出矿化度(mg/L)。

八、溶解氧(详见项目一任务二 水中溶解氧的测定 相关知识 溶解氧测定基础知识)

九、pH值(详见本任务 水中pH值的测定 相关知识 pH值测定基础知识)

十、氧化还原电位

氧化还原电位要求在现场测定。测定方法是以铂电极做指示电极,饱和甘汞电极做参比电极,与水样组成原电池,测定铂电极相对于甘汞电极的氧化还原电位,然后换算成相对于标准氢电极的氧化还原电位。氧化还原电位测定装置如图1-3-13所示。水样的氧化还原电位(φ_n)计算公式如下:

$$\varphi_n=\varphi_{ind}+\varphi_{ref}$$

式中:φ_{ind}——由铂电极-饱和甘汞电极测得的氧化还原电位,mV;

φ_{ref}——t ℃时,饱和甘汞电极电位,mV,其值随温度变化而变化。

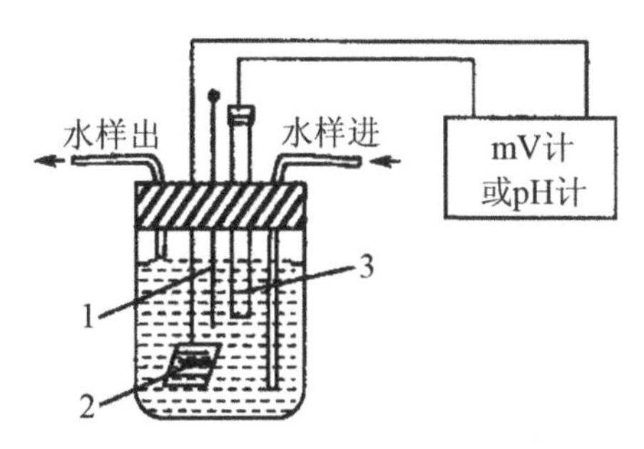

1-温度计;2-铂电极;3-饱和甘汞电极

图1-3-13 氧化还原电位测定装置

课后自测

(1)何谓水的pH值?水的pH值如何测定?

(2)玻璃电极法测定pH值的原理和适用范围是什么?

(3)为什么在酸度计上要有温度补偿装置?

(4)在酸度计上显示的pH值与mV数之间有何定量关系?

(5)测定水中pH值时,应注意哪些问题?

(6)水体理化指标主要包括哪些项目?各指标的主要测定方法有哪些?

参考资料

GB 6920-1986《水质 pH值的测定 玻璃电极法》

任务四 水中钙镁总量的测定

任务引入

水中钙、镁含量也称为水的硬度，平常我们所说的软水和硬水，就是对水中钙、镁含量的高低而言的。硬度高的水在加热过程中会因钙、镁盐的受热分解而在锅炉、管道和炊具内形成有害的水垢。所以工业用水(特别是锅炉用水)大多需要测定硬度。钙、镁含量测定常用原子吸收分光光度法和 EDTA 滴定法，国家标准 GB/T 7477−1987《水质 钙和镁总量的测定 EDTA 滴定法》中规定了地下水和地面水中钙和镁的总量测定的方法。

GB

中华人民共和国国家标准

GB/T 7477−1987

水质 钙和镁总量的测定

EDTA 滴定法

Water quality—Determination of the sum of calcium and magnesium−EDTA titrimetric method

1987-03-14 发布　　1987-08-01 实施

国家环境保护局 发布

ICS 71.040.40
G 76

GB

中华人民共和国国家标准

GB/T 15452—2009
代替 GB/T 15452—1995

工业循环冷却水中钙、镁离子的测定
EDTA 滴定法

Industrial circulating cooling water—
Determination of calcium and magnesium—EDTA titration method

(ISO 6059:1984, Water quality—Determination of the sum of calcium and magnesium—EDTA titrimetric method, NEQ)

2009-05-18 发布　　2010-02-01 实施

中华人民共和国国家质量监督检验检疫总局
中国国家标准化管理委员会 发布

图 1-4-1 标准首页

任务目标

(1)会查阅有关标准,并能根据国家标准确认所需仪器和试剂。

(2)能根据国家标准规范配制钙和镁总量测定的标准溶液。

(3)了解硬度的定义,学会硬度的表示方法。

(4)掌握 EDTA 配位滴定法测定水硬度的测定原理。

(5)通过水中硬度的测定实验与职业技能实训加深理解,学会监测操作的全过程。

任务分析

1.明确任务流程

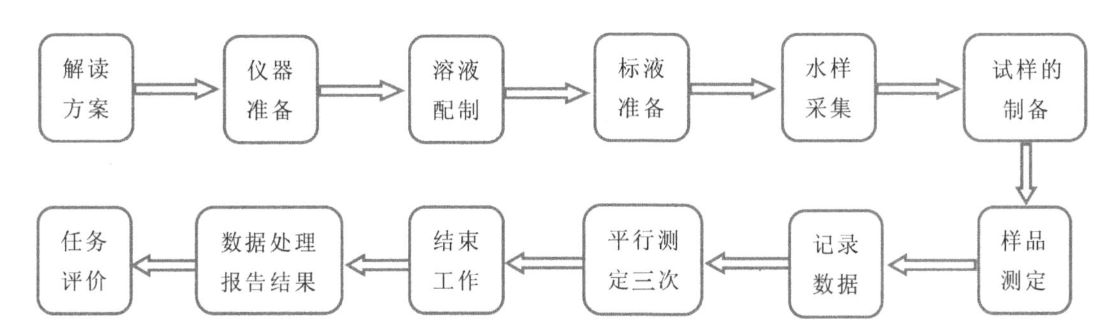

图 1-4-2 任务流程

2.任务难点分析

(1)EDTA 标准滴定溶液的标定。

(2)样品含量测定操作技术。

3.任务前准备

(1)GB/T 7477-1987《水质 钙和镁总量的测定 EDTA 滴定法》。

(2)水中硬度的测定视频资料。

(3)水中硬度的测定所需的仪器和试剂。

①仪器:分析天平(万分之一)、100 mL 移液管、50 mL 滴定管、锥形瓶等。

②试剂:缓冲溶液(pH=10)、EDTA 二钠标准溶液(10 mmol/L)、钙标准溶液(10 mmol/L)、铬黑 T 指示剂、氢氧化钠溶液(2 mol/L)、氰化钠(NaCN)、三乙醇胺[$N(CH_2CH_2OH)_3$]等。

相关知识

一、钙镁测定基础知识

钙、镁是天然水中的常见成分,水中钙、镁含量也称为水的硬度,主要来源于含钙、镁的岩石风化溶解产物,也是动物体内所必需的元素。钙、镁在天然水中浓度从每升零点几毫克到数百毫克不等,硬度过高的水不利于工业使用,易形成水垢,影响热传导,对锅炉作业,还隐藏着爆炸的危险。因此,应对水进行软化处理。

世界各国对水的硬度有不同的定义,如总硬度、碳酸盐硬度、非碳酸盐硬度,其中,总硬度是钙和镁的总浓度。水的硬度各国表示方法也是不相同的,我国将总硬度折算成 CaO 的含量来表示,通常把 1 L 水中含有 10 mg CaO 称为 1°(1 度);水的硬度在 8°以下的为软水,在 8°以上的为硬水,硬度大于 30°的是最硬水。1 德国硬度(°DH)相当于 CaO 含量为 10 mg/L 或为 0.178 mmol/L。依此水质分类是:0~4°DH 为特软的水, 4~8°DH 为软水, 8~16°DH 为中等硬水,16~30°DH 为硬水,30°DH 以上为特硬的水。1 美国硬度相当于 $CaCO_3$ 含量为 1 mg/L 或为 0.01 mmol/L。

测定水中钙镁方法有 EDTA 配位滴定法、原子吸收分光光度法、等离子发射光谱法等。其中 EDTA 配位滴定法简单快速, 是最常选用的方法; 原子吸收分光光度法具有快速、灵敏、准确、干扰易消除等优点,如果采用 EDTA 配位滴定法有干扰时,最好改用本法;等离子发射光谱法快速、灵敏度高、干扰少,可同时测定多种元素,也是较为理想的方法之一。GB/T 7477−1987《水质　钙和镁总量的测定　EDTA 滴定法》标准规定用 EDTA 滴定法测定地下水和地面水中钙和镁的总量。此方法不适用于含盐量高的水,诸如海水。此方法测定的最低浓度为 0.05 mmol/L。

EDTA 配位滴定法测定原理是 EDTA 二钠盐在 pH=10 的条件下, 与水中的 Ca^{2+}、Mg^{2+} 生成无色可溶性配合物,指示剂铬黑 T 则与 Ca^{2+}、Mg^{2+}生成紫红色配合物,到达终点时,全部 Ca^{2+}、Mg^{2+}与 EDTA 配合而使铬黑 T 游离出,溶液由紫红色变为天蓝色,用 EDTA 的消耗量计算水的硬度。

二、钙镁测定样品的采集

(1)采集水样可用硬质玻璃瓶(或聚乙烯瓶),采样前先将瓶洗净。采样时用水冲洗 3 次,再采集于瓶中。

(2)采集自来水及有抽水设备的井水时，应先放水数分钟，使积留在水管中的杂质流出，然后将水样收集于瓶中。

(3)采集无抽水设备的井水或江、河、湖等地面水时，可将采样设备浸入水中，使采样瓶口位于水面下 20~30 cm，然后拉开瓶塞，使水进入瓶中。

任务实施

活动 1 解读水中钙和镁总量的测定国家标准

1.阅读与查找标准

(1)上网搜索查找水中硬度的测定方法标准。

(2)仔细阅读国家标准 GB/T 7477—1987《水质 钙和镁总量的测定 EDTA 滴定法》，确定硬度测定方案，找出方法的适用范围、检测限、干扰、方法原理、精密度和准确度等内容，并列出所需的其他相关标准。将查找结果填入表 1-4-1 中。

2.仪器和试剂的确认

依据查阅的标准，拟订仪器和试剂计划，填入表 1-4-1 中。

3.数据记录

表 1-4-1 解读《水质 钙和镁总量的测定 EDTA 滴定法》国家标准的原始记录

<table>
<tr><td>记录编号</td><td colspan="3"></td></tr>
<tr><td colspan="4">一、阅读与查找标准</td></tr>
<tr><td>方法原理</td><td colspan="3"></td></tr>
<tr><td>相关标准</td><td colspan="3"></td></tr>
<tr><td>检测限</td><td colspan="3"></td></tr>
<tr><td>准确度</td><td></td><td>精密度</td><td></td></tr>
<tr><td colspan="4">二、标准内容</td></tr>
<tr><td>适用范围</td><td></td><td>限值</td><td></td></tr>
<tr><td>定量公式</td><td></td><td>性状</td><td></td></tr>
<tr><td>样品处理</td><td colspan="3"></td></tr>
<tr><td>操作步骤</td><td colspan="3"></td></tr>
<tr><td colspan="4">三、仪器确认</td></tr>
<tr><td colspan="3">所需仪器</td><td>检定有效日期</td></tr>
<tr><td colspan="3"></td><td></td></tr>
<tr><td colspan="3"></td><td></td></tr>
</table>

续表

四、试剂确认			
试剂名称	纯度	库存量	有效期
五、安全防护			
确认人		复核人	

活动 2 钙和镁总量测定仪器准备

按国家标准 GB/T 7477-1987《水质 钙和镁总量的测定 EDTA 滴定法》拟订和领取所需仪器，确认仪器的规格、型号，并完成表 1-4-2 领用记录的填写，做好仪器和设备的准备工作。

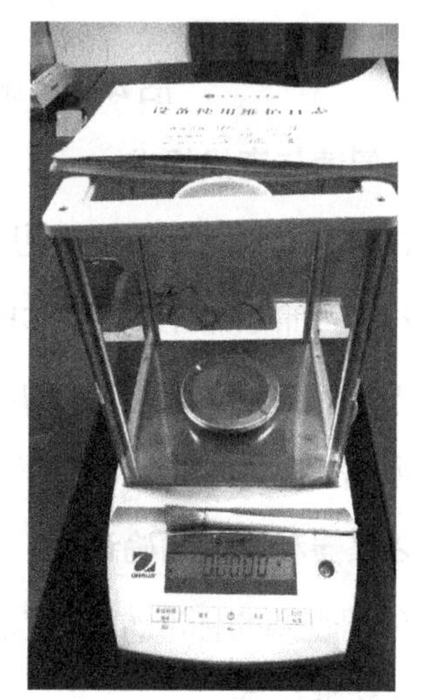

图 1-4-3 分析天平

钙和镁总量测定仪器准备内容

(1)分析天平(万分之一)。

(2)100 mL 移液管。

图 1-4-4 移液管

(3)50 mL 滴定管。

(4)锥形瓶。

活动 3 钙和镁总量测定中溶液的制备

按国家标准 GB/T 7477-1987《水质 钙和镁总量的测定 EDTA 滴定法》拟订和领取所需的试剂，完成表 1-4-2 领用记录的填写，并按要求配制所需的溶液和标准溶液。

表 1-4-2 仪器和试剂领用记录

仪器				
编号	名称	规格	数量	备注

续表

试剂				
编号	名称	级别	数量	配制方法

钙和镁总量的测定需要的试剂如图 1-4-5 所示。

图 1-4-5 钙和镁总量测定的试剂

溶液制备具体任务：(1)配制缓冲溶液(pH=10)；(2)制备 EDTA 二钠标准溶液(10 mmol/L)；(3)配制钙标准溶液(10 mmol/L)；(4)配制铬黑 T 指示剂；(5)配制氢氧化钠溶液(2 mol/L)；(6)氰化钠(NaCN)；(7)三乙醇胺[$N(CH_2CH_2OH)_3$]。

注意事项

(1)氰化钠有剧毒，取用和处置时必须十分谨慎小心，采取必要的防护。

(2)含氰化钠的溶液不可酸化。

1.配制缓冲溶液(pH =10)

(1)称取 1.25 g EDTA 二钠镁($C_{10}H_{12}N_2O_8Na_2Mg$)和 16.9 g 氯化铵(NH_4Cl)溶于 143 mL 浓的氨水($NH_3·H_2O$)中，用水稀释至 250 mL。因各地试剂质量有出入，配好的溶液应按(2)方法进行检查和调整。

(2)如无 EDTA 二钠镁，可先将 16.9 g 氯化铵溶于 143 mL 氨水。另取 0.78 g 硫酸镁($MgSO_4·7H_2O$)和 1.179 g EDTA 二钠二水合物($C_{10}H_{14}N_2O_8Na_2·2H_2O$)溶于 50 mL 水，加入2 mL 配好的氯化铵、氨水溶液和 0.2 g 左右铬黑 T 指示剂干粉。此时溶液应显紫红色，如出现天蓝色，应再加入极少量硫酸镁使其变为紫红色。逐滴加入 EDTA 二钠溶液，直至溶液由紫红转变为天蓝色为止(切勿过量)。将两溶液合并，加蒸馏水定容至 250 mL。如果合并后，溶液又转为紫色，在计算结果时应减去试剂空白。

2.制备 EDTA 二钠标准溶液(10 mmol/L)

(1)配制。

将一份 EDTA 二钠二水合物在 80 ℃干燥 2 h，放入干燥器中冷至室温，称取 3.725 g 溶于水，在容量瓶中定容至 1000 mL，盛放在聚乙烯瓶中，定期校对其浓度。

(2)标定。

参照活动 5 的操作步骤(2)，用钙标准溶液标定 EDTA 二钠溶液。取 20.0 mL 钙标准溶液稀释至 50 mL。

(3)浓度计算。

EDTA 二钠溶液的浓度 c_1(mmol/L)用下式计算：

$$c_1=\frac{c_2 V_2}{V_1}$$

其中：c_2——钙标准溶液的浓度，mmol/L；

V_2——钙标准溶液的体积，mL；

V_1——滴定中消耗的 EDTA 二钠溶液的体积，mL。

3.配制钙标准溶液(10 mmol/L)

将一份碳酸钙($CaCO_3$)在 150 ℃干燥 2 h，取出放在干燥器中冷至室温，称取 1.001 g 于 500 mL 锥形瓶中，用水润湿。逐滴加入 4 mol/L 盐酸至碳酸钙全部溶解，避免滴入过量酸。加 200 mL 水，煮沸数分钟赶除二氧化碳，冷至室温，加入数滴甲基红指示剂溶液(0.1 g 溶于 100 mL 60%乙醇)，逐滴加入 3 mol/L 氨水至变为橙色，在容量瓶中定容至 1000 mL。此溶液 1. 00 mL 中含 0.4008 mg(0.01 mmol/L)钙。

4.配制铬黑 T 指示剂

将 0.5 g 铬黑 T[$HOC_{10}H_6N:N_{10}H_4(OH)(NO_2)SO_3Na$，又名媒染黑 11，学名：1-(1-羟基-2-萘基偶氮)-6-硝基-2-萘酚-4-磺酸钠盐]溶于 100 mL 三乙醇胺[$N(CH_2CH_2OH)_3$]，可最多用 25 mL 乙醇代替三乙醇胺以减少溶液的黏性，盛放在棕色瓶中。或者配成铬黑 T 指示剂干粉，称取 0.5 g 铬黑 T 与 100 g 氯化钠(NaCl)充分混合，研磨后通过 40~50 目，盛放在棕色瓶中，紧塞。

5.配制氢氧化钠溶液(2 mol/L)

将 8 g 氢氧化钠(NaOH)溶于 100 mL 新鲜蒸馏水中。盛放在聚乙烯瓶中，避免空气中二氧化碳的污染。

6.氰化钠(NaCN)

7.三乙醇胺[$N(CH_2CH_2OH)_3$]

活动 4 采集钙和镁总量测定的水样

(1)取学校喷水池的水样:同任务一。

(2)取自来水水样:同任务一。

(3)将水样采集记录填写在表 1-4-3 中。

表 1-4-3 水样的采集与保存记录

序号	测定项目	采样时间	采样点	颜色	嗅味	采样容器	保存剂及用量	保存期	采样量	备注

采样人员:__________ 记录人员:__________

注意事项

水样采集后(尽快送往实验室),应于 24 h 内完成测定。否则,每升水样中应加 2 mL 浓硝酸做保存剂(使 pH 值降至 1.5 左右)。

活动 5 水中钙和镁总量的测定

1.实验原理

在 pH=10 时,EDTA 与水中的 Ca^{2+}、Mg^{2+}生成无色可溶性配合物,以铬黑 T 为指示剂,终点时,溶液由紫红色变为天蓝色,用 EDTA 的消耗量计算水的硬度。

2.操作步骤

(1)试样的制备。

一般样品不需预处理。如样品中存在大量微小颗粒物,需在采样后尽快用 0.45 μm 孔径过滤器过滤。样品经过滤,可能有少量钙和镁被滤除。

试样中钙和镁总量超出 3.6 mmol/L 时,应稀释至低于此浓度,记录稀释因子 F。

如试样经过酸化保存,可用计算量的氢氧化钠溶液中和。计算结果时,应把样品或试样由于加酸或碱的稀释考虑在内。

(2)测定。

用移液管吸取50.0 mL(或100 mL)试样于250 mL锥形瓶中,加4 mL缓冲溶液和3滴铬黑T指示剂溶液或50~100 mg指示剂干粉,此时溶液应呈紫红或紫色,如插图6(1)所示,其pH值应为10.0±0.1。为防止产生沉淀,应立即在不断振摇下,自滴定管加入EDTA二钠溶液,开始滴定时速度宜稍快,接近终点时应稍慢,并充分振摇,最好每滴间隔2~3 s,溶液的颜色由紫红或紫色逐渐转为蓝色,在最后一点紫的色调消失,刚出现天蓝色时即为终点,如插图6(2)所示。整个滴定过程应在5 min内完成。记录消耗EDTA二钠溶液体积的毫升数。

如试样含铁离子为30 mg/L或以下,在临滴定前加入250 mg氰化钠,或数毫升三乙醇胺掩蔽。氰化物使锌、铜、钴的干扰减至最小。加氰化物前必须保证溶液呈碱性。

试样如含正磷酸盐和碳酸盐,在滴定的pH值条件下,可能使钙生成沉淀,一些有机物可能干扰测定。

如上述干扰未能消除,或存在铝、钡、铅、锰等离子干扰时,需改用原子吸收分光光度法测定。

3.结果的表述

钙和镁总量 c(mmol/L)用下式计算:

$$c=\frac{c_1V_1}{V_0}$$

其中:c_1——EDTA二钠溶液的浓度,mmol/L;

V_1——滴定中消耗的EDTA二钠溶液的体积,mL;

V_0——试样的体积,mL。

活动6 水中钙和镁总量的测定数据记录与处理

将测定数据及处理结果记录于表1-4-4中。

表1-4-4 钙和镁总量的测定原始记录

样品名称		测定项目	
测定方法		判定依据	
测定时间		环境温度	
合作人			
一、EDTA标准滴定液的浓度标定			
测定次数	1	2	3
钙标准溶液的浓度 c_2,mmol/L			
钙标准溶液的体积 V_2,mL			

续表

消耗 EDTA 体积 V_1，mL			
EDTA 浓度计算公式			
EDTA 浓度 c_1，mmol/L			
平均值，mmol/L			
相对极差，%			
二、水中钙和镁总量的测定			
测定次数	1	2	3
滴定时取水样体积 V_0，mL			
EDTA 浓度 c_1，mmol/L			
消耗 EDTA 体积 V_1，mL			
钙和镁总量计算公式			
水样的钙和镁总量 c，mmol/L			
平均值，mmol/L			
相对极差，%			

活动 7　撰写分析报告

将测定结果填写入表 1-4-5 中。

表 1-4-5　钙和镁总量测定检验报告内页

采样地点			样品编号	
执行标准				
检测项目	检测结果	限值	本项结论	备注
以下空白				

检验员(签字)：__________　工号：__________　日期：__________

任务评价

表 1-4-6 任务评价表

考核内容	序号	考核标准	分值	小组评价	教师评价
解读国家标准（10分）	1	标准查找正确	2分		
	2	仪器的确认(种类、规格、精度)正确	2分		
	3	试剂的确认(种类、纯度、数量)正确	2分		
	4	解读标准的原始记录填写无误	4分		
仪器准备（5分）	5	仪器选择正确(规格、型号)	2分		
	6	仪器领用正确(规格、型号)	1分		
	7	仪器领用记录的填写正确	2分		
溶液准备（10分）	8	试剂领用正确(种类、纯度、数量)	2分		
	9	试剂领用记录的填写正确	3分		
	10	正确配制所需溶液	5分		
水样采集保存（5分）	11	采样方法、采样容器、采样量正确	3分		
	12	水样的保存方法、保存剂及用量等适当	2分		
测定操作（30分）	13	正确配置和标定 EDTA 溶液	10分		
	14	测定钙和镁总量操作正确	10分		
	15	读数正确	2分		
	16	再次测定操作正确	5分		
	17	样品测定三次	3分		
测后工作及团队协作（10分）	18	仪器清洗、归位正确	2分		
	19	药品、仪器摆放整齐	2分		
	20	实验台面整洁	1分		
	21	分工明确，各尽其职	5分		
数据记录、处理及测定结果（25分）	22	及时记录数据，记录规范，无随意涂改	3分		
	23	正确填写原始记录表	2分		
	24	计算正确	5分		
	25	测定结果与标准值比较≤±1.0%	10分		
	26	相对极差≤1.0%	5分		
撰写分析报告（5分）	27	检验报告内容正确	2分		
	28	正确撰写检验报告	3分		
考核结果					

拓展提高

GB/T 7476–1987《水质 钙的测定 EDTA 滴定法》

一、适用范围

本标准规定用EDTA 滴定法测定地下水和地面水中钙含量。本方法不适用于海水及含盐量高的水。适用于钙含量 2~100 mg/L(0.05~2.5 mmol/L)范围。含钙量超出 100 mg/L 的水应稀释后测定。

二、原理

在 pH 值为 12~13 条件下,用 EDTA 溶液配位滴定钙离子。以钙羧酸为指示剂与钙形成红色络合物,镁形成氢氧化镁沉淀,不干扰测定。滴定时,游离钙离子首先和 EDTA 反应,与指示剂配位的钙离子随后和 EDTA 反应,达到终点时溶液由红色转为亮蓝色。

三、试剂

分析中只使用公认的分析纯试剂和蒸馏水,或纯度与之相当的水。

(一)氢氧化钠溶液(2 mol/L)

将 8 g 氢氧化钠(NaOH)溶于 100 mL 新鲜蒸馏水中。盛放在聚乙烯瓶中,避免空气中二氧化碳的污染。

(二)EDTA 二钠标准溶液(10 mmol/L)

1.制备

将一份 EDTA 二钠二水合物在 80 ℃干燥 2 h,放入干燥器中冷至室温,称取 3.725 g 溶于水,在容量瓶中定容至 1000 mL,盛放在聚乙烯瓶中,定期校对其浓度。

2.标定

按水样测定的操作方法,用钙标准溶液标定 EDTA 二钠溶液。取 20.0 mL 钙标准溶液稀释至 50 mL。

3.浓度计算

EDTA 二钠溶液的浓度 c_1(mmol/L)用下式计算:

$$c_1=\frac{c_2V_2}{V_1}$$

其中：c_2——钙标准溶液的浓度，mmol/L；

V_2——钙标准溶液的体积，mL；

V_1——滴定中消耗的 EDTA 二钠溶液的体积，mL。

(三)钙标准溶液(10 mmol/L)

将一份碳酸钙($CaCO_3$)在 150 ℃干燥 2 h，取出放在干燥器中冷至室温，称取 1.001 g 于 500 mL 锥形瓶中，用水润湿。逐滴加入 4 mol/L 盐酸至碳酸钙全部溶解，避免滴入过量酸。加 200 mL 水，煮沸数分钟赶除二氧化碳，冷至室温，加入数滴甲基红指示剂溶液(0.1 g 溶于 100 mL 60%乙醇)，逐滴加入 3 mol/L 氨水至变为橙色，在容量瓶中定容至 1000 mL。此溶液 1. 00 mL 含 0.4008 mg(0.01 mmol/L)钙。

(四)钙羧酸指示剂干粉

将 0.2 g 钙羧酸[$HO_3SC_{10}H_5(OH)N{:}NC_{10}H_5(OH)COOH$，2-羧基-1-(2-羧基-4-磺基-1-萘基偶氮)-3-萘甲酸，简称 HSN，$C_{21}H_{14}N_2O_7S$]与 100 g 氯化钠(NaCl)充分混合，研磨后通过 40~50 目，装在棕色瓶中，紧塞。

注：①该指示剂又名钙指示剂、钙红。其钠盐称为钙羧酸钠，又名钙试剂羧酸钠，$NaO_3SC_{10}H_5(OH)N{:}NC_{10}H_5(OH)COOH$，或 $C_{21}H_{13}N_2O_7SNa$ 也可使用。②可使用紫脲酸铵代替钙羧酸。

(五)氰化钠(NaCN)

注意：氰化钠是剧毒品，取用和处置时必须十分谨慎小心，采取必要的防护。含氰化钠的溶液不可酸化。

(六)三乙醇胺[$N(CH_2CH_2OH)_3$]

四、仪器

常用的实验室仪器及滴定管：50 mL，分刻度至 0.10 mL。

五、采样和样品保存

采集水样可用硬质玻璃瓶(或聚乙烯容器)，采样前先将瓶洗净。采样时用水冲洗 3 次，再采集于瓶中。

采集自来水及有抽水设备的井水时，应先放水数分钟，使积留在水管中的杂质流出，然后将水样收集于瓶中。采集无抽水设备的井水或江、河、湖等地面水时，可将采样设备浸入水中，使采样瓶口位于水面下 20~30 cm，然后拉开瓶塞，使水进入瓶中。

水样采集后(尽快送往实验室)，应于 24 h 内完成测定。否则，每升水样中应加 2 mL 浓硝酸做保存剂(使 pH 值降至 1.5 左右)。

六、步骤

(一)试样的制备

试样应含钙 2~100 mg/L(0.05~2.5 mmol/L)。含量过高的样品应稀释，使其浓度在上述范围内，记录稀释因子 F。

如试样经酸化保存，可用计算量的氢氧化钠溶液中和。计算结果时，应把样品或试样由于加酸或碱的稀释考虑进去。

(二)测定

用移液管吸取 50.0 mL 试样于 250 mL 锥形瓶中，加 2 mL 氢氧化钠溶液、约 0.2 g 钙羧酸指示剂干粉，溶液混合后立即滴定。在不断振摇下自滴定管加入 EDTA 二钠溶液，开始滴定时速度宜稍快，接近终点时应稍慢，最好每滴间隔 2~3 s，并充分振摇，至溶液由紫红色变为亮蓝色，表示到达终点，整个滴定过程应在 5 min 内完成。记录消耗 EDTA 二钠溶液体积的毫升数。

如试样含铁离子为 30 mg/L，在临滴定前加入 250 mg 氰化钠或数毫升三乙醇胺掩蔽，氰化物使锌、铜、钴的干扰减至最小，三乙醇胺能减少铝的干扰。加氰化物前必须保证溶液呈碱性。

试样含正磷酸盐超出 1 mg/L，在滴定的 pH 值条件下可使钙生成沉淀。如滴定速度太慢，或钙含量超出 100 mg/L 会析出碳酸钙沉淀。如上述干扰未能消除，或存在铝、钡、铅、锰等离子干扰时，需改用原子吸收分光光度法测定。

七、结果的表示

钙含量ρ (mg/L)用下式计算：

$$\rho=\frac{c_1V_1}{V_0}\times M$$

其中：c_1——EDTA 二钠溶液的浓度，mmol/L；

V_1——滴定中消耗的 EDTA 二钠溶液的体积，mL；

V_0——试样的体积，mL；

M——钙的相对原子质量(40.08)。

如所用试样经过稀释，应采用稀释因子 F 修正计算。

课后自测

(1)何谓水的硬度？水的硬度如何表示？有哪些测定方法？

(2)EDTA 滴定法测定钙镁总量的原理和适用范围是什么？

(3)锅炉用水为何对钙、镁含量指标要求严格？

(4)测定水中钙镁总量时，应注意哪些问题？

参考资料

(1)GB/T 7477−1987《水质 钙和镁总量的测定 EDTA 滴定法》

(2)GB/T 7476−1987《水质 钙的测定 EDTA 滴定法》

任务五 污水中总铬的测定

任务引入

铬的化合物主要有六价和三价,六价铬的毒性最强,而且更易被人体所吸收,六价铬对人体组织有腐蚀性,可以干扰人体内的多种酶的活性,损伤肝和肾脏。总铬的测定是将三价铬氧化成六价铬后,用适当的方法再进行测定。国家标准 GB 7466-1987《水质 总铬的测定》中规定了水质总铬测定的方法。

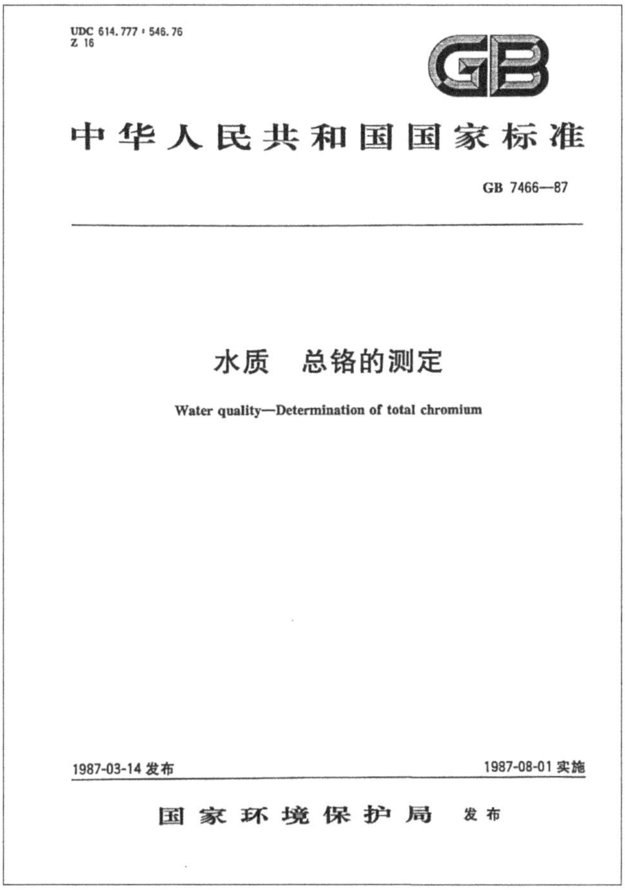

UDC 614.777 : 546.76
Z 16

GB

中华人民共和国国家标准

GB 7466—87

水质 总铬的测定

Water quality—Determination of total chromium

1987-03-14 发布　　1987-08-01 实施

国家环境保护局 发布

图 1-5-1 标准首页

任务目标

(1)会查阅有关标准,并能根据国家标准确认所需仪器和试剂。

(2)能根据国家标准规范配制总铬测定的标准溶液。

(3)了解总铬的定义,学会总铬的测定方法。

(4)掌握分光光度法测定水质总铬的测定原理。

(5)通过水中总铬的测定实验与职业技能实训加深理解,学会监测操作的全过程。

(6)了解水中无机金属污染物的种类。

(7)熟悉水中无机金属污染物的来源及其危害。

(8)了解水中无机金属污染物测定的方法,理解测定原理。

任务分析

1.明确任务流程

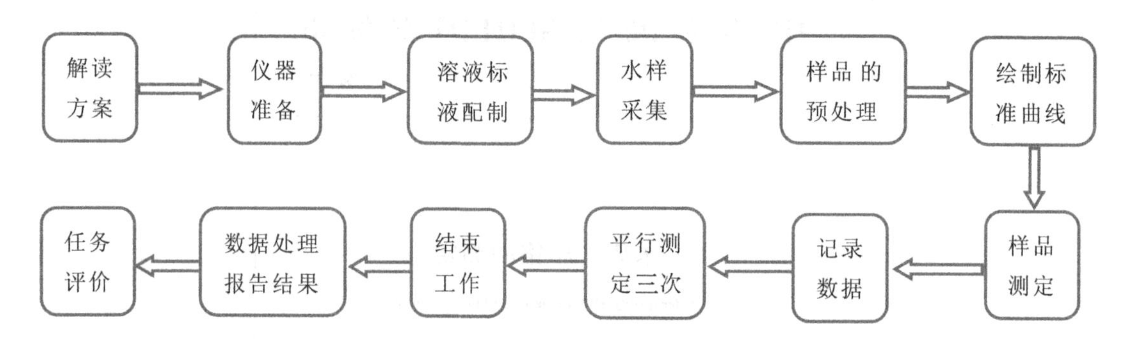

图 1-5-2 任务流程

2.任务难点分析

(1)铬标准贮备液、使用液的配制。

(2)标准曲线的绘制。

(3)样品的预处理。

(4)样品的测定操作。

3.任务前准备

(1)GB 7466-1987《水质 总铬的测定》。

(2)水中总铬的测定视频资料。

(3)水中总铬的测定所需的仪器和试剂。

①仪器：分析天平（万分之一），50 mL 比色管或容量瓶、722 分光光度计、100 mL 移液管、烧杯、分液漏斗、玻璃珠等。

②试剂：丙酮、硫酸溶液(1+1)、磷酸溶液(1+1)、硝酸、氯仿、高锰酸钾溶液、尿素溶液、亚硝酸钠溶液、氨水(1+1)、铜铁试剂溶液、铬标准贮备溶液、铬标准溶液、二苯碳酰二肼显色剂等。

相关知识

铬测定基础知识

铬是银灰色、质脆而硬的金属，在自然界中主要形成铬铁矿。铬的化合物常见的是三价和六价。在水体中一般以 CrO_4^{2-}、$HCr_2O_7^-$、$Cr_2O_7^{2-}$三种形式存在。铬是生物体所必需的微量元素之一，但浓度高时则对人体有害。铬的毒性与其存在的状态有极大的关系。六价铬具有强烈的毒性，已确认为致癌物，并能在体内积蓄。由于六价铬有强氧化性，对皮肤和黏膜有剧烈的腐蚀性。通常认为六价铬的毒性比三价铬高 100 倍。但是对鱼类来说，三价铬化合物的毒性比六价铬大。

铬的工业污染源主要来自含铬矿石的加工、金属表面的处理、皮革鞣制、印染、照相材料等行业的废水。铬是水质污染控制的一项重要指标。

天然水中一般不含铬，海水中铬的平均浓度为 0.05 μg/L。根据我国三废排放标准规定，工业废水中六价铬最高容许排放浓度不得超过 0.5 mg/L。生活饮用水中含六价铬不得超过 0.05 mg/L。

水中铬测定方法主要有二苯碳酰二肼分光光度法、原子吸收分光光度法、硫酸亚铁铵滴定法等。二苯碳酰二肼分光光度法是国内外的标准方法。国家标准 GB 7466−1987《水质 总铬的测定》中规定了水质总铬测定的两种方法。一种是高锰酸钾氧化−二苯碳酰二肼分光光度法，此法适用于地面水和工业废水中总铬的测定；另一种是硫酸亚铁铵滴定法，它适用于水和废水中高浓度(大于 1 mg/L)总铬的测定。

(一)分光光度法

水样经硝酸、硫酸消解去除有机物后，再用铜铁试剂和氯仿萃取，除去试样中的铁和铜离子。在酸性溶液中，试样中的三价铬被高锰酸钾氧化成六价铬，六价铬与二苯碳酰二肼反应生成紫红色化合物，于波长 540 nm 处进行分光光度测定。绘制吸光度−总铬标准工作曲线，由工作曲线查出水样总铬的含量。

过量的高锰酸钾用亚硝酸钠分解，而过量的亚硝酸钠又可被尿素分解。

(二)空气-乙炔火焰原子吸收法

在酸性溶液中，试样中的三价铬被高锰酸钾氧化成六价铬。在波长为 357.9 nm 处，使用空气-乙炔火焰，控制空气流量为 13 L/min，乙炔流量为 3.5~4.0 L/min，喷入试样，测定吸光度，并作工作曲线即可算出总铬含量。

任务实施

活动 1 解读水中总铬测定的国家标准

1.阅读与查找标准

(1)上网搜索查找总铬的测定方法标准。

(2)仔细阅读国家标准 GB 7466-1987《水质 总铬的测定》，确定总铬测定方案，找出方法的适用范围、检测限、干扰、方法原理、精密度和准确度等内容，并列出所需的其他相关标准。将查找结果填入表 1-5-1 中。

2.仪器和试剂的确认

依据查阅的标准，拟订仪器和试剂计划，填入表 1-5-1 中。

3.数据记录

表 1-5-1 解读《水质 总铬的测定》国家标准的原始记录

记录编号			
一、阅读与查找标准			
方法原理			
相关标准			
检测限			
准确度		精密度	
二、标准内容			
适用范围		限值	
定量公式		性状	
样品处理			
操作步骤			

续表

三、仪器确认			
所需仪器			检定有效日期
四、试剂确认			
试剂名称	纯度	库存量	有效期
五、安全防护			
确认人		复核人	

活动 2 总铬测定仪器准备

按国家标准 GB 7466–1987《水质 总铬的测定》拟订和领取所需仪器，确认仪器的规格、型号，并完成表 1–5–2 领用记录的填写，做好仪器和设备的准备工作。

注意事项

(1)所有玻璃器皿内壁须光洁，以免吸附铬离子。

(2)不得用重铬酸钾洗液洗涤，可用硝酸、硫酸混合液或合成洗涤剂洗涤，洗涤后要冲洗干净。

总铬测定仪器准备内容

分析天平(万分之一)、50 mL 比色管或容量瓶、722 分光光度计、100 mL 移液管、烧杯、分液漏斗、玻璃珠、锥形瓶。

活动 3 总铬测定中溶液的制备

按国家标准 GB 7466–1987《水质 总铬的测定》拟订和领取所需的试剂，完成表 1–5–2 领用记录的填写，并按要求配制所需的溶液和标准溶液。

表 1–5–2 仪器和试剂领用记录

仪器				
编号	名称	规格	数量	备注
试剂				
编号	名称	级别	数量	配制方法

总铬的测定需要的试剂如图 1-5-3 所示。

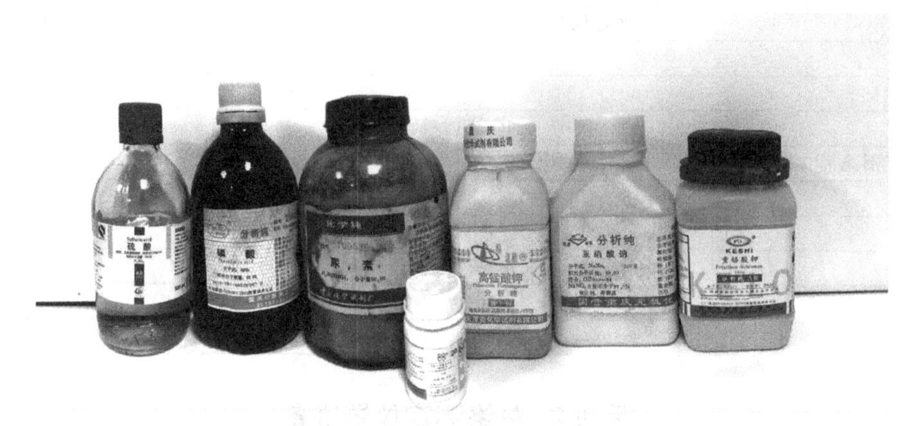

图 1-5-3 总铬测定的试剂

溶液制备具体任务:(1)配制硫酸溶液(1+1);(2)配制磷酸溶液(1+1);(3)配制高锰酸钾溶液(40 g/L);(4)配制尿素溶液(200 g/L);(5)配制亚硝酸钠溶液(20 g/L);(6)配制氨水(1+1);(7)配制铜铁试剂溶液(50 g/L);(8)配制铬标准贮备溶液(0.1000 g/L);(9)配制铬标准溶液(1 mg/L、5 mg/L);(10)配制显色剂二苯碳酰二肼(2 g/L,以丙酮溶液为溶剂)。

注意事项

(1)叠氮化钠是易爆危险品!

(2)铬标准溶液有毒,未使用完的溶液应妥善保管。

总铬测定溶液制备方法

(1)丙酮(C_3H_6O)。

(2)硫酸溶液(1+1)。

将浓硫酸(H_2SO_4,ρ=1.84 g/mL,优级纯)缓缓加入到同体积的水中,混匀。

(3)磷酸溶液(1+1)。

将磷酸(H_3PO_4,ρ=1.69 g/mL)与水等体积混合。

(4)硝酸(HNO_3,ρ=1.42 g/mL)。

(5)氯仿($CHCl_3$)。

(6)高锰酸钾溶液(40 g/L)。

称取高锰酸钾($KMnO_4$)4 g,在加热和搅拌下溶于水,最后稀释至 100 mL。

(7)尿素溶液(200 g/L)。

称取尿素[$(NH_2)_2CO$]20 g,溶于水并稀释至 100 mL。

(8)亚硝酸钠溶液(20 g/L)。

称取亚硝酸钠($NaNO_2$)2 g,溶于水并稀释至 100 mL。

(9)氨水(1+1)。

氨水($NH_3 \cdot H_2O$,ρ=0.90 g/mL)与等体积水混合。

(10)铜铁试剂溶液(50 g/L)。

称取铜铁试剂 [$C_6H_5N(NO)ONH_4$]5 g,溶于冰水中并稀释至 100 mL,临用时新配。

(11)铬标准贮备溶液(0.1000 g/L)。

称取于 110 ℃干燥 2 h 的重铬酸钾($K_2Cr_2O_7$,优级纯)0.2829±0.0001 g,用水溶解后,移入 1000 mL 容量瓶中,用水稀释至标线,摇匀。此溶液 1 mL 含 0.10 mg 铬。

(12)铬标准溶液(1 mg/L)。

吸取 5.00 mL 铬标准贮备液,置于 500 mL 容量瓶中,用水稀释至标线,摇匀。此溶液 1 mL 含 1.00 μg 铬。使用当天配制。

(13)铬标准溶液(5 mg/L)。

吸取 25.00 mL 铬标准贮备液,置于 500 mL 容量瓶中,用水稀释至标线,摇匀。此溶液 1 mL 含 5.00 μg 铬。使用当天配制。

(14)显色剂二苯碳酰二肼(2 g/L,溶于丙酮溶液)。

称取二苯碳酰二肼($C_{13}H_{14}N_4O$)0.2 g,溶于 50 mL 丙酮中,加水稀释至 100 mL,摇匀。贮于棕色瓶,置冰箱中。色变深后,不能使用。

活动 4 采集总铬测定的水样

(1)取学校喷水池的水样:同项目一任务一。

(2)取自来水水样:同项目一任务一。

(3)将水样采集记录填写在表 1-5-3 中。

表 1-5-3 水样的采集与保存记录

序号	测定项目	采样时间	采样点	颜色	嗅味	采样容器	保存剂及用量	保存期	采样量	备注

采样人员:____________ 记录人员:____________

注意事项

(1)实验室样品应该用玻璃瓶采集。

(2)采集时,加入硝酸调节样品 pH 值小于 2。

(3)在采集后尽快测定,如放置,不得超过 24 h。

活动 5 水中总铬的测定

1.实验原理

在酸性溶液中,试样的三价铬被高锰酸钾氧化成六价铬。六价铬与二苯碳酰二肼反应生成紫红色化合物,于波长 540 nm 处进行分光光度测定。

过量的高锰酸钾用亚硝酸钠分解,而过量的亚硝酸钠又可被尿素分解。

2.操作步骤

(1)样品的预处理。

①一般清洁地面水可直接用高锰酸钾氧化后测定。

②硝酸-硫酸消解:样品中含有大量的有机物需进行消解处理。

取 50.0 mL 或适量样品(含铬少于 50 μg),置于 100 mL 烧杯中,加入 5 mL 硝酸和 3 mL 硫酸,蒸发至冒白烟,如溶液仍有色,再加入 5 mL 硝酸,重复上述操作,至溶液清澈、冷却。用水稀释至 10 mL,用氨水(1+1)中和至 pH 值为 1~2,移入 50 mL 容量瓶中,用水稀释至标线,摇匀,供测定。

③铜铁试剂-氯仿萃取除去钼、钒、铁、铜。

取 50.0 mL 或适量样品(铬含量少于 50 μg),置于 100 mL 分液漏斗中,用氨水(1+1)调至中性(加水至 50 mL),加入 3 mL 硫酸溶液。

用冰水冷却后,加入 5 mL 铜铁试剂后振摇 1 min,置冰水中冷却 2 min,每次用 5 mL 氯仿共萃取三次,弃去氯仿层。

将水层移入锥形瓶中,用少量水洗涤分液漏斗,洗涤水亦并入锥形瓶中。加热煮沸,使水层中氯仿挥发后,按(1)中②和(2)处理。

(2)高锰酸钾氧化三价铬。

取 50.0 mL 或适量(铬含量少于 50 μg)样品或经(1)中②、③处理的试样,置于 150 mL 锥形瓶中,用氨水(1+1)或硫酸溶液调至中性,加入几粒玻璃珠,加入 0.5 mL 硫酸溶液、0.5 mL 磷酸溶液(加水至 50 mL),摇匀,加 2 滴高锰酸钾溶液,如紫红色消退,则应添加高锰酸钾溶液保持紫红色。加热煮沸至溶液体积约剩 20 mL。

取下锥形瓶冷却,加入 1 mL 尿素溶液,摇匀。用滴管滴加亚硝酸钠溶液,每加一滴充分摇匀,至高锰酸钾的紫红色刚好褪去。稍停片刻,待溶液内气泡逸出,转移至 50 mL 比色管中。

注:①也可用叠氮化钠还原过量的高锰酸钾。即在氧化步骤完成后取下,趁热逐滴加入浓度为 2 g/L 的叠氮化钠溶液,每加一滴立即摇匀,煮沸,重复数次,至紫红色完全褪去,继续煮沸 1 min。

②叠氮化钠是易爆危险品。

③如样品中含有少量铁(Fe^{3+})干扰测定,可将(2)中加入 0.5 mL 硫酸、0.5 mL 磷酸溶液改为加入 1.5 mL 磷酸溶液。

(3)测定。

取 50 mL 或适量(含铬量少于 50 μg)经(2)步骤处理的试份置于 50 mL 容量瓶中(与标准系列规格相同),用水稀释至刻线,加入 2 mL 显色剂,摇匀。如插图 7 所示。10 min 后,在 540 nm 波长下,用 10 或 30 mm 光程的比色皿,以水做参比,测定吸光度。减去空白试验吸光度,从标准曲线上查得铬的含量。

(4)空白试验。

按与试样完全相同的处理步骤进行空白试验,仅用 50 mL 水代替试样。

(5)标准曲线的绘制。

向一系列 50 mL 容量瓶中分别加入 0 mL,0.20 mL,0.50 mL,1.00 mL,2.00 mL,4.00 mL,6.00 mL,8.00 mL 和 10.00 mL 铬标准溶液(1 mg/L 或 5 mg/L),用水稀释至 50 mL。然后按照测定试样的操作步骤(1)、(2)、(3)进行处理。如插图 8、插图 9 所示。从测得的吸光度减去空白试验的吸光度后,绘制以含铬量对吸光度的曲线(也可用 100 mL 容量瓶,加入铬标准溶液的体积相应增加)。

3.结果的表述

总铬含量 ρ_1(mg/L)按下式计算:

$$\rho_1=\frac{m}{V}$$

式中:m——从标准曲线上查得的试份中含铬量,μg;

V——试份的体积,mL。

铬含量低于 0.1 mg/L,结果以三位小数表示。六价铬含量高于 0.1 mg/L,结果以三位有效数字表示。

注意事项

(1)水试样中不含有机物和其他还原性物质，可直接加高锰酸钾(在碱性溶液中)氧化三价铬，不必先加硝酸和硫酸进行湿灼预处理。

(2)当水试样中铁含量小于1 mg/L时，可以省去铜铁试剂萃取步骤。

(3)不经高锰酸钾氧化，直接加二苯碳酰二肼显色可测得六价铬的含量，由总铬含量中减去六价铬含量即得三价铬的含量。

活动6 水中总铬的测定数据记录与处理

将测定数据及处理结果记录于表1-5-4中。

表1-5-4 总铬的测定原始记录

样品名称				测定项目			测定方法			
测定时间				环境温度			合作人			
一、标准曲线的绘制										
重铬酸钾的质量，mg										
铬标液总体积，mL										
铬标准贮备液浓度，mg/L										
铬标准使用液浓度，μg/ mL										
序号	1	2	3	4	5	6	7	8	9	空白
分取铬标准使用液的体积，mL	0.00	0.20	0.50	1.00	2.00	4.00	6.00	8.00	10.00	
标准溶液的含铬量，μg										
吸光度 *A*										
校正后吸光度 *A*										
二、水样总铬的测定										
序号	1			2			3			
水样的体积 *V*，mL										
吸光度 *A*										
校正后吸光度 *A*										
标准曲线上查出的水样的铬含量m，μg										
水样中总铬含量计算公式										
总铬含量，mg/L										
平均含量，mg/L										
相对极差，%										

活动7 撰写分析报告

将测定结果填写入表1-5-5中。

表1-5-5 总铬测定检验报告内页

采样地点			样品编号	
执行标准				
检测项目	检测结果	限值	本项结论	备注
以下空白				

检验员(签字):________ 工号:________ 日期:________

任务评价

表1-5-6 任务评价表

考核内容	序号	考核标准	分值	小组评价	教师评价
解读国家标准(10分)	1	标准查找正确	2分		
	2	仪器的确认(种类、规格、精度)正确	2分		
	3	试剂的确认(种类、纯度、数量)正确	2分		
	4	解读标准的原始记录填写无误	4分		
仪器准备(5分)	5	仪器选择正确(规格、型号)	2分		
	6	仪器领用正确(规格、型号)	1分		
	7	仪器领用记录的填写正确	2分		
溶液准备(10分)	8	试剂领用正确(种类、纯度、数量)	2分		
	9	试剂领用记录的填写正确	3分		
	10	正确配制所需溶液	5分		
水样采集保存(5分)	11	采样方法、采样容器、采样量等正确	2分		
	12	水样的保存方法、保存剂及用量等适当	3分		
测定操作(30分)	13	正确使用分光光度计	10分		
	14	测定总铬操作正确	10分		
	15	读数正确	2分		
	16	正确绘制标准曲线	5分		
	17	样品测定三次	3分		

续表

考核内容	序号	考核标准	分值	小组评价	教师评价
测后工作及团队协作（10分）	18	仪器清洗、归位正确	2分		
	19	药品、仪器摆放整齐	2分		
	20	实验台面整洁	1分		
	21	分工明确，各尽其职	5分		
数据记录、处理及测定结果（25分）	22	及时记录数据，记录规范，无随意涂改	3分		
	23	正确填写原始记录表	2分		
	24	计算正确	5分		
	25	测定结果与标准值比较≤±1.0%	10分		
	26	相对极差≤1.0%	5分		
撰写分析报告（5分）	27	检验报告内容正确	2分		
	28	正确撰写检验报告	3分		
考核结果					

拓展提高

水中无机污染物的监测技术——金属的监测

无论是自然水体还是排放污水，其中都会含有各种各样的无机物质。水中的无机物几乎都以离子形式存在（水底沉积物除外），当其浓度超过一定数值时，就会对水生生物和人体健康造成危害。尤其是水体中所含的汞、镉、铬、铅、砷等离子，虽然从检测的绝对浓度来看是微量的，但它们大多可经食物链和生物放大作用而成万倍地富集，最终导致各类水污染灾害事件的发生。日本在1931年发生的“痛痛病”和1956年发生的“水俣病”事件就是分别由于镉中毒和甲基汞中毒引起的，成为震惊世界的两大环境灾难。因此，各国政府对污水排放中的无机物含量都有极严格的限制，水中无机物的测定也就成为环境监测的重要内容。

水体中的金属元素有些是人体健康必需的常量元素和微量元素，但有些是有害人体健康的，如汞、镉、六价铬、铅等。受“三废”污染的地表水和工业污水中有害金属化合物的含量往往明显增加。

有害金属侵入人体后，将会使某些酶失去活性而出现不同程度的中毒症状。其毒性大小与金属种类、理化性质、浓度及存在的价态和形态有关。

测定水体中金属元素广泛采用的方法有分光光度法、阳极溶出伏安法及容量法，尤其前一种方法用得最多，容量法用于常量金属的测定。

主要金属化合物的检测包括了汞、镉、铬、铅、砷、铜、钙和镁等。

一、汞

汞及其化合物属于剧毒物质,特别是有机汞化合物。天然水含汞极少,一般不超过 0.1 μg/L。我国生活饮用水标准限值为 0.001 mg/L, 工业污水中汞的最高允许排放浓度为 0.05 mg/L。地表水汞污染主要来源是贵金属冶炼、食盐电解制钠、仪表制造、农药、军工、造纸、氯碱工业、电池生产、医药等行业排放的污水。

由于汞的毒性大、来源广泛,汞作为重要的测定项目为各国所重视,分析方法较多。汞的化学分析法有硫氰酸盐法、双硫腙法、EDTA 配位滴定法、沉淀称量法等。仪器分析法有阳极溶出伏安法、气相色谱法、中子活化法、X 射线荧光光谱法、冷原子吸收法、冷原子荧光法等。

我国国家标准规定总汞的测定采用冷原子吸收分光光度法(HJ 597−2011)和高锰酸钾−过硫酸钾消解−双硫腙分光光度法(GB/T 7469−1987)。以下主要介绍冷原子吸收分光光度法和双硫腙分光光度法。

(一)冷原子吸收分光光度法

1.仪器组成

冷原子吸收测汞仪,主要由光源、吸收管、试样系统、光电检测系统等主要部件组成,如图 1−5−4 所示。

2.原理

汞蒸气对 253.7 nm 的紫外光有选择性吸收,且在一定浓度范围内,吸光度与汞蒸气浓度成正比,查工作曲线即可算出汞含量。

水样中的汞化合物经酸性高锰酸钾热消解,全部转化为二价汞离子,用盐酸羟胺将多余的氧化剂还原, 再用氯化亚锡将二价汞还原为金属汞。在室温下通入空气或氮气流,以鼓泡方式将金属汞汽化, 并载入冷原子吸收测汞仪,测出其吸收值,即可求得试样中汞的含量。

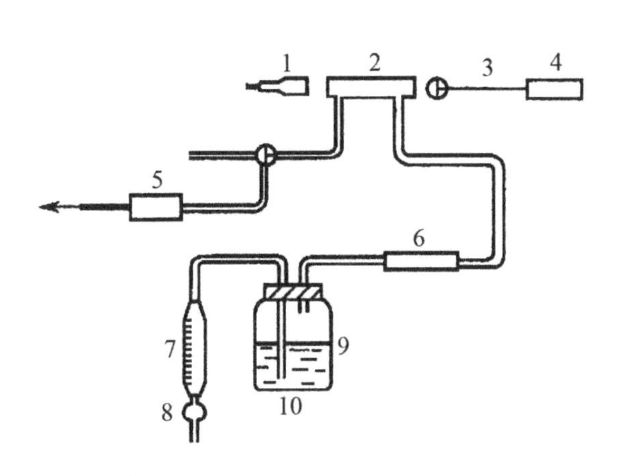

1−汞灯; 2−吸收池;3−检测池;4−记录仪;5−除汞装置;6−干燥管;7−流量计;8−空气泵;9−还原瓶;10−试样

图 1−5−4 测汞仪原理示意图

(二)双硫腙分光光度法

水样于 95 ℃,在酸性介质中用高锰酸钾和过硫酸钾消解, 将无机汞和有机汞转变成二价汞。用盐酸羟胺将过剩的氧化剂还原,在酸性条件下,汞离子与双硫腙生成橙色螯合物，用 $CHCl_3$ 或 CCl_4 萃取，再用碱溶液洗去过剩的双硫腙，于 485 nm 波长处测定吸光度，用标准曲线法定量，求出水样中汞的含量。

该法适于测定工业废水、受汞污染的地表水，检测限（取 250 mL 水样时）为 2 μg/L，测定上限为 40 μg/L。

二、镉

镉的毒性很强，可在人体肝、肾等组织中蓄积，造成各脏器组织的损坏，对肾脏的损害最为明显，它还可以导致骨质疏松和软化。绝大多数淡水的含镉量低于 1 μg/L，海水中镉的平均浓度为 0.15 μg/L。镉的主要污染源是电镀、采矿、染料、电池和化学工业等行业排放的污水。

国家标准中规定镉的测定方法有原子吸收分光光度法（GB 7475−1987）和双硫腙分光光度法（GB 7471−1987），双硫腙分光光度法的检测范围是 0.001~0.05 mg/L。

（一）原子吸收分光光度法

原理：原子吸收分光光度法又称原子吸收光谱分析，简称原子吸收分析（以 AAS 表示）。由锐线光源（镉空心阴极灯）发射的特征谱线（共振线）穿越被测水样的原子蒸气时，由于镉原子的选择性吸收而使入射光强度与透射光强度产生差异。在一定条件下，吸光度与试样中待测离子的浓度成正比。可用标准曲线法或标准加入法测定水样的吸光度，测定水样中镉的浓度。

（二）双硫腙分光光度法

原理：在强碱性溶液中，镉离子与双硫腙生成红色螯合物，用三氯甲烷萃取分离后，在 518 nm 波长处测定吸光度，用标准曲线法测定水中镉的含量。

该法适于受镉污染的天然水和各种污水，检测限（100 mL 水样，20 mm 比色皿）为 0.001 mg/L，测定上限为 0.06 mg/L。

三、铬（详见本任务 污水中总铬的测定 相关知识 铬测定基础知识）

四、铅

铅是可在人体和动植物组织中蓄积的有毒金属，其主要毒性效应是导致贫血、神经机能失调和肾损伤等。铅对水生生物的安全浓度为 0.16 mg/L。用含铅 0.1~4.4 mg/L 的水灌溉水稻和小麦时,作物中含铅量明显增加。世界范围内,淡水中含铅 0.06~120 μg/L,中值 3 μg/L;海水含铅 0.03~13 μg/L,中值 0.03 μg/L。铅的主要污染源是蓄电池、冶炼、五金、机械、涂料和电镀工业等行业排放的污水。测定水体中铅的方法与测定镉的方法相同,广泛采用原子吸收分光光度法(GB 7475–1987)和双硫腙分光光度法(GB 7470–1987)。以上两种方法为国家标准规定的方法,除此之外,也可以用阳极溶出伏安法和示波极谱法。

双硫腙分光光度法原理:在 pH=8.5~9.5 的氨性柠檬酸盐–氰化物的还原介质中,铅与双硫腙反应生成淡红色螯合物,用三氯甲烷(或四氯化碳)萃取后于 510 nm 波长处比色测定,利用标准曲线法即可测定水样中铅的含量。该方法的最低检出浓度(取 100 mL 水样,10 mm 比色皿时)为 0.01 mg/L,测定上限为 0.3 mg/L。

五、砷

砷元素毒性极低，但砷的化合物均有剧毒，三价砷化合物比其他砷化物毒性更强。如 As_2O_3(俗称砒霜)有剧毒,致死量为 60~200 mg/L。砷化物容易在人体内积累,造成急性或慢性中毒。天然水中的砷来自地层砷矿物的溶解或采矿、冶金、化工、化学制药、农药、玻璃、制革等工业废水。测定方法有二乙基二硫代氨基甲酸银分光光度法(GB 7485–1987)、硼氢化钾–硝酸银分光光度法(GB/T 11900–1989)、氢化物发生原子吸收法和原子荧光法等,下面主要介绍分光光度法。

(一)二乙基二硫代氨基甲酸银分光光度法

原理:锌与酸作用,产生新生态氢。在碘化钾和氯化亚锡存在下,五价砷被还原为三价,三价砷被新生态氢还原成气态砷化氢,用二乙基二硫代氨基甲酸银–三乙醇胺的三氯甲烷溶液吸收,生成红色的胶体银,在 530 nm 波长处测吸光度,用标准曲线法定量。

该法适于测定水和废水中的砷,检测限(50 mL 水样,10 mm 比色皿)为 0.007 mg/L,测定上限为 0.50 mg/L。

(二)硼氢化钾–硝酸银分光光度法

原理:硼氢化钾(或硼氢化钠)在酸性溶液中产生新生态氢,将水中无机砷还原成砷化氢气体,用硝酸–硝酸银–聚乙烯醇–乙醇溶液吸收,生成单质胶态银,使溶液呈黄色,在 400 nm 波长处测吸光度。

如图 1–5–5 所示，水样中的砷化物在反应管 1 转变成 AsH_3;U 形管内装有二甲基甲酰胺(DMF)、乙醇胺、三乙醇胺混合溶剂浸渍的脱脂棉，用以消除锑、铋、锡等的干扰；在脱胺管内装吸有无水硫酸钠和硫酸氢钾混合粉的脱脂棉，用于除去有机胺的细沫或蒸气；吸收管装有吸收液，吸收 AsH_3 并显色。

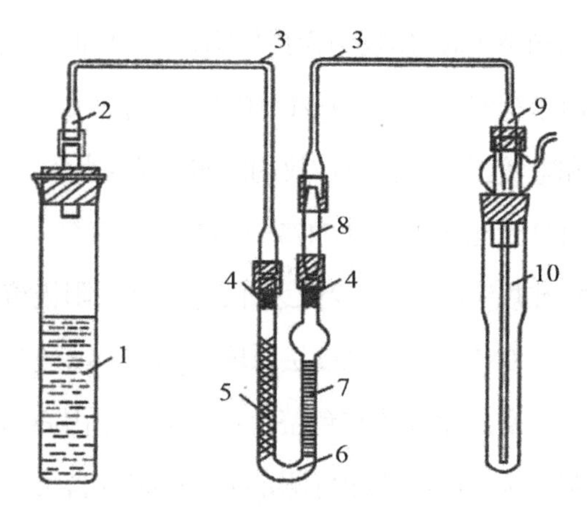

1-砷化氢反应管；2-导气管接头；3-导气管；4-脱脂棉；5-0.3 g 乙酸铅棉花；6-U 形管；7-0.3 g 吸有 1.5 mL DMF 混合液的脱脂棉；8-高压聚乙烯管；9-导气管接头；10-砷化氢吸收管

图 1-5-5 砷化氢发生及吸收装置示意图

六、铜

铜是一种比较丰富的金属，地壳中铜的平均丰度为 55 mg/kg。自然界中铜主要以硫化物矿和氧化物矿形式存在，分布很广。铜是人体必不可少的元素，缺铜会发生贫血、腹泻等病症，但过量摄入亦会对人体产生危害。由于水体环境复杂并且易变，因而铜在水体中的存在状况也是多变的，价态常变化，水体中固体物质的吸附，可使溶解铜减少；而某些络合配位体的存在，则能使溶解铜增多。水中铜达 0.01 mg/L 时，对水体自净有明显的抑制作用，世界范围内，淡水平均含铜 3 μg/L，海水平均含铜 0.25 μg/L。铜的污染源有电镀、冶炼、五金、石油化工和化学工业等排放的废水。测定方法有原子吸收分光光度法、二乙基二硫代氨基甲酸钠分光光度法、新亚铜灵萃取分光光度法及阳极溶出伏安法或示波极谱法。

(一)二乙基二硫代氨基甲酸钠分光光度法

原理：在 pH=8~10 的氨性溶液中，铜离子与二乙基二硫代氨基甲酸钠(DDTC)作用，生成物质的量之比为 1∶2 的黄棕色配合物，用三氯甲烷或四氯化碳萃取后于 440 nm 波长处测定吸光度，用标准曲线法定量求出水样中铜的含量。该法适于地表水和工业污水中铜的测定，检测限为 0.01 mg/L，测定上限为 6.00 mg/L。

(二)新亚铜灵萃取分光光度法

原理：用盐酸羟胺将水样中的二价铜离子还原为亚铜离子，在中性或微酸性溶液中，亚铜离子与新亚铜灵(2,9-二甲基-1,10-菲啰啉)反应生成物质的量之比为 1∶2 的黄色配合物，用三氯甲烷-甲醇混合溶剂萃取，于 457 nm 波长处测定吸光度，用标准曲线法定量求出水样中铜含量。该法适于地表水、生活污水和工业废水中铜的测定，检测限(10 mm 比色皿)

为 0.06 mg/L，测定上限为 3 mg/L。

七、钙和镁(详见任务四 水中钙镁总量的测定 相关知识 钙镁测定基础知识)

课后自测

(1)水体中的铬有哪些危害？水中铬的污染主要来自哪些？铬的测定方法有哪些？

(2)分光光度法测定总铬的原理和适用范围是什么？

(3)测定水中总铬时，应注意哪些问题？

(4)水体无机污染物中的金属污染主要包括哪些？各指标的主要测定方法有哪些？

参考资料

GB 7466—1987《水质 总铬的测定》。

任务六 水中总磷的测定

任务引入

磷是生物生长的必需元素之一，但由于工业废水和生活污水的排放导致水中的磷含量超过生物生长所需的量，造成水体的富营养化。国家标准 GB 11893-1989《水质 总磷的测定 钼酸铵分光光度法》中规定了水质总磷测定的方法。

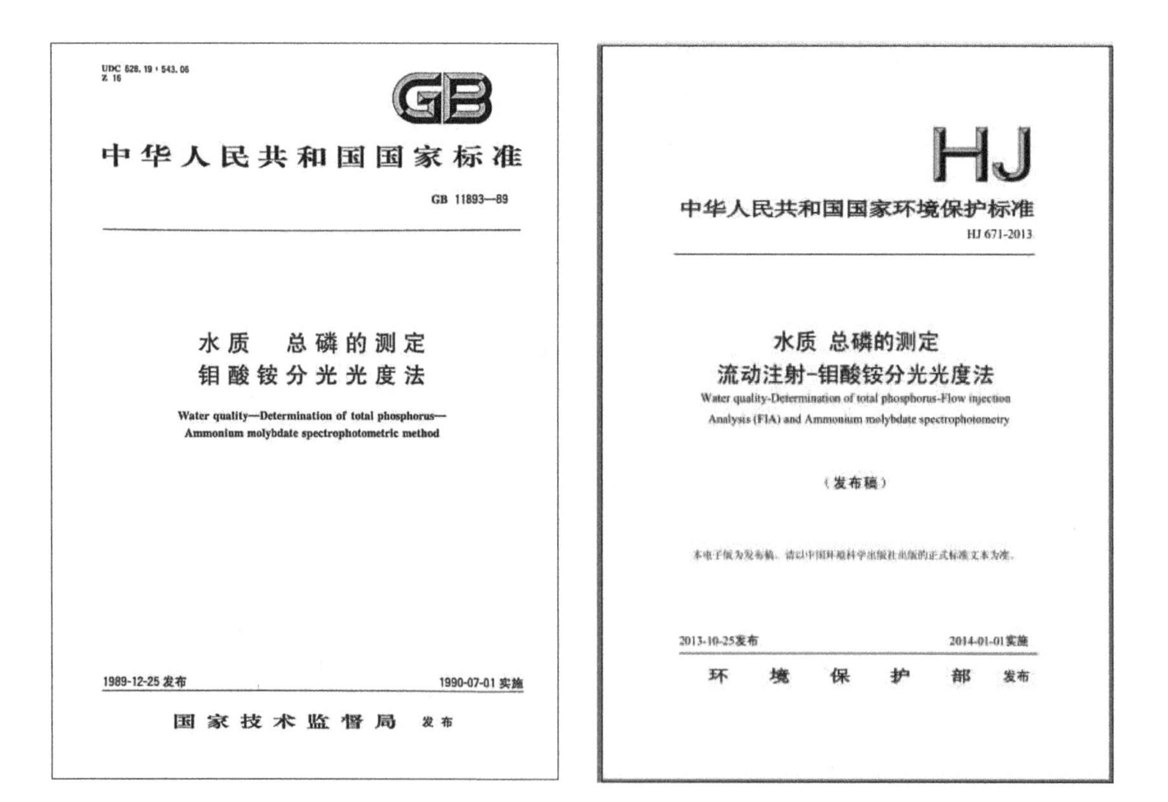
UDC 628.19 : 543.06
Z 16

GB

中华人民共和国国家标准

GB 11893—89

水质 总磷的测定
钼酸铵分光光度法

Water quality—Determination of total phosphorus—Ammonium molybdate spectrophotometric method

1989-12-25 发布 1990-07-01 实施

国家技术监督局 发布

HJ

中华人民共和国国家环境保护标准

HJ 671-2013

水质 总磷的测定
流动注射-钼酸铵分光光度法

Water quality-Determination of total phosphorus-Flow injection Analysis (FIA) and Ammonium molybdate spectrophotometry

（发布稿）

本电子版为发布稿。请以中国环境科学出版社出版的正式标准文本为准。

2013-10-25发布 2014-01-01实施

环境保护部 发布

图 1-6-1 标准首页

任务目标

(1)会查阅有关标准,并能根据国家标准确认所需仪器和试剂。

(2)能根据国家标准规范配制总磷测定的标准溶液。

(3)了解总磷的定义,初步学会水样的预处理方法。

(4)掌握分光光度法测定水质总磷的测定原理。

(5)通过水中总磷的测定实验与职业技能实训加深理解,学会监测操作的全过程。

(6)了解水中无机非金属污染物的种类。

(7)熟悉水中无机非金属污染物的来源及其危害。

(8)了解水中无机非金属污染物测定的方法,理解测定原理。

任务分析

1.明确任务流程

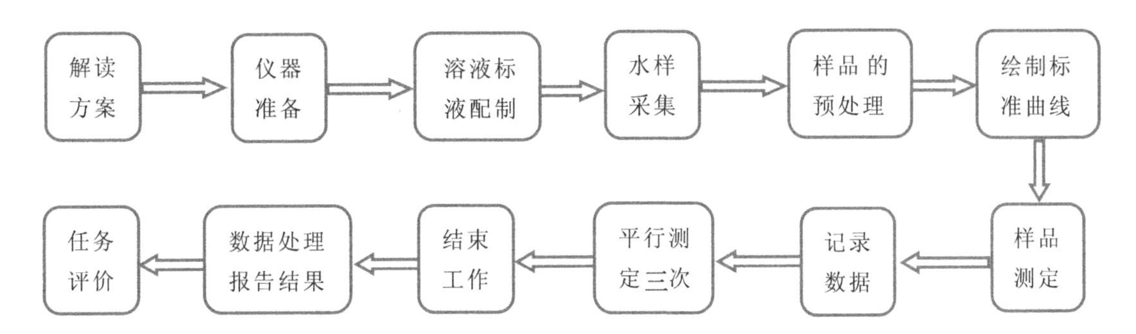

图 1-6-2 任务流程

2.任务难点分析

(1)总磷测定溶液配制。

(2)标准曲线的制作。

(3)空白和样品测定。

3.任务前准备

(1)GB 11893—1989《水质 总磷的测定 钼酸铵分光光度法》。

(2)水中总磷的测定视频资料。

(3)水中总磷的测定所需的仪器和试剂。

①仪器:分析天平(万分之一)、医用手提式蒸汽消毒器或一般压力锅、50 mL 具塞(磨口)

刻度管、容量瓶、烧杯、分光光度计等。

②试剂:硫酸溶液、氢氧化钠溶液、过硫酸钾溶液、抗坏血酸溶液、钼酸盐溶液、浊度-色度补偿液、磷标准贮备溶液、磷标准使用液、酚酞液等。

相关知识

磷测定基础知识

磷在自然界中分布很广,与氧化合能力较强,因此在自然界中没有单质磷。在天然水和废水中,磷几乎都以各种磷酸盐的形式存在。在淡水和海水中的平均含量分别为 0.02 mg/L 和 0. 088 mg/L。磷是生物生长必需的营养元素,水质中含有适度的营养元素会促进生物生长,令人关注的是磷对湖泊、水库、海湾等封闭状水域,或者水流迟缓的河流富营养化具有特殊的作用。水中磷的污染主要来自化肥、冶炼、合成洗涤剂等行业以及生活污水的排放。

水中磷的存在形式主要有正磷酸盐、缩合磷酸盐和有机结合的磷。因此水中的磷通常分别测定总磷、溶解性正磷酸盐和总溶解性磷。总磷包括溶解的、颗粒的、有机的和无机的磷。总磷的测定可直接取混合水样经强氧化剂消解,测定正磷酸盐的量,再换算为总磷的量。

GB 11893-1989《水质 总磷的测定 钼酸铵分光光度法》规定了用过硫酸钾(或硝酸-高氯酸)为氧化剂,将未经过滤的水样消解,用钼酸铵分光光度测定总磷的方法,适用于地面水、污水和工业废水。取 25 mL 试料,本标准的最低检出浓度为 0.01 mg/L,测定上限为 0.6 mg/L。

正磷酸的测定方法主要有钼锑抗分光光度法、孔雀绿-磷钼杂多酸分光光度法等。

(一)钼锑抗分光光度法

在酸性条件下,正磷酸盐与钼酸铵、酒石酸氧锑钾反应,生成磷钼杂多酸,被还原剂抗坏血酸还原,变成蓝色络合物磷钼蓝,在 700 nm 波长处测吸光度,用标准曲线法定量。该法适于地表水、生活污水及化工、磷肥、农药、钢铁及焦化等工业废水中正磷酸盐的测定。

(二)孔雀绿-磷钼杂多酸分光光度法

在酸性条件下,利用碱性染料孔雀绿与磷钼杂多酸生成绿色离子缔合物,并以聚乙烯醇稳定显色,直接在水相中用分光光度法测定正磷酸盐。该方法主要适用于湖泊、水库、江河等地表水及地下水中痕量磷的测定。

任务实施

活动 1 解读水中总磷的测定国家标准

1.阅读与查找标准

(1)上网搜索查找总磷的测定方法标准。

(2)仔细阅读国家标准 GB 11893—1989《水质 总磷的测定 钼酸铵分光光度法》,确定水中总磷测定方案,找出方法的适用范围、检测限、干扰、方法原理、精密度和准确度等内容,并列出所需的其他相关标准。将查找结果填入表 1-6-1 中。

2.仪器和试剂的确认

依据查阅的标准,拟订仪器和试剂计划,填入表 1-6-1 中。

3.数据记录

表 1-6-1 解读《水质 总磷的测定 钼酸铵分光光度法》国家标准的原始记录

<table>
<tr><td>记录编号</td><td colspan="3"></td></tr>
<tr><td colspan="4">一、阅读与查找标准</td></tr>
<tr><td>方法原理</td><td colspan="3"></td></tr>
<tr><td>相关标准</td><td colspan="3"></td></tr>
<tr><td>检测限</td><td colspan="3"></td></tr>
<tr><td>准确度</td><td></td><td>精密度</td><td></td></tr>
<tr><td colspan="4">二、标准内容</td></tr>
<tr><td>适用范围</td><td></td><td>限值</td><td></td></tr>
<tr><td>定量公式</td><td></td><td>性状</td><td></td></tr>
<tr><td>样品处理</td><td colspan="3"></td></tr>
<tr><td>操作步骤</td><td colspan="3"></td></tr>
<tr><td colspan="4">三、仪器确认</td></tr>
<tr><td colspan="3">所需仪器</td><td>检定有效日期</td></tr>
<tr><td colspan="3"></td><td></td></tr>
<tr><td colspan="3"></td><td></td></tr>
<tr><td colspan="4">四、试剂确认</td></tr>
<tr><td>试剂名称</td><td>纯度</td><td>库存量</td><td>有效期</td></tr>
<tr><td></td><td></td><td></td><td></td></tr>
<tr><td></td><td></td><td></td><td></td></tr>
<tr><td colspan="4">五、安全防护</td></tr>
<tr><td colspan="4"></td></tr>
<tr><td>确认人</td><td></td><td>复核人</td><td></td></tr>
</table>

活动 2 总磷测定仪器准备

按国家标准 GB 11893-1989《水质 总磷的测定 钼酸铵分光光度法》拟订和领取所需仪器，确认仪器的规格、型号，并完成表 1-6-2 领用记录的填写，做好仪器和设备的准备工作。

注意事项

所有玻璃器皿均应用稀盐酸或稀硝酸浸泡。

总磷测定仪器准备内容

分析天平(万分之一，如图 1-6-3 所示)、医用手提式蒸汽消毒器或一般压力锅(107.9~137.3 kPa)、50 mL 具塞(磨口)刻度管(如图 1-6-4 所示)、分光光度计(如图 1-6-5 所示)。

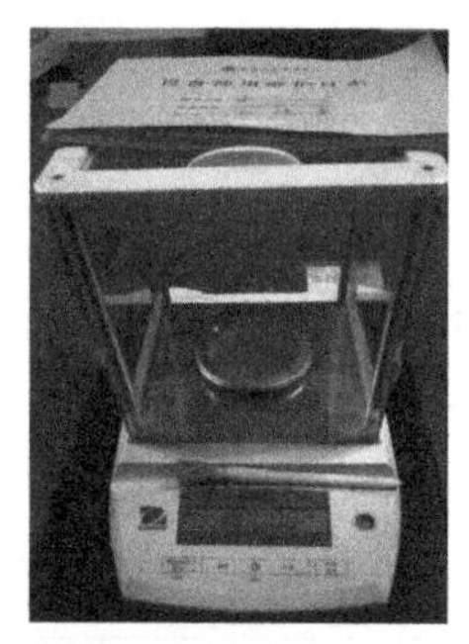
图 1-6-3 电子天平

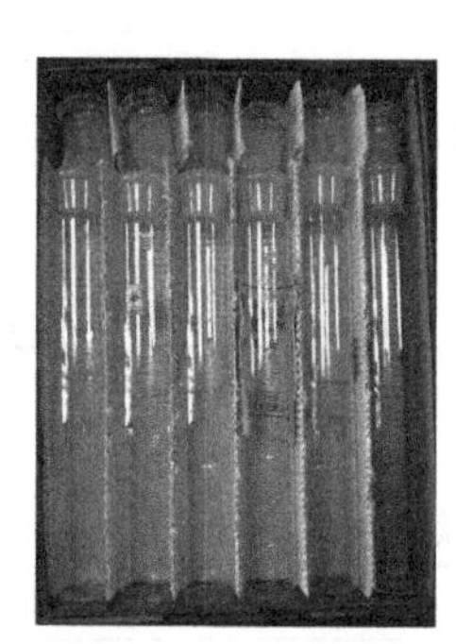
图 1-6-4 比色管

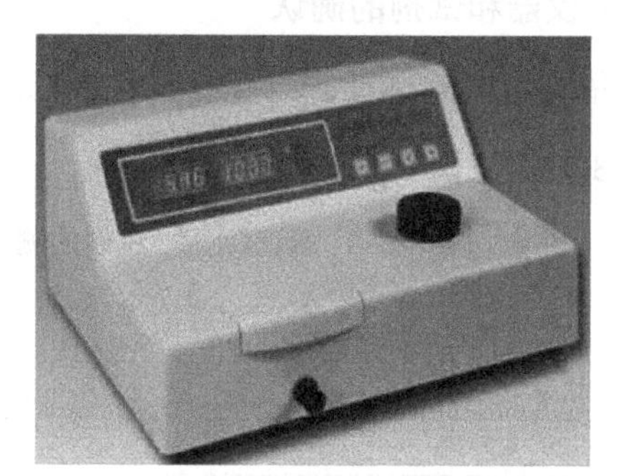
图 1-6-5 分光光度计

活动 3 总磷测定中溶液的制备

按国家标准 GB 11893-1989《水质 总磷的测定 钼酸铵分光光度法》拟订和领取所需的试剂，完成表 1-6-2 领用记录的填写，并按要求配制所需的溶液和标准溶液。

表 1-6-2 仪器和试剂领用记录

仪器				
编号	名称	规格	数量	备注
试剂				
编号	名称	级别	数量	配制方法

总磷的测定需要的试剂，如图 1-6-6 所示。

图 1-6-6 总磷测定的试剂

溶液制备具体任务：(1)配制硫酸溶液(1+1、$c(1/2H_2SO_4)$=1 mol/L)；(2)配制氢氧化钠溶液(1 mol/L、6 mol/L)；(3)配制过硫酸钾溶液(50 g/L)；(4)配制抗坏血酸溶液(100 g/L)；(5)配制钼酸盐溶液；(6)配制浊度-色度补偿液；(7)配制磷标准贮备溶液(含磷 50.0 μg/mL)；(8)配制磷标准使用液(含磷 2.0 μg/mL)；(9)配制酚酞溶液(10 g/L)。

注意事项

(1)配制好的抗坏血酸溶液应贮于棕色的试剂瓶中，在冷处可稳定几周。如不变色可长时间使用。

(2)配制好的钼酸盐溶液应贮存于棕色试剂瓶中，在冷处可保存两个月。

(3)浊度-色度补偿液应使用当天配制。

(4)磷标准贮备溶液在玻璃瓶中可贮存至少六个月。

(5)磷标准使用液使用当天配制。

总磷测定溶液制备方法

(1)硫酸(密度为 1.84 g/mL)。

(2)硝酸(密度为 1.4 g/mL)。

(3)高氯酸(优级纯，密度为 1.68 g/mL)。

(4)配制硫酸溶液(1+1)。

(5)配制硫酸溶液[$c(1/2H_2SO_4)$=1 mol/L]。

将 27 mL 浓硫酸加入到 973 mL 水中。

(6)配制氢氧化钠溶液(1 mol/L)。

将 40 g 氢氧化钠溶于水并稀释至 1000 mL。

(7)配制氢氧化钠溶液(6 mol/L)。

将 240 g 氢氧化钠溶于水并稀释至 1000 mL。

(8)配制过硫酸钾溶液(50 g/L)。

将 5 g 过硫酸钾($K_2S_2O_8$)溶解于水,并稀释至 100 mL。

(9)配制抗坏血酸溶液(100 g/L)。

溶解 10 g 抗坏血酸($C_6H_8O_6$)于水中,并稀释至 100 mL。

(10)配制钼酸盐溶液。

溶解 13 g 钼酸铵[$(NH_4)_6Mo_7O_{24}\cdot 4H_2O$]于 100 mL 水中。溶解 0.35 g 酒石酸锑钾($KSbC_4H_4O_7\cdot 1/2H_2O$)于 100 mL 水中。在不断搅拌下把钼酸铵溶液徐徐加到 300 mL 硫酸溶液(1+1)中,加酒石酸锑钾溶液并且混合均匀。

(11)配制浊度-色度补偿液。

混合两个体积硫酸溶液(1+1)和一个体积抗坏血酸溶液。使用当天配制。

(12)配制磷标准贮备溶液。

称取 0.2197±0.001 g 于 100 ℃干燥 2 h 在干燥器中放冷的磷酸二氢钾(KH_2PO_4),用水溶解后转移至 1000 mL 容量瓶中,加入大约 800 mL 水、加 5 mL 硫酸溶液(1+1)用水稀释至标线并混匀。1.00 mL 此标准溶液含 50.0 μg 磷。

(13)配制磷标准使用液。

将 10.0 mL 的磷标准贮备溶液转移至 250 mL 容量瓶中,用水稀释至标线并混匀。1.00 mL 此标准溶液含 2.0 μg 磷。

(14)配制酚酞溶液(10 g/L)。

0.5 g 酚酞溶于 50 mL 95%乙醇中。

活动 4 采集总磷测定的水样

(1)取学校喷水池的水样:同项目一任务一。

(2)取自来水水样:同项目一任务一。

(3)将水样采集记录填写在表 1-6-3 中。

表 1-6-3 水样的采集与保存记录

序号	测定项目	采样时间	采样点	颜色	嗅味	采样容器	保存剂及用量	保存期	采样量	备注

采样人员:____________ 记录人员:____________

注意事项

(1)含磷量较少的水样,不要用塑料瓶采样,因磷酸盐易吸附在塑料瓶壁上。

(2)采取 500 mL 水样后加入 1 mL 浓硫酸,调节样品的 pH 值,使之低于或等于 1,或不加任何试剂于冷处保存。

活动 5 水中总磷的测定

1.实验原理

在中性条件下用过硫酸钾(或硝酸-高氯酸)使试样消解,将所含磷全部氧化为正磷酸盐。在酸性介质中,正磷酸盐与钼酸铵反应,在锑盐存在下生成磷钼杂多酸后,立即被抗坏血酸还原,生成蓝色的络合物。

2.操作步骤

(1)空白试样。

按测定的规定进行空白试验,用水代替试样,并加入与测定时相同体积的试剂。

(2)测定。

①消解。

过硫酸钾消解:取 25 mL 试样于具塞刻度管中(取时应仔细摇匀,以得到溶解部分和悬浮部分均具有代表性的试样。如样品中含磷浓度较高,试样体积可以减少),加 4 mL 过硫酸钾溶液,将具塞刻度管的盖塞紧后,用一小块布和线将玻璃塞扎紧(或用其他方法固定),放在大烧杯中置于高压蒸汽消毒器中加热,待压力达 107.9 kPa,相应温度为 120 ℃时、保持 30 min 后停止加热。待压强表读数降至零后,取出放冷。然后用水稀释至标线。

硝酸-高氯酸消解:取 25 mL 试样于锥形瓶中,加数粒玻璃珠,加 2 mL 硝酸在电热板上加热浓缩至 10 mL。冷后加 5 mL 硝酸,再加热浓缩至 10 mL,放冷。加 3 mL 高氯酸,加热至高氯酸冒白烟,此时可在锥形瓶上加小漏斗或调节电热板温度,使消解液在锥形瓶内壁保持回流状态，直至剩下 3~4 mL，放冷。加水 10 mL，加 1 滴酚酞指示剂。滴加氢氧化钠溶液(1 mol/L 或 6 mol/L)至刚呈微红色，再滴加硫酸溶液 [$c(1/2H_2SO_4)$=1 mol/L] 使微红色刚好褪去，充分混匀。移至具塞刻度管中，用水稀释至标线。

②发色。

分别向各份消解液中加入 1 mL 抗坏血酸溶液混匀，30 s 后加 2 mL 钼酸盐溶液充分混匀。

③分光光度测量。

室温下放置 15 min 后，使用光程为 30 mm 比色皿，在 700 nm 波长下，以水做参比，测定吸光度。扣除空白试验的吸光度后，从工作曲线上查得磷的含量。

④工作曲线的绘制。

取 7 支具塞刻度管分别加入 0.00 mL，0.50 mL，1.00 mL，3.00 mL，5.00 mL，10.0 mL，15.0 mL 磷标准使用液。加水至 25 mL。然后按操作步骤(2)进行处理。磷标准系列色阶如插图10 所示。以水做参比，测定吸光度。扣除空白试验的吸光度后，和对应的磷的含量绘制工作曲线。

3.结果的表述

总磷含量以 ρ(mg/L)表示，按下式计算：

$$\rho=\frac{m}{V}$$

式中：m——试样测得含磷量，μg；

V——测定用试样体积，mL。

注意事项

(1)如用硫酸保存水样，当用过硫酸钾消解时，需先将试样调至中性。

(2)硝酸–高氯酸消解时应注意：

①用硝酸–高氯酸消解需要在通风橱中进行。高氯酸和有机物的混合物经加热易发生危险，需将试样先用硝酸消解，然后加入硝酸–高氯酸进行消解。

②绝不可把消解的试样蒸干。

③如消解后有残渣时，用滤纸过滤于具塞刻度管中，并用水充分清洗锥形瓶及滤纸，一并移到具塞刻度管中。

④水样中的有机物用过硫酸钾氧化不能完全破坏时，可用此法消解。

(3)发色应注意：

①如试样中含有浊度或色度时，需配制一个空白试样(消解后用水稀释至标线)，然后向

试料中加入 3 mL 浊度–色度补偿液,但不加抗坏血酸溶液和钼酸盐溶液。然后从试料的吸光度中扣除空白试料的吸光度。

②砷含量大于 2 mg/L 干扰测定，用硫代硫酸钠去除。硫化物含量大于 2 mg/L 干扰测定,通氮气去除。铬含量大于 50 mg/L 干扰测定,用亚硫酸钠去除。

(4)光度测量中如果显色时室温低于 13 ℃,可在 20~30 ℃水浴上显色 15 min 即可。

活动 6 水中总磷的测定数据记录与处理

将测定数据及处理结果记录于表 1–6–4 中。

表 1–6–4 总磷的测定原始记录

<table>
<tr><td>样品名称</td><td colspan="2"></td><td colspan="2">测定项目</td><td></td><td>测定方法</td><td></td></tr>
<tr><td>测定时间</td><td colspan="2"></td><td colspan="2">环境温度</td><td></td><td>合作人</td><td></td></tr>
<tr><td colspan="8">一、标准曲线的绘制</td></tr>
<tr><td>磷酸二氢钾的质量,mg</td><td colspan="7"></td></tr>
<tr><td>磷标液总体积,mL</td><td colspan="7"></td></tr>
<tr><td>磷标准贮备液浓度,mg/L</td><td colspan="7"></td></tr>
<tr><td>磷标准使用液浓度,μg/ mL</td><td colspan="7"></td></tr>
<tr><td>序号</td><td>1</td><td>2</td><td>3</td><td>4</td><td>5</td><td>6</td><td>7</td></tr>
<tr><td>分取磷标准使用液的体积,mL</td><td>0.00</td><td>0.50</td><td>1.00</td><td>3.00</td><td>5.00</td><td>10.00</td><td>15.00</td></tr>
<tr><td>标准溶液的含磷量,μg</td><td></td><td></td><td></td><td></td><td></td><td></td><td></td></tr>
<tr><td>吸光度 A</td><td></td><td></td><td></td><td></td><td></td><td></td><td></td></tr>
<tr><td>校正后吸光度 A</td><td></td><td></td><td></td><td></td><td></td><td></td><td></td></tr>
<tr><td colspan="8">二、水样总磷的测定</td></tr>
<tr><td>测定次数</td><td colspan="2">1</td><td colspan="2">2</td><td colspan="2">3</td><td>空白</td></tr>
<tr><td>水样的体积 V,mL</td><td colspan="2"></td><td colspan="2"></td><td colspan="2"></td><td></td></tr>
<tr><td>吸光度 A</td><td colspan="2"></td><td colspan="2"></td><td colspan="2"></td><td></td></tr>
<tr><td>校正后吸光度 A</td><td colspan="2"></td><td colspan="2"></td><td colspan="2"></td><td></td></tr>
<tr><td>标准曲线上查出的水样的磷含量 m,μg</td><td colspan="2"></td><td colspan="2"></td><td colspan="2"></td><td></td></tr>
<tr><td>水样中总磷含量计算公式</td><td colspan="7"></td></tr>
<tr><td>总磷含量,mg/L</td><td colspan="2"></td><td colspan="2"></td><td colspan="2"></td><td></td></tr>
<tr><td>平均含量,mg/L</td><td colspan="7"></td></tr>
<tr><td>相对极差,%</td><td colspan="7"></td></tr>
</table>

活动 7 撰写分析报告

将测定结果填写入表 1-6-5 中。

表 1-6-5 总磷测定检验报告内页

<table>
<tr><td>采样地点</td><td colspan="2"></td><td>样品编号</td><td></td></tr>
<tr><td>执行标准</td><td colspan="4"></td></tr>
<tr><td>检测项目</td><td>检测结果</td><td>限值</td><td>本项结论</td><td>备注</td></tr>
<tr><td></td><td></td><td></td><td></td><td></td></tr>
<tr><td colspan="5">以下空白</td></tr>
</table>

检验员(签字):________ 工号:________ 日期:________

任务评价

表 1-6-6 任务评价表

<table>
<tr><td>考核内容</td><td>序号</td><td>考核标准</td><td>分值</td><td>小组评价</td><td>教师评价</td></tr>
<tr><td rowspan="4">解读国家标准
(10 分)</td><td>1</td><td>标准查找正确</td><td>2 分</td><td></td><td></td></tr>
<tr><td>2</td><td>仪器的确认(种类、规格、精度)正确</td><td>2 分</td><td></td><td></td></tr>
<tr><td>3</td><td>试剂的确认(种类、纯度、数量)正确</td><td>2 分</td><td></td><td></td></tr>
<tr><td>4</td><td>解读标准的原始记录填写无误</td><td>4 分</td><td></td><td></td></tr>
<tr><td rowspan="3">仪器准备
(5 分)</td><td>5</td><td>仪器选择正确(规格、型号)</td><td>2 分</td><td></td><td></td></tr>
<tr><td>6</td><td>仪器领用正确(规格、型号)</td><td>1 分</td><td></td><td></td></tr>
<tr><td>7</td><td>仪器领用记录的填写正确</td><td>2 分</td><td></td><td></td></tr>
<tr><td rowspan="3">溶液准备
(10 分)</td><td>8</td><td>试剂领用正确(种类、纯度、数量)</td><td>2 分</td><td></td><td></td></tr>
<tr><td>9</td><td>试剂领用记录的填写正确</td><td>3 分</td><td></td><td></td></tr>
<tr><td>10</td><td>正确配制所需溶液</td><td>5 分</td><td></td><td></td></tr>
<tr><td rowspan="2">水样采集保存
(5 分)</td><td>11</td><td>采样方法、采样容器、采样量等正确</td><td>3 分</td><td></td><td></td></tr>
<tr><td>12</td><td>水样的保存方法、保存剂及用量等适当</td><td>2 分</td><td></td><td></td></tr>
<tr><td rowspan="5">测定操作
(30 分)</td><td>13</td><td>样品消解操作正确</td><td>5 分</td><td></td><td></td></tr>
<tr><td>14</td><td>正确使用分光光度计</td><td>3 分</td><td></td><td></td></tr>
<tr><td>15</td><td>测定总磷操作正确</td><td>10 分</td><td></td><td></td></tr>
<tr><td>16</td><td>正确绘制标准曲线</td><td>10 分</td><td></td><td></td></tr>
<tr><td>17</td><td>样品测定三次</td><td>2 分</td><td></td><td></td></tr>
</table>

续表

考核内容	序号	考核标准	分值	小组评价	教师评价
测后工作及团队协作（10 分）	18	仪器清洗、归位正确	2 分		
	19	药品、仪器摆放整齐	2 分		
	20	实验台面整洁	1 分		
	21	分工明确，各尽其职	5 分		
数据记录、处理及测定结果（25 分）	22	及时记录数据，记录规范，无随意涂改	3 分		
	23	正确填写原始记录表	2 分		
	24	计算正确	5 分		
	25	测定结果与标准值比较≤±1.0%	10 分		
	26	相对极差≤1.0%	5 分		
撰写分析报告（5 分）	27	检验报告内容正确	2 分		
	28	正确撰写检验报告	3 分		
考核结果					

拓展提高

水中无机污染物的监测技术——非金属的监测技术

水体中所含的非金属无机化合物种类很多，与重金属元素相比，绝大多数对人体影响较小。但有些元素（如 N、P 等）可造成水体的过度富营养化，导致藻类大量繁殖，水质恶化，水生生物大量死亡。因此，对自然水体和排放污水中非金属元素无机物的监测也是十分必要的，主要非金属化合物的检测包括含氮化合物、含磷化合物、硫化物、氯化物、氰化物、氟化物的检测。

一、含氮化合物

水中无机态氮的存在形态主要是氨氮、亚硝酸盐氮、硝酸盐氮，这三者之间可以通过生物化学作用转化。测定各种形态的含氮化合物，有助于评价水体污染自净状况（表 1–6–7）。这三者再加上有机氮即为水中总氮。

表 1–6–7 水体中三种形态氮检出的环境化学意义

NH_3–N	NO_2^-–N	NO_3^-–N	环境化学意义
–	–	–	洁净水
+	–	–	水体受到新近污染

续表

NH_3-N	NO_2^--N	NO_3^--N	环境化学意义
+	+	−	水体受到污染不久,且污染物正在分解中
−	+	−	污染物已分解,但未完全自净
−	+	+	污染物已基本分解完毕,但未自净
−	−	+	污染物已无机化,水体已基本自净
+	−	+	有新近污染,在此之前的污染已基本自净
+	+	+	以前受到污染,正在自净过程中,且又有新污染

注:表中"+"表示检出,"−"表示无检出。

(一)氨氮

水中的氨氮是指以游离氨(或称非离子氨 NH_3)或离子氨(NH_4^+)形式存在的氮,两者的组成比取决于水的 pH 值和水温。对地面水常要求测定非离子氨。氨氮的污染源主要有生活污水中含氮有机物分解产物、工业废水和农田排水。测定方法常用纳氏试剂分光光度法(HJ 535−2009)、水杨酸分光光度法 (HJ 536−2009)、离子选择电极法和蒸馏−中和滴定法(HJ 537−2009)。

1.纳氏试剂分光光度法

在水样中加入碘化汞和碘化钾的强碱溶液(纳氏试剂),与氨氮反应生成淡红棕色胶态化合物,此颜色在 410~425 nm 波长处测吸光度,用分光光度法或目视比色法定量。该法适于测定地表水、地下水、生活污水和工业废水中的氨氮,分光光度法检测限为 0.025 mg/L,测定上限为 2.0 mg/L;目视比色法检测限为 0.02 mg/L。

2.水杨酸分光光度法

在亚硝基铁氰化钠存在下,氨与水杨酸和次氯酸反应生成蓝色化合物,于 697 nm 波长处测吸光度,用目视比色法或分光光度法定量。该法适于测定饮用水、生活污水和大部分工业废水中的氨氮,检测限为 0.01 mg/L,测定上限为 1 mg/L。

3.蒸馏−中和滴定法

滴定法适于测定含氨氮较高的饮用水、地表水和各类污水。测定时调节水样的 pH 值在 6.0~7.4 范围,加入氧化镁使呈微碱性。加热蒸馏,如图 1−6−7 所示,释出的氨用硼酸溶液吸收。取全部吸收液,以甲基红−亚甲蓝为指示剂,用盐酸标准溶液滴定。根据盐酸标准溶液消耗量,计算水样中氨氮的含量。

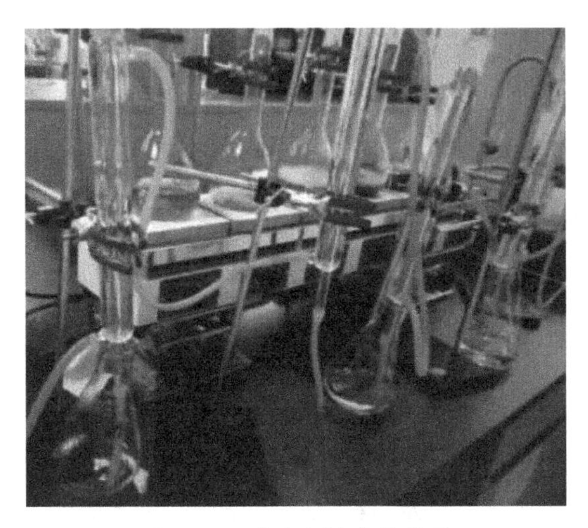

图 1-6-7 氨氮测定蒸馏装置

(二)亚硝酸盐氮

亚硝酸盐氮是氮循环的中间产物,很不稳定,可被氧化成硝酸盐,也可被还原成氨,所以取样后立即测定,才能检出 NO_2^-。水体中亚硝酸盐的主要来源是石油燃料燃烧以及硝酸盐肥料工业、染料、药物、试剂厂家排放的污水。淡水、蔬菜中亦含有亚硝酸盐,含量不等。测定亚硝酸盐的方法主要有重氮-偶联法、离子色谱法、气相分子吸收光谱法等。

N-(1-萘基)-乙二胺分光光度法的原理是调节水样 pH 值为 1.8±0.3 时,亚硝酸盐与对氨基苯磺酰胺反应,生成重氮盐,再与 N-(1-萘基)-乙二胺偶联生成红色染料,在 540 nm 波长处测吸光度,用标准曲线法定量。该法适于饮用水、地表水、生活污水和工业废水中亚硝酸盐氮的测定,检测限为 0.003 mg/L,测定上限为 0.20 mg/L。

(三)硝酸盐氮

硝酸盐氮是各种形态的含氮化合物最终无机化后的产物。清洁的地表水中硝酸盐氮含量较低,受污染的水体和一些深层地下水中硝酸盐氮含量较高。水中硝酸盐氮的测定方法有酚二磺酸分光光度法(GB 7480-1987)、紫外分光光度法(HJ/T 346-2007)、气相分子吸收光谱法和离子色谱法等。

1.酚二磺酸分光光度法

硝酸盐在无水情况下与酚二磺酸反应,生成硝基二磺酸盐酚,在碱性溶液中生成黄色的硝基酚二磺酸三钾盐,在 410 nm 波长处测吸光度,用标准曲线法定量。该法适于测定饮用水、地下水和清洁地表水,测定范围 0.02~2.0 mg/L。

2.紫外分光光度法

该法利用硝酸根离子在 220 nm 波长处对紫外光选择性吸收而定量测定硝酸盐氮。溶解的有机物在220 nm 处也有吸收,而硝酸根离子在 275 nm 处没有吸收。因此,在 275 nm 处做另一次测量,以校正硝酸盐氮值。

(四)总氮

水体总氮含量也是衡量水质的重要指标之一。其测定一般采用分别测定有机氮和无机氮化合物(氨氮、亚硝酸盐氮和硝酸盐氮)后进行加和的方法,也可以用碱性过硫酸钾消解紫外分光光度法(HJ 636−2012)测定。该方法的原理是在水样中加入碱性过硫酸钾溶液,于过热水蒸气中将大部分有机氮化合物及氨氮、亚硝酸盐氧化成硝酸盐,用紫外分光光度法测定硝酸盐氮含量,即为总氮含量。

二、磷酸盐和总磷(见本任务 水中总磷的测定 相关知识 磷测定基础知识)

三、硫化物

硫化物主要存在于地下水及生活污水中，一般测定的硫化物指水和废水中溶解性的无机硫化物和酸溶性金属硫化物。硫化物的主要污染源有焦化、造气、选矿、造纸、印染、制革等排放的废水。测定方法主要有碘量法(HJ/T 60−2000)、对氨基二甲基苯胺分光光度法、电位滴定法、离子色谱法、极谱法、恒电流库仑滴定法、比浊法等。

(一)碘量法

硫化物与乙酸锌反应生成硫化锌沉淀，在酸性条件下,与过量的碘作用,剩余的碘用硫代硫酸钠溶液滴定。根据硫代硫酸钠溶液消耗的量,间接求出硫化物的含量。该法适用于硫化物含量大于 0.4 mg/L 的水和废水的测定。

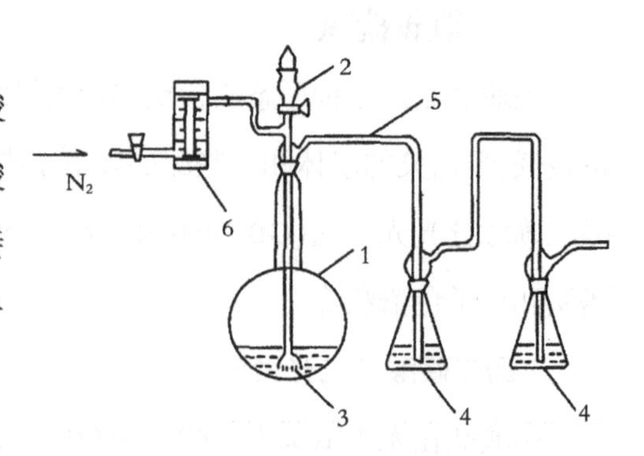

1−500 mL 圆底反应瓶;2−加酸漏斗;3−多孔砂芯片;4−150 mL 锥形吸收瓶(亦用作碘量瓶,直接用于碘量法滴定);5−玻璃连接管;6−流量计

图 1−6−8 碘量法酸化−吹气法的吸收装置

若水样中存在悬浮物或浊度高、色度深时，可将现场采集固定后的水样加入一定量的磷酸，使水样中的硫化锌转变为硫化氢气体，利用载气

将硫化氢吹出，用乙酸锌-乙酸钠溶液或2%氢氧化钠溶液吸收，再进行测定。吸收装置如图1-6-8所示。

(二)对氨基二甲基苯胺光度法(亚甲基蓝法)

在含高铁离子的酸性溶液中，硫离子与对氨基二甲基苯胺作用，生成亚甲基蓝，在665 nm波长处测吸光度，用标准曲线法定量。该法适于测定地表水和工业废水，检测限为0.02 mg/L，测定上限为0.8 mg/L。

四、氯化物

氯化物(Cl^-)在人类的生产生活中起着重要的作用，是水和废水中一种常见的无机阴离子。在生活污水和工业废水中都含有相当数量的氯离子，几乎所有的天然水中都有氯离子存在，但在不同水体中氯离子的含量范围变化很大，海水、盐湖及某些地下水含量较高，可达数十克每升。水中氯化物含量高时，会损害金属管道和构筑物，并妨碍植物的生长。若饮用水中氯离子含量达到250 mg/L，相应的阳离子为钠时，会感觉到咸味。

测定氯化物的方法有离子色谱法、硝酸银滴定法(GB/T 11896-1989)、电位滴定法、电极流动法等。其中离子色谱法简便快速，是目前国内外最为通用的方法；硝酸银滴定法所用仪器设备简单，适合于清洁水测定；电位滴定法和电极流动法适合于测定带色或污染水样，在污染源监测中使用较多。

五、氰化物

氰化物属剧毒物质。氰化物进入人体内，与高铁细胞色素氧化酶结合，生成氰化高铁细胞色素氧化酶而失去传递氧的作用，引起组织缺氧而窒息。当水体中含量达0.01 mg/L时，不宜作为饮用水，当含量达到0.03 mg/L时，对鱼类有急性中毒作用。我国规定地面水中氰化物的量最高允许浓度为0.1 mg/L。地表水中一般不含氰化物，氰化物污染主要来自电镀、焦化、选矿、石油化工、有机玻璃、农药、金属冶炼、煤气发生站等工业废水中。总氰化物包括简单氰化物、络合氰化物和有机腈等。测定方法有异烟酸-吡唑啉酮分光光度法、硝酸银滴定法、离子选择电极法。

(一)异烟酸-吡唑啉酮分光光度法

取预处理后的馏出液，调节pH值至中性条件，加入氯胺T溶液与水样中CN^-生成氯化氰(CNCl);再加入异烟酸-吡唑啉酮溶液,氯化氰与异烟酸作用经水解生成戊烯二醛,再与吡唑啉酮进行缩合反应生成蓝色染料,在 638 nm 波长处测吸光度,用标准曲线法定量。该法适于测定饮用水、地表水、生活污水和工业废水,检测限为 0.004 mg/L,测定上限为0.25 mg/L。

(二)硝酸银滴定法

经蒸馏得到的碱性馏出液,用 $AgNO_3$ 标准溶液滴定, CN^-与 $AgNO_3$ 作用形成可溶性银氰络离子$[Ag(CN)_2]^-$,过量的 Ag^+与试银灵指示剂反应,溶液由黄色变为橙红色,即为终点,可求出氰化物的含量。

六、氟化物

氟是人体内重要的微量元素之一,缺乏氟易患龋齿,因此水处理厂一般都会在自来水中添加少量的氟。但长期饮用含氟量高于 1.5 mg/L 的水则易患斑齿病。若水中含氟量高于 4 mg/L 时,则可导致氟骨病。氟化物的污染主要来自有色冶金、钢铁、铝加工、玻璃、磷肥、电镀、陶瓷、农药等行业排放的废水及含氟矿物废水。测定方法有氟试剂分光光度法(HJ 488-2009)、离子选择电极法等。

(一)氟试剂分光光度法

氟离子在 pH=4.1 的乙酸盐缓冲介质中与氟试剂和硝酸镧反应, 生成蓝色三元络合物,颜色的强度与氟离子浓度成正比, 在 620 nm 波长处测定吸光度,用标准曲线法定量。该法适于测定地表水、地下水和工业废水,检测限为0.02 mg/L,测定下限为 0.08 mg/L。

(二)离子选择电极法

氟离子选择电极是一种以氟化镧单晶片为敏感膜的传感器,如图 1-6-9 所示,测量时,它与参比电极(饱和甘汞电极)、被测溶液组成原电池,用晶体管毫伏计或电位差计测量原电池的电动势,并与用氟离子标准溶液测得的电动势相比较,即可求知水样中氟化物的浓度。该法适于测定地表水、地下水和工业废水中氟化物的浓度。

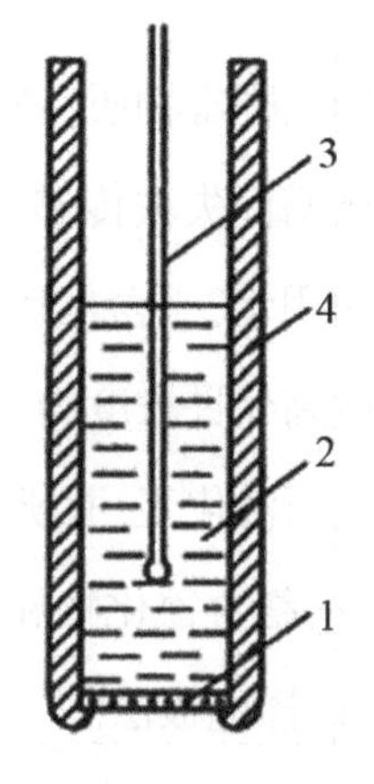

1-LaF_3 单晶膜;2-内参比溶液;
3-Ag-AgCl-电极;4-电极管

图 1-6-9 F^-选择电极

课后自测

(1)水体中的磷有哪些危害？水中磷的主要污染来自哪些？总磷的测定方法有哪些？

(2)分光光度法测定总磷的原理和适用范围是什么？

(3)测定水中总磷时,应注意哪些问题？

(4)水体中主要检测的非金属化合物有哪些？用什么方法测定？

(5)氰化物、汞、砷化物等的测定原理是什么？

参考资料

GB 11893-1989《水质 总磷的测定 钼酸铵分光光度法》

任务七 水中化学需氧量的测定

任务引入

化学需氧量是指在一定条件下，氧化 1 L 水样中还原性物质所消耗的氧化剂的量，以氧的质量浓度(mg/L)表示。它反映了水体受还原性物质污染的程度。因水体被有机物污染是很普遍的，化学需氧量也是表征水样中有机物相对含量的指标之一。标准 HJ 828−2017《水质 化学需氧量的测定 重铬酸盐法》中规定了水质化学需氧量测定的方法。

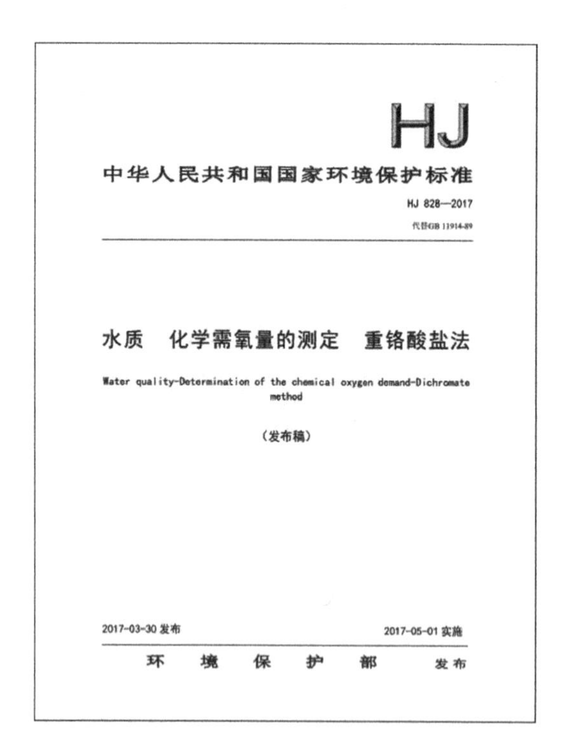
HJ

中华人民共和国国家环境保护标准

HJ 828—2017

代替GB 11914-89

水质 化学需氧量的测定 重铬酸盐法

Water quality-Determination of the chemical oxygen demand-Dichromate method

（发布稿）

2017-03-30 发布 2017-05-01 实施

环 境 保 护 部 发布

HJ

中华人民共和国环境保护行业标准

HJ/T 399—2007

水质 化学需氧量的测定
快速消解分光光度法

Water quality—Determination of the chemical oxygen demand
—Fast digestion-spectrophotometric method

2007-12-07 发布 2008-03-01 实施

国家环境保护总局 发布

图 1-7-1 标准首页

任务目标

(1)会查阅有关标准,并能根据国家标准确认所需仪器和试剂。

(2)能根据国家标准规范配制化学需氧量测定的标准溶液。

(3)了解化学需氧量的定义,学会化学需氧量的测定方法。

(4)掌握重铬酸钾法测定水质化学需氧量的测定原理。

(5)通过水中化学需氧量的测定实验与职业技能实训加深理解,学会监测操作的全过程。

(6)了解水中有机污染物综合指标的种类。

(7)了解水中有机污染物综合指标测定的方法,理解测定原理。

任务分析

1.明确任务流程

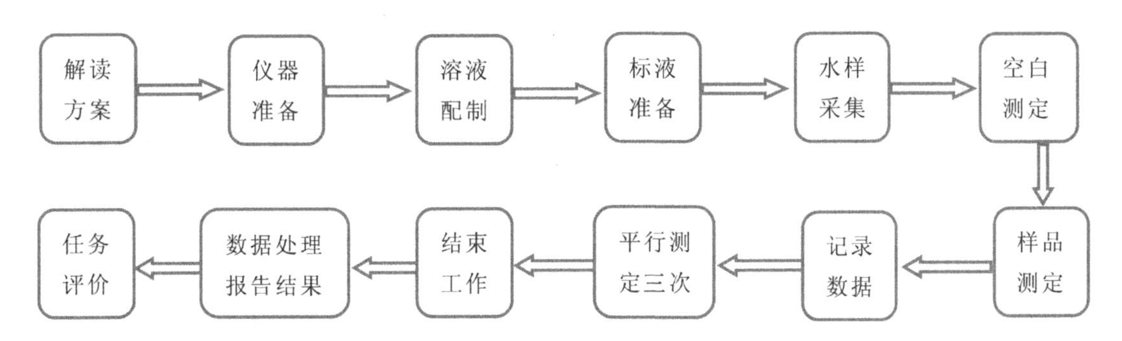

图 1-7-2 任务流程

2.任务难点分析

(1)测定所需溶液的配制。

(2)标准溶液的配制和标定。

(3)化学需氧量的测定操作。

3.任务前准备

(1)HJ 828-2017《水质 化学需氧量的测定 重铬酸盐法》。

(2)水中化学需氧量的测定视频资料。

(3)水中化学需氧量的测定所需的仪器和试剂。

①仪器:250 mL 锥形瓶的全玻璃回流装置、加热装置、50 mL 酸式滴定管、防暴沸玻璃珠等。

②试剂：硫酸银-硫酸溶液、硫酸汞、浓硫酸、硫酸溶液(1+9)、重铬酸钾标准溶液、硫酸亚铁铵标准滴定溶液、邻苯二甲酸氢钾标准溶液、七水合硫酸亚铁、试亚铁灵指示剂溶液等。

相关知识

化学需氧量测定基础知识

化学需氧量(简称 COD)是指在一定条件下，氧化 1 L 水样中还原性物质所消耗的氧化剂的量，以氧的质量浓度(mg/L)表示。水中的还原性物质包括有机物、亚硝酸盐、亚铁盐、硫化物等。化学需氧量反映了水体受还原性物质污染的程度。因水体被有机物污染是很普遍的，化学需氧量也是表征水样中有机物相对含量的指标之一。

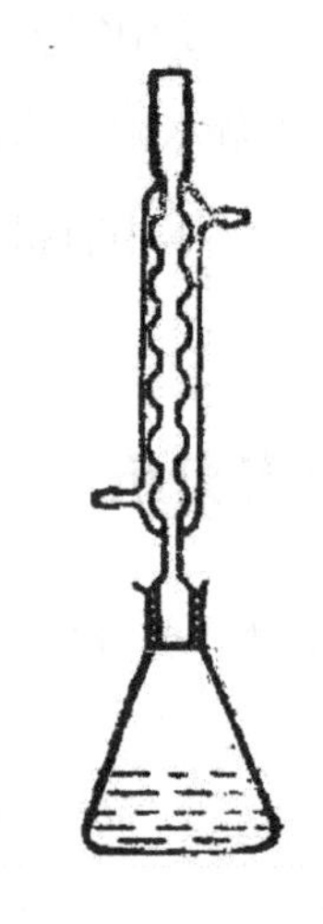

图 1-7-3 回流装置

化学需氧量是条件性指标，其随测定时所用氧化剂的种类、浓度、反应温度和时间、溶液的酸度、催化剂等变化而不同。目前，化学需氧量的测定方法有重铬酸钾法、恒电流库仑滴定法、氧化还原电位滴定法、闭管回流分光光度法等，其中，重铬酸钾法是国际上广泛认定的标准方法。

(一)重铬酸钾法

于水样中加入已知量的重铬酸钾，在强酸性介质下以银盐作为催化剂沸腾回流（如图 1-7-3 所示)后，以试亚铁灵作为指示剂，用硫酸亚铁铵标准溶液回滴，同样条件下做空白试验，根据消耗的重铬酸钾的用量计算水体的化学需氧量。

本方法适用于地表水、生活污水和工业废水中化学需氧量的测定，不适用于氯化物浓度大于 1000 mg/L(稀释后)的水中化学需氧量的测定。化学需氧量是指在一定条件下，经重铬酸钾氧化处理时，水样中的溶解性物质和悬浮物所消耗的重铬酸钾盐相对应的氧的质量浓度。

(二)恒电流库仑滴定法

库仑滴定式 COD 测定仪工作原理如图 1-7-4 所示。采用重铬酸钾为氧化剂，在 10.2 mol/L 的硫酸介质中回流消解 15 min，冷却后加入硫酸铁溶液，在搅拌状态下进行库仑电解滴定，Fe^{3+}在阴极上被还原为 Fe^{2+}，以 Fe^{2+}作为滴定剂去滴定过量的重铬酸钾，根据电解产生的 Fe^{2+}所消耗的电量计算水中的 COD 的值。该法应用范围比较广泛，可用于地表水和污水的测

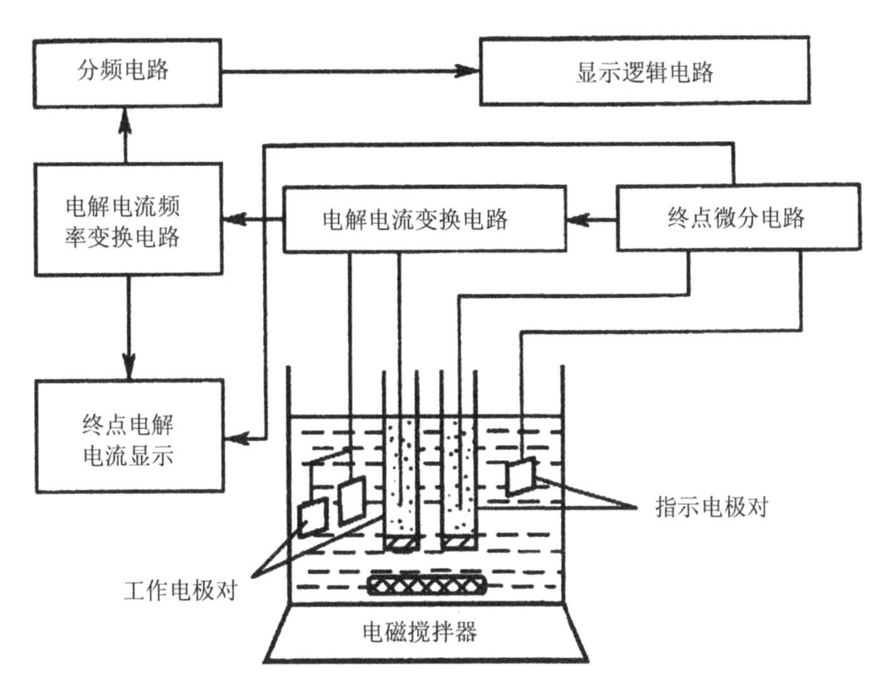

图 1-7-4 库仑滴定式 COD 测定仪工作原理示意图

定。当用 3 mL 0.05 mg/L 的重铬酸钾进行标定值测定时，检出浓度范围为 3~100 mg/L。

(三)氧化还原电位滴定法

水样被自动输入到检测水槽与硫酸溶液、硫酸银溶液及高锰酸钾溶液经自动计量后，再被自动输入到氧化还原槽，温度调节器将水浴温度自动调节到沸点，经反应 30 min 立即准确注入 10 mL 草酸标准溶液终止氧化反应。过量的草酸以高锰酸钾溶液回滴，用电位差计测定铂指示电极和饱和甘汞电极之间的电位差，以确定反应终点。求出高锰酸钾标准溶液的消耗量，用反应终点指示器将其滴定耗去的容量转化为电信号，经运算回路变为 COD 值，由自动记录仪记录。

(四)闭管回流分光光度法

在酸性介质中，经恒温闭管回流一段时间使样品中还原性物质被重铬酸钾氧化，同时铬由六价到三价，样品中 COD 与三价铬的浓度成正比，在波长 600 nm 处测定样品吸光度，即可得出水样的 COD 值。

任务实施

活动 1 解读水中化学需氧量的测定国家标准

1.阅读与查找标准

(1)上网搜索查找化学需氧量的测定方法标准。

(2)仔细阅读标准 HJ 828-2017《水质 化学需氧量的测定 重铬酸盐法》,确定化学需氧量测定方案,找出方法的适用范围、检测限、干扰、方法原理、精密度和准确度等内容,并列出所需的其他相关标准。将查找结果填入表 1-7-1 中。

2.仪器和试剂的确认

依据查阅的标准,拟订仪器和试剂计划,填入表 1-7-1 中。

3.数据记录

表 1-7-1 解读《水质 化学需氧量的测定 重铬酸盐法》标准的原始记录

<table>
<tr><td>记录编号</td><td colspan="3"></td></tr>
<tr><td colspan="4">一、阅读与查找标准</td></tr>
<tr><td>方法原理</td><td colspan="3"></td></tr>
<tr><td>相关标准</td><td colspan="3"></td></tr>
<tr><td>检测限</td><td colspan="3"></td></tr>
<tr><td>准确度</td><td></td><td>精密度</td><td></td></tr>
<tr><td colspan="4">二、标准内容</td></tr>
<tr><td>适用范围</td><td></td><td>限值</td><td></td></tr>
<tr><td>定量公式</td><td></td><td>性状</td><td></td></tr>
<tr><td>样品处理</td><td colspan="3"></td></tr>
<tr><td>操作步骤</td><td colspan="3"></td></tr>
<tr><td colspan="4">三、仪器确认</td></tr>
<tr><td colspan="3">所需仪器</td><td>检定有效日期</td></tr>
<tr><td colspan="3"></td><td></td></tr>
<tr><td colspan="3"></td><td></td></tr>
<tr><td colspan="4">四、试剂确认</td></tr>
<tr><td>试剂名称</td><td>纯度</td><td>库存量</td><td>有效期</td></tr>
<tr><td></td><td></td><td></td><td></td></tr>
<tr><td></td><td></td><td></td><td></td></tr>
<tr><td colspan="4">五、安全防护</td></tr>
<tr><td colspan="4"></td></tr>
<tr><td>确认人</td><td></td><td>复核人</td><td></td></tr>
</table>

活动 2 化学需氧量测定仪器准备

按标准 HJ 828-2017《水质 化学需氧量的测定 重铬酸盐法》拟订和领取所需仪器，确认仪器的规格、型号，并完成表 1-7-2 领用记录的填写，做好仪器和设备的准备工作。

化学需氧量测定仪器准备内容

常用实验室仪器和下列仪器。

(1)回流装置：带有 24 号标准磨口的 250 mL 锥形瓶的全玻璃回流装置。回流冷凝管长度为 300~500 mm。若取样量在 30 mL 以上，可采用带 500 mL 锥形瓶的全玻璃回流装置。

(2)加热装置。(YHCOD-100 型 COD 自动消解回流仪)

(3)25 mL 或 50 mL 酸式滴定管。

(4)防暴沸玻璃珠。

(5)分析天平(万分之一)。

活动 3 化学需氧量测定中溶液的制备

按标准 HJ 828-2017《水质 化学需氧量的测定 重铬酸盐法》拟订和领取所需的试剂，完成表 1-7-2 领用记录的填写，并按要求配制所需的溶液和标准溶液。

表 1-7-2 仪器和试剂领用记录

仪器				
编号	名称	规格	数量	备注
试剂				
编号	名称	级别	数量	配制方法

化学需氧量的测定需要领取的试剂如图 1-7-5 所示。

图 1-7-5 化学需氧量测定的试剂

溶液制备具体任务：(1)配制硫酸银–硫酸溶液；(2)配制重铬酸钾标准溶液，$c(1/6\ K_2Cr_2O_7)$=0.2500 mol/L、0.02500 mol/L；(3)配制硫酸亚铁铵标准滴定溶液，$c[(NH_4)_2Fe(SO_4)_2\cdot 6H_2O]$=0.05 mol/L、0.005 mol/L；(4)配制邻苯二甲酸氢钾标准溶液，$c(KC_8H_5O_4)$=2.0824 mmol/L；(5)配制试亚铁灵指示剂溶液。

注意事项

(1)浓硫酸有强腐蚀性！

(2)重铬酸钾有毒。

(3)每日临用前，必须用 $K_2Cr_2O_7$ 标准溶液标定硫酸亚铁铵标准滴定溶液的浓度。

化学需氧量测定溶液制备方法

(1)硫酸银(Ag_2SO_4)。

(2)硫酸汞($HgSO_4$)。

(3)硫酸(H_2SO_4)(ρ=1.84 g/L)。

(4)硫酸银–硫酸(Ag_2SO_4–H_2SO_4)溶液。

向 1 L 浓硫酸中加入 10 g 硫酸银(Ag_2SO_4)，放置 1~2 d 使之溶解，并混匀，使用前小心摇动。

(5)重铬酸钾($K_2Cr_2O_7$)标准溶液。

①$c(1/6\ K_2Cr_2O_7)$ =0.2500 mol/L 的重铬酸钾标准溶液。

将 12.258 g 在 105 ℃烘箱中干燥 2 h 后的重铬酸钾($K_2Cr_2O_7$)溶于水中，稀释至 1 L。

②$c(1/6\ K_2Cr_2O_7)$ =0.02500 mol/L 的重铬酸钾标准溶液。

将上述重铬酸钾标准溶液稀释 10 倍而成。

(6)硫酸亚铁铵标准滴定溶液

①$c[(NH_4)_2Fe(SO_4)_2\cdot 6H_2O]\approx$0.05 mol/L 的硫酸亚铁铵标准滴定溶液的配制。

溶解 19.5 g 硫酸亚铁铵$[(NH_4)_2Fe(SO_4)_2\cdot 6H_2O]$于水中，加入 10 mL 浓 H_2SO_4，待其溶液冷却后稀释至 1 L。

②$c[(NH_4)_2Fe(SO_4)_2\cdot 6H_2O]\approx$0.05 mol/L 的硫酸亚铁铵标准滴定溶液的标定。

取 5.00 mL 0.2500 mol/L $K_2Cr_2O_7$ 标准溶液置于锥形瓶中，用水稀释至 50 mL，加入 15 mL 浓 H_2SO_4，混匀，冷却后，加 3 滴(约 0.15 mL)试亚铁灵为指示剂，用硫酸亚铁铵标准滴定溶液滴定，待溶液的颜色由黄色经蓝绿色变为红褐色，即为终点。记录下硫酸亚铁铵的消耗量。

③硫酸亚铁铵标准滴定溶液浓度的计算。

$$c[(NH_4)_2Fe(SO_4)_2\cdot 6H_2O]=\frac{5.00\times 0.2500}{V}=\frac{1.25}{V}$$

式中:V——滴定所消耗的硫酸亚铁铵标准滴定溶液的体积,mL。

④$c[(NH_4)_2Fe(SO_4)_2\cdot 6H_2O]\approx 0.005$ mol/L 的硫酸亚铁铵标准滴定溶液的配制。

将上述溶液稀释 10 倍,用 0.02500 mol/L 重铬酸钾标准溶液标定,其滴定步骤及浓度计算分别与②及③类同。

(7)邻苯二甲酸氢钾标准溶液,$c(KC_8H_5O_4)$=2.0824 mmol/L。

称取 105 ℃时干燥 2 h 的邻苯二甲酸氢钾($HOOCC_6H_4COOK$)0.4251 g 溶于水,并稀释至 1000 mL, 混匀。以重铬酸钾为氧化剂, 将邻苯二甲酸氢钾完全氧化的 COD 值为 1.176 g 氧/克 (指 1 g 邻苯二甲酸氢钾耗氧 1.176 g), 故该标准溶液的理论 COD 值为 500 mg/L。

(8)试亚铁灵指示剂溶液。

溶解 0.7 g 七水合硫酸亚铁($FeSO_4\cdot 7H_2O$)于 50 mL 的水中,加入 1.5 g 1,10-菲啰啉,搅动至溶解,加水稀释至 100 mL。

(9)硫酸汞溶液(ρ=100 g/L)。称取 10 g 硫酸汞加到 100 mL 硫酸溶液中,并混匀。

(10)硫酸溶液(1+9)。

(11)七水合硫酸亚铁($FeSO_4\cdot 7H_2O$)。

活动 4 采集化学需氧量测定的水样

(1)取学校喷水池的水样:同项目一任务一。

(2)取自来水水样:同项目一任务一。

(3)将水样采集记录填写在表 1-7-3 中。

表 1-7-3 水样的采集与保存记录

序号	测定项目	采样时间	采样点	颜色	嗅味	采样容器	保存剂及用量	保存期	采样量	备注

采样人员:__________ 记录人员:__________

注意事项

(1)按照,HJ/T 91−2002 的相关规定进行水样的采集和保存。

(2)采集水样的体积不得少于 100 mL。

(3)测定化学需氧量的水样应采集于玻璃瓶内,应尽快分析。

(4)如需保存,应加入浓硫酸至 $pH<2$,置 4 ℃下保存。保存时间不多于 5 d。

活动 5 水中化学需氧量的测定

1.实验原理

在水样中加入已知量的 $K_2Cr_2O_7$ 溶液，并在强酸介质下用银盐做催化剂，经沸腾回流后,以试亚铁灵为指示剂,用硫酸亚铁铵滴定水样中未被还原的重铬酸钾,由消耗的 $K_2Cr_2O_7$ 的量换算成消耗氧的质量浓度。在酸性 $K_2Cr_2O_7$ 条件下,芳烃及吡啶难以被氧化,其氧化率较低。在 Ag_2SO_4 的催化作用下,直链脂肪族化合物可有效地被氧化。

2.操作步骤

(1)空白试验。

按相同步骤以 10.0 mL 蒸馏水代替水样进行空白试验,其余试剂与水样测定相同,记录空白滴定时消耗硫酸亚铁铵标准溶液的体积 V_0。

(2)水样的测定。

当 COD>50 mg/L 时,取 10.00 mL 水样于锥形瓶中,依次加入硫酸汞溶液、5.00 mL $c(1/6\ K_2Cr_2O_7)=0.2500$ mol/L 重铬酸钾标准溶液和几颗防暴沸玻璃珠,摇匀。硫酸汞溶液按质量比 $m_{HgSO_4}:m_{Cl^-}\geqslant 20:1$ 的比例加入,最大加入量为 2 mL。将锥形瓶接到回流装置(如图 1−7−6 所示)冷凝管下端,接通冷凝水。从冷凝管上端缓慢加入 15 mL 硫酸银−硫酸溶液，以防止低沸点有机物的逸出,不断旋动锥形瓶使之混合均匀。自溶液开始沸腾起回流两小时。如插图 11 所示。冷却后,用 45 mL 水自冷凝管上端冲洗冷凝管后,使溶液体积在 70 mL 左右,取下锥形瓶。溶液冷却至室温后,加入 3 滴试亚铁灵指示剂溶液,用 $c\approx 0.05$ mol/L 的硫酸亚铁铵标准滴定溶液滴定,溶液的颜色由黄色经蓝绿色变为红褐色即为终点。如插图 12 所示。记录硫酸亚铁铵标准滴定溶液的消耗体积 V_1。

图 1−7−6 水样的消解操作

3.结果的表述

以氧的质量浓度(mg/L)计算的水样化学需氧量，计算公式如下：

$$COD(mg/L)=\frac{c(V_0-V_1)\times 8000}{V_2}\times f$$

式中：c——硫酸亚铁铵标准滴定溶液的浓度，mol/L；

V_0——空白试验所消耗的硫酸亚铁铵标准滴定溶液的体积，mL；

V_1——水样测定所消耗的硫酸亚铁铵标准滴定溶液的体积，mL；

V_2——加热回流时所取水样的体积，mL；

f——样品稀释倍数；

8000——1/4 O_2 的摩尔质量，mg/mol。

注意事项

(1)当测定结果小于 100 mg/L 时保留至整数位；当测定结果大于或等于 100 mg/L 时，一般保留三位有效数字。

(2)对 COD 值小的水样，当计算出 COD 值小于 10 mg/L 时，应表示为"COD<10 mg/L"。

(3)对于 COD 值小于等于 50 mg/L 的水样，应采用低浓度的重铬酸钾标准溶液($c(1/6\ K_2Cr_2O_7)=0.02500$ mol/L)氧化，加热回流以后，采用低浓度的硫酸亚铁铵标准溶液($c[(NH_4)_2Fe(SO_4)_2\cdot 6H_2O]\approx 0.005$ mol/L)回滴。

(4)该方法对未经稀释的水样，其测定上限为 700 mg/L，超过此限时必须经稀释后测定。

(5)对于污染严重的水样，可选取所需体积 1/10 的试料和 1/10 的试剂，放入 10×150 mm 硬质玻璃管中，摇匀后，用酒精灯加热至沸数分钟，观察溶液是否变成蓝绿色。如呈蓝绿色，应再适当少取试料，重复以上试验，直至溶液不变蓝绿色为止。从而确定待测水样适当的稀释倍数。

(6)去干扰试验：无机还原性物质如亚硝酸盐、硫化物及二价铁盐将使结果增加，将其需氧量作为水样 COD 值的一部分是可以接受的。

该实验的主要干扰物为氯化物，可加入硫酸汞部分地除去，经回流后，氯离子可与硫酸汞结合成可溶性的氯汞络合物。

当氯离子含量超过 1000 mg/L 时，COD 的最低允许值为 250 mg/L，低于此值结果的准确度就不可靠。

(7)在特殊情况下，需要测定的试料在 10.0 mL 到 50.0 mL 之间时，试剂的体积或重量按表 1-7-4 做相应的调整。

表1-7-4 不同取样量采用的试剂用量

样品量，mL	0.250 mol/L $K_2Cr_2O_7$，mL	Ag_2SO_4-H_2SO_4，mL	$HgSO_4$，g	$(NH_4)_2Fe(SO_4)_2 \cdot 6H_2O$，mol/L	滴定前体积，mL
10.0	5.0	15	0.2	0.05	70
20.0	10.0	30	0.4	0.10	140
30.0	15.0	45	0.6	0.15	210
40.0	20.0	60	0.8	0.20	200
50.0	25.0	75	1.0	0.25	350

活动6 水中化学需氧量的测定数据记录与处理

将测定数据及处理结果记录于表1-7-5。

表1-7-5 化学需氧量的测定原始记录

样品名称		测定项目	
测定方法		判定依据	
测定时间		环境温度	
合作人			
一、硫酸亚铁铵标准滴定液的浓度标定			
测定次数	1	2	3
重铬酸钾标准溶液的浓度，mol/L			
重铬酸钾标准溶液的体积，mL			
消耗硫酸亚铁铵溶液体积 V，mL			
硫酸亚铁铵浓度计算公式			
硫酸亚铁铵浓度 c，mol/L			
平均值，mol/L			
相对极差，%			
二、水中化学需氧量的测定			
测定次数	1	2	3
滴定时取水样体积 V_2，mL			
硫酸亚铁铵浓度 c，mol/L			
空白消耗硫酸亚铁铵体积 V_0，mL			
水样消耗硫酸亚铁铵体积 V_1，mL			
化学需氧量计算公式			
水样的化学需氧量，mg/L			
平均值，mg/L			
相对极差，%			

活动 7 撰写分析报告

将测定结果填写入表 1-7-6 中。

表 1-7-6 化学需氧量测定检验报告内页

采样地点			样品编号	
执行标准				
检测项目	检测结果	限值	本项结论	备注
以下空白				

检验员(签字):______________ 工号:______________ 日期:______________

任务评价

表 1-7-7 任务评价表

考核内容	序号	考核标准	分值	小组评价	教师评价
解读国家标准(10 分)	1	标准查找正确	2 分		
	2	仪器的确认(种类、规格、精度)正确	2 分		
	3	试剂的确认(种类、纯度、数量)正确	2 分		
	4	解读标准的原始记录填写无误	4 分		
仪器准备(5 分)	5	仪器选择正确(规格、型号)	2 分		
	6	仪器领用正确(规格、型号)	1 分		
	7	仪器领用记录的填写正确	2 分		
溶液准备(10 分)	8	试剂领用正确(种类、纯度、数量)	2 分		
	9	试剂领用记录的填写正确	3 分		
	10	正确配制所需溶液	5 分		
水样采集保存(5 分)	11	选择采样方法、采样容器、采样量等正确	3 分		
	12	水样的保存方法、保存剂及用量等适当	2 分		
测定操作(30 分)	13	正确标定标准溶液浓度	5 分		
	14	正确使用仪器	3 分		
	15	测定样品化学需氧量操作正确	10 分		
	16	空白试样操作正确	10 分		
	17	样品测定三次	2 分		

续表

考核内容	序号	考核标准	分值	小组评价	教师评价
测后工作及团队协作(10分)	18	仪器清洗、归位正确	2分		
	19	药品、仪器摆放整齐	2分		
	20	实验台面整洁	1分		
	21	分工明确,各尽其职	5分		
数据记录、处理及测定结果(25分)	22	及时记录数据,记录规范,无随意涂改	3分		
	23	正确填写原始记录表	2分		
	24	计算正确	5分		
	25	测定结果与标准值比较≤±1.0%	10分		
	26	相对极差≤1.0%	5分		
撰写分析报告(5分)	27	检验报告内容正确	2分		
	28	正确撰写检验报告	3分		
考核结果					

拓展提高

水中有机污染物的监测技术——有机污染物综合指标检测

现代人的生活中对有机化学品的依赖是显而易见的,如医药、洗涤剂、化妆品、高分子材料等,它们为人类的生活带来了巨大的好处。但人类生产和生活中所排放出的污水,有机物含量远远超过了水体自净所能承受的最大限度,从而引起了水体有机物的污染。

水体中有毒有机污染物主要来源于农药、医药、染料、化工等制造业和使用部门。

水体中有机化合物种类多、数量大,对有机物逐一监测尚难做到,在实际工作中常采用有机物污染综合指标来表述,目前多采用测定与水中有机化合物相当的需氧量来间接表示有机化合物的含量,如COD、高锰酸盐指数(OC)、生化需氧量(BOD)、总需氧量(TOD)等,也有采用碳作为参数的,如总有机碳(TOC)。有机污染物的测定方法主要有化学分析法、分光光度法、燃烧氧化法等。

一、化学需氧量(详见本任务 水中化学需氧量的测定 相关知识 化学需氧量测定基础知识)

二、高锰酸盐指数(OC)

高锰酸盐指数是指在一定条件下,以高锰酸钾为氧化剂氧化水样中的还原性物质所消耗的高锰酸钾的量,以氧的质量浓度(mg/L)来表示。该指标操作简便快速,但因含氮有机物在此条件下较难分解，国际标准化组织(ISO)建议该指标仅限于地表水、饮用水和生活污水的测量。

按测定溶液的介质不同，分为酸性高锰酸钾法和碱性高锰酸钾法。当氯离子含量高于300 mg/L时，因在碱性条件下高锰酸钾的氧化能力比酸性条件下稍弱，此时酸性条件不能氧化水中的氯离子，故采用碱性高锰酸钾法；对于较清洁的地面水和被污染的水体中氯离子含量低于300 mg/L的水样，常用酸性高锰酸钾法。当高锰酸盐指数超过5 mg/L时，应少取水样并经稀释后再测定。

测定时，取一定水样，在酸性或碱性条件下，加入过量高锰酸钾溶液，加热一定时间，利用高锰酸钾将水样中部分有机物及还原性物质氧化，反应后剩余的高锰酸钾用过量的草酸钠还原，再以高锰酸钾标准溶液回滴过量的草酸钠，通过计算得出高锰酸盐指数。

三、生化需氧量(BOD)

生化需氧量是指好氧微生物在分解水中有机物的生物化学氧化过程中所消耗的溶解氧量，以氧的质量浓度(mg/L)来表示。有机物在微生物作用下的好氧分解大体分为两个阶段，第一阶段主要是含碳有机物氧化为二氧化碳和水，以及含氮有机物转化成氨；第二阶段主要是氨在硝化菌的作用下进一步氧化为亚硝酸盐氮和硝酸盐氮，整个过程尤其第二阶段相当缓慢。目前国内外广泛采用20 ℃下培养5 d所消耗的溶解氧的量，称为五日生化需氧量，即BOD_5。

生化需氧量是反映水体被有机物污染程度的综合指标，也是研究废水的可生化降解性和生化处理效果，以及生化处理废水工艺设计和动力学研究中的重要参数。水体发生该生物化学过程必须具备的条件包括足够的溶解氧、好氧微生物以及能被微生物利用的营养物质。

(一)五日培养法

对于较清洁的水样，即BOD_5小于7 mg/L，则不必进行稀释，可直接测定:取其分为两份，一份测其当时的溶解氧；另一份在20±1 ℃下培养5 d，再测溶解氧，两者之差即为BOD_5。

对于大多数污水，为保证水体生物化学过程所必需的条件，测定时需按估计的污染程度适当加特制水(稀释水或接种稀释水)稀释，然后取稀释后的水样进行测定，同时测定特制水在培养前后的溶解氧，即可计算BOD_5。

1.稀释水

对于污染的地面水和大多数工业废水，因含有较多的有机物，需要稀释后再培养测定，以保证在培养过程中有充足的溶解氧。稀释水一般用蒸馏水配制。

水样的稀释倍数应该根据水样的性质来考虑，一般应使稀释水样在培养后剩余溶解氧大于 1 mg/L，培养期间所消耗的溶解氧大于 2 mg/L。

2.接种稀释水

对于不含或少含微生物的工业废水，如酸性废水、碱性废水、高温废水或经过氯化处理的废水，在测定 BOD_5 时应接种能降解废水中有机物的微生物。当废水中存在着难被一般生活污水中的微生物以正常速度降解的有机物或剧毒物质时，应将驯化后的微生物引入水样中进行接种。接种有微生物或经驯化微生物的稀释水称为接种稀释水，由选取适量接种液加于稀释水中混匀获得。一般每升稀释水中接种液加入量为：生活污水 1~10 mL；表层土壤浸出液 20~30 mL；河水、湖水 10~100 mL。接种稀释水 pH 值应为 7.2，BOD_5 值在 0.3~1.0 mg/L 之间为宜，且在配制后应立即使用。

接种液的来源一般有：

(1)城市污水，一般采用生活污水，在室温下放置一昼夜，取上层清液供用。

(2)表层土壤浸出液，取 100 g 花园土壤或植物生长土壤，加入 1 L 水，混合并静置 10 min，取上清溶液供用。

(3)用含城市污水的河水或湖水。

(4)污水处理厂的出水。

(5)当分析含有难于降解物质的废水时，在排污口下游 3~8 km 处取水样作为废水的驯化接种液。如无此种水源，可取中和或经适当稀释后的废水进行连续曝气，每天加入少量该种废水，同时加入适量表层土壤或生活污水，使能适应该种废水的微生物大量繁殖。当水中出现大量絮状物，或检查其化学需氧量的降低值出现突变时，表明适用的微生物已进行繁殖，可用作接种液。一般驯化过程需要 3~8 d。

3.适用范围

五日培养法适用于 BOD_5 大于或等于 2 mg/L，最大不超过 6000 mg/L 的水样。当水样 BOD_5 大于 6000 mg/L，会因稀释带来一定的误差。

为检查稀释水或接种稀释水的质量，以及检测人员的操作水平，将每升含葡萄糖和谷氨酸各 150 mg 的标准液以 1:50 稀释比稀释后，与水样同步测定 BOD_5，测得值应在 180~230 mg/L 之间，否则，应检查原因并予以纠正。

(二)其他方法

目前测定 BOD 值常采用 BOD 测定仪,可直接读取 BOD 值,操作简单,重现性好。

1.检压库仑式 BOD 测定仪

在密闭系统中微生物分解有机物所损耗的氧气通过电解来补给,从电解所需电量来求得氧的消耗量,仪器自动显示测定结果。

2.测压法

在密闭系统中微生物分解有机物消耗溶解氧引起气压变化,通过测定气压的变化得出 BOD 值。

3.微生物法

用氧电极求得微生物分解有机物消耗的溶解氧量,仪器经标准 BOD 物质溶液校准后,可直接显示被测溶液的 BOD 值。

四、总需氧量(TOD)

总需氧量(TOD)指水中能被氧化的物质,主要是有机物质在燃烧中变成稳定的氧化物时所需要的氧量,以氧的质量浓度(mg/L)表示。

TOD 常用 TOD 测定仪来测定,其原理是:将一定量水样注入装有铂催化剂的石英燃烧管中,通入含已知氧浓度的载气(氮气)作为原料气,水样中的还原性物质在 900 ℃下瞬间燃烧氧化,测定燃烧前后原料气中氧浓度减少量,即可求出水样的总需氧量。

TOD 比 BOD_5、COD 和 OC 更接近理论需氧量,它能反映几乎全部有机物质经燃烧后变成 CO_2、H_2O、NO、SO_2 等所需要的氧量,有研究表明 BOD_5:TOD=0.1~0.6,COD:TOD=0.5~0.9,但它们之间没有固定的相关关系,具体比值取决于废水的性质。

五、总有机碳(TOC)

总有机碳是以碳的含量表示水体中有机物质总量的综合指标。目前广泛应用的测定 TOC 的方法是燃烧氧化-非分散红外吸收法(HJ 501—2009),该方法的检测限是 0.1 mg/L。采用燃烧法测定 TOC 能将有机物全部氧化,因而它比 BOD_5 或 COD 更能直接表示有机物的总量。测定时有两种操作方法:直接测定法和差减测定法。

(一)直接测定法

将水样预先酸化,通入氮气曝气,驱赶各种碳酸盐分解生成的二氧化碳后,取一定量水样注入高温炉内的石英管,在 900~950 ℃高温下,以铂和三氧化钴或三氧化二铬为催化剂,使有机物燃烧裂解转化为二氧化碳,然后用红外线气体分析仪测定二氧化碳含量,即可确定水样中有机碳的含量。

(二)差减测定法

将同样等量的水样分别注入高温炉(900 ℃)和低温炉(150 ℃),如图 1-7-7 所示,在高温炉中水样中的有机碳和无机碳全部被转化为二氧化碳，而低温炉的石英管中装有磷酸浸渍的玻璃棉,能使无机碳酸盐在 150 ℃分解为二氧化碳,有机物却不能被分解氧化。将高、低温炉中生成的二氧化碳依次导入红外气体分析仪,分别测得总碳和无机碳,二者之差即为总有机碳。

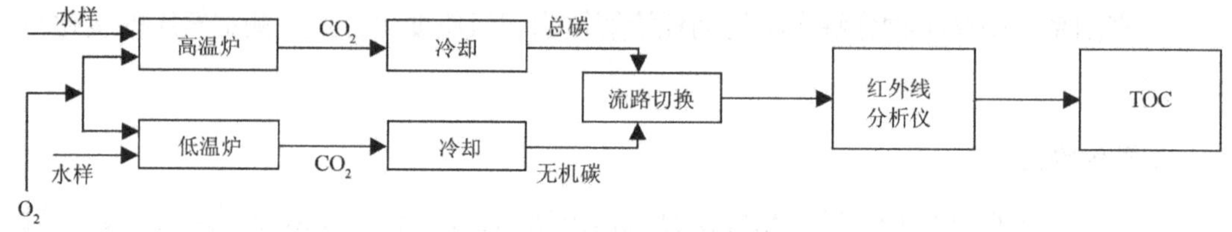

图 1-7-7 TOC 测定流程

HJ/T 399-2007《水质 化学需氧量的测定 快速消解分光光度法》(见附录五)

课后自测

(1)工业废水化学需氧量的测定中应注意哪些问题？为什么说此实验是一项条件性很强的实验？

(2)化学需氧量的测定原理是什么？测定中干扰元素有哪些,如何消除？并需注意哪些问题才能得到可靠的结果？

(3)水体有机污染的综合指标有哪些？

(4)试比较化学需氧量、高锰酸盐指数、生化需氧量及总需氧量的区别与联系？

(5)稀释法测 BOD,取原水样 100 mL,加稀释水至 1 L,取其中一部分测其 DO 等于 7.6 mg/L,另一份培养 5 d 再测 DO 等于 2.8 mg/L,已知稀释水空白值为 0.2 mg/L,求水样的 BOD_5。

(6)水体中的总有机碳有哪些测定方法？

参考资料

(1)HJ 828-2017《水质 化学需氧量的测定 重铬酸盐法》

(2)HJ/T 399-2007《水质 化学需氧量的测定 快速消解分光光度法》

任务八 水中挥发酚的测定

任务引入

挥发酚是指沸点在 230 ℃以下的酚，水中酚类属高毒物质，当水中含酚时会使鱼肉有异味，甚至会导致鱼中毒死亡；人体摄入一定量挥发酚会出现急性中毒症状。标准 HJ 503–2009《水质 挥发酚的测定 4–氨基安替比林分光光度法》中规定了水质挥发酚测定的方法。

中华人民共和国国家环境保护标准

HJ 503–2009
代替 GB 7490–87

水质 挥发酚的测定
4-氨基安替比林分光光度法

Water quality—Determination of volatile phenolic compounds
—4-AAP spectrophotometric method

2009-10-20 发布 2009-12-01 实施

环 境 保 护 部 发布

图 1–8–1 相关标准首页

任务目标

(1)会查阅有关标准,并能根据国家标准确认所需仪器和试剂。

(2)能根据国家标准规范配制无酚水和测定的标准溶液。

(3)了解挥发酚的定义,学会挥发酚的测定方法。

(4)掌握分光光度法测定水质挥发酚的测定原理。

(5)通过水中挥发酚的测定实验与职业技能实训加深理解,学会监测操作的全过程。

(6)了解水中有机污染物检测的种类。

(7)熟悉水中有机污染物的来源及其危害。

(8)了解水中有机污染物测定的方法,理解测定原理。

任务分析

1.明确任务流程

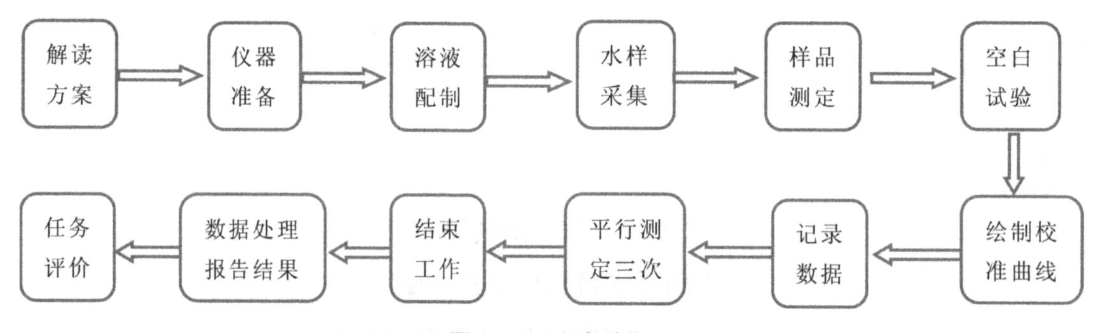

图 1-8-2 任务流程

2.任务难点分析

(1)无酚水的制备。

(2)标准曲线的绘制。

(3)样品测定操作。

3.任务前准备

(1)HJ 503-2009《水质 挥发酚的测定 4-氨基安替比林分光光度法》。

(2)水中挥发酚的测定视频资料。

(3)水中挥发酚测定所需的仪器和试剂。

①仪器：2 L 试剂瓶、500 mL 全玻璃蒸馏器、玻璃珠、250 mL 容量瓶、500 mL 分液漏斗或 50 mL 比色管、分光光度计、30 mm 或 20 mm 的比色皿等。

②试剂：硫酸亚铁、碘化钾、硫酸铜、乙醚、三氯甲烷、氨水、盐酸、磷酸溶液、硫酸溶液、氢氧化钠溶液、缓冲溶液、4-氨基安替比林溶液、铁氰化钾溶液、溴酸钾-溴化钾溶液、硫代硫酸钠溶液、淀粉溶液、无酚水、酚标准贮备液、酚标准中间液、酚标准使用液、甲基橙指示液、淀粉-碘化钾试纸、乙酸铅试纸等。

相关知识

挥发酚测定基础知识

酚有多种化合物，一般根据酚类能否与水蒸气一起蒸出，分为挥发酚和不挥发酚。通常认为沸点在 230 ℃以下的为挥发酚，沸点在 230 ℃以上的为不挥发酚。我国规定的各种水质指标中，酚类指标指的是挥发酚类，测定的结果均以苯酚表示。酚的主要污染源有炼焦、炼油、制取煤气、造纸、化工行业排出的工业废水等。

水中酚类属高毒物质，当水中含酚 0.1~0.2 mg/L 时，鱼肉有异味，大于 5 mg/L 时，鱼类会中毒死亡；人体摄入一定量会出现急性中毒症状，长期饮用被酚污染的水，可引起头痛、出疹、瘙痒、贫血及各种神经系统症状。

测定水中酚的方法目前常用的主要有溴化容量法和 4-氨基安替比林分光光度法(HJ 503—2009)，测定前水样应进行预蒸馏，目的是分离出挥发酚及消除颜色、浑浊和金属离子的干扰，当水样中存在氧化剂和还原剂、油类等干扰物时，在蒸馏前去除。预蒸馏的操作是：量取 250 mL 水样于蒸馏烧瓶中，以甲基橙作为指示剂，用磷酸调 pH 值到 4.0，加入 5%硫酸铜溶液 5 mL 及数粒玻璃珠，加热蒸馏，如图 1-8-3 所示。用 250 mL 容量瓶收集馏出液，等馏出 225 mL 左右时，停止加热，稍冷后向蒸馏瓶中加入蒸馏水 25 mL，继续蒸馏到馏出液 250 mL 为止。

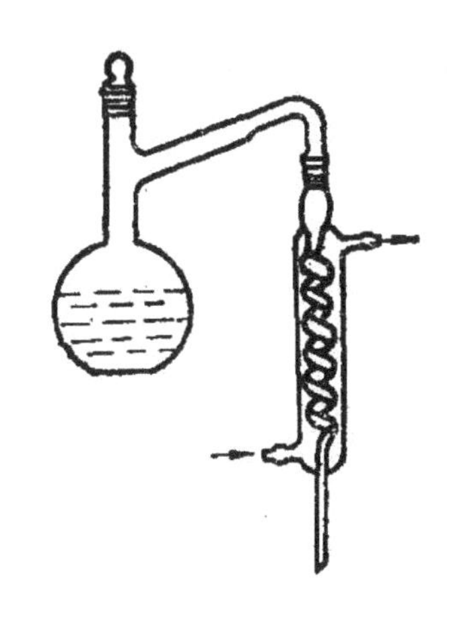

图 1-8-3 预蒸馏装置

(一)溴化容量法

取一定量水样，加入过量溴($KBrO_3$ 和 KBr)，溴与酚反应生成三溴酚，并进一步生成溴代三溴酚。然后加入碘化钾溶液，剩余的溴与碘化钾作用释放出游离的碘，与此同时，溴代三溴酚也与碘化钾反应置换出游离碘。以淀粉为指示剂，用硫代硫酸钠标准溶液滴定释出的游离碘，同时做空白。根据硫代硫酸钠消耗量，计算出以苯酚计的挥发酚含量。该方法适用于含酚浓度高的各种污水，尤其适用于车间排污口或未经处理的总排污口废水。

（二）4-氨基安替比林分光光度法

预蒸馏后的酚类化合物在 pH=10±0.2 的介质中和铁氰化钾的存在下，与 4-氨基安替比林反应，生成橙红色的安替比林染料，其颜色深浅与酚类化合物浓度成正比。此时可将反应后水样直接在波长 510 nm 处测定吸光度，求出水样中挥发酚的含量，检测限为 0.01 mg/L；也可采用氯仿将染料从水溶液中萃取出来，在波长 460 nm 处测定吸光度，得出挥发酚的含量，检测限为 0.0003 mg/L，测定上限为 0.04 mg/L。该方法适用于各类污水中酚含量的测定。

任务实施

活动 1 解读水中挥发酚的测定国家标准

1.阅读与查找标准

（1）上网搜索查找挥发酚的测定方法标准。

（2）仔细阅读标准 HJ 503—2009《水质 挥发酚的测定 4-氨基安替比林分光光度法》，确定挥发酚测定方案，找出方法的适用范围、检测限、干扰、方法原理、精密度和准确度等内容，并列出所需的其他相关标准。将查找结果填入表 1-8-1 中。

2.仪器和试剂的确认

依据查阅的标准，拟订仪器和试剂计划，填入表 1-8-1 中。

3.数据记录

表1-8-1 解读《水质 挥发酚的测定 4-氨基安替比林分光光度法》标准的原始记录

记录编号			
一、阅读与查找标准			
方法原理			
相关标准			
检测限			
准确度		精密度	
二、标准内容			
适用范围		限值	
定量公式		性状	
样品处理			
操作步骤			

续表

三、仪器确认			
所需仪器			检定有效日期
四、试剂确认			
试剂名称	纯度	库存量	有效期
五、安全防护			
确认人		复核人	

活动 2 挥发酚测定仪器准备

按标准 HJ 503-2009《水质 挥发酚的测定 4-氨基安替比林分光光度法》拟订和领取所需仪器，确认仪器的规格、型号，并完成表 1-8-2 领用记录的填写，做好仪器和设备的准备工作。

挥发酚测定仪器准备

(1)萃取分光光度法：2 L 试剂瓶、500 mL 全玻璃蒸馏器、玻璃珠、250 mL 容量瓶、500 mL 分液漏斗、分光光度计、30 mm 的比色皿等。

(2)直接分光光度法：2 L 试剂瓶、500 mL 全玻璃蒸馏器、玻璃珠、250 mL 容量瓶、50 mL 比色管、分光光度计、20 mm 的比色皿等。

活动 3 挥发酚测定中溶液的制备

按国家标准 HJ 503-2009《水质 挥发酚的测定 4-氨基安替比林分光光度法》拟订和领取所需的试剂，完成表 1-8-2 领用记录的填写，并按要求配制所需的溶液和标准溶液。

表 1-8-2 仪器和试剂领用记录

仪器				
编号	名称	规格	数量	备注
试剂				
编号	名称	级别	数量	配制方法

挥发酚的测定需要的试剂如图 1-8-4 所示。

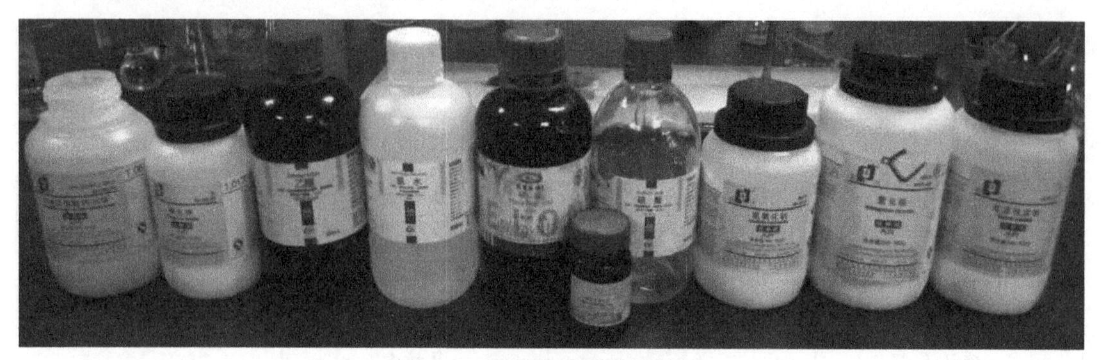

图 1-8-4 挥发酚测定的试剂

溶液制备具体任务：(1)配制 1+9 磷酸溶液；(2)配制 1+4 硫酸溶液；(3)配制 100 g/L 氢氧化钠溶液；(4)配制 pH=10.7 缓冲溶液；(5)配制 4-氨基安替比林溶液；(6)配制 80 g/L 铁氰化钾溶液；(7)配制 $c(1/6KBrO_3)=0.1$ mol/L 溴酸钾-溴化钾溶液；(8)配制 $c(Na_2S_2O_3)\approx 0.0125$ mol/L 硫代硫酸钠溶液；(9)配制 $\rho=0.01$ g/mL 淀粉溶液；(10)制备无酚水；(11)精制苯酚；(12) 配制 1.00 g/L 酚标准贮备液、10.00 mg/L 酚标准中间液、1.00 mg/L 酚标准使用液；(13)配制 0.5 g/L 甲基橙指示液；(14)制备淀粉-碘化钾试纸；(15)制备乙酸铅试纸。

注意事项

(1)无酚水应贮于玻璃瓶中，取用时，应避免与橡胶制品(橡皮塞或乳胶管等)接触。

(2)为避免氨的挥发所引起 pH 值的改变，应注意在低温下保存，且取用后立即加塞盖严，并根据使用情况适量配制。

挥发酚测定溶液制备方法

(1)硫酸亚铁($FeSO_4\cdot 7H_2O$)。

(2)碘化钾(KI)。

(3)硫酸铜($CuSO_4\cdot 5H_2O$)。

(4)乙醚($C_4H_{10}O$)。

(5)三氯甲烷($CHCl_3$)。

(6)氨水：$\rho(NH_3\cdot H_2O)=0.90$ g/mL。

(7)盐酸：$\rho(HCl)=1.19$ g/mL。

(8)配制 1+9 磷酸溶液。

(9)配制 1+4 硫酸溶液。

(10)配制 $\rho(NaOH)=100$ g/L 氢氧化钠溶液。

称取氢氧化钠 10 g 溶于水，稀释至 100 mL。

(11)配制 pH=10.7 缓冲溶液。

称取 20 g 氯化铵(NH_4Cl)溶于 100 mL 氨水中，密塞，置于冰箱中保存。

(12)配制 4–氨基安替比林溶液。

称取 2 g 4–氨基安替比林溶于水中，溶解后移入 100 mL 容量瓶中，用水稀释至标线，提纯，收集滤液后置冰箱中冷藏，可保存 7 d。

(13)配制 ρ ($K_3[Fe(CN)_6]$)=80 g/L 铁氰化钾溶液。

称取 8 g 铁氰化钾溶于水，溶解后移入 100 mL 容量瓶中，用水稀释至标线。置冰箱内冷藏，可保存一周。

(14)配制 $c(1/6KBrO_3)$=0.1 mol/L 溴酸钾–溴化钾溶液。

称取 2.784 g 溴酸钾溶于水，加入 10 g 溴化钾，溶解后移入 1000 mL 容量瓶中，用水稀释至标线。

(15)配制 $c(Na_2S_2O_3)$≈0.0125 mol/L 硫代硫酸钠溶液。

称取 3.1 g 硫代硫酸钠，溶于煮沸放冷的水中，加入 0.2 g 碳酸钠，溶解后移入 1000 mL 容量瓶中，用水稀释至标线。临用前按照 GB 7489–1987 标定。

(16)配制 ρ=0.01 g/mL 淀粉溶液。

称取 1 g 可溶性淀粉，用少量水调成糊状，加沸水至 100 mL，冷却后，移入试剂瓶中，置冰箱内冷藏保存。

(17)制备无酚水。

无酚水可按照①或②进行制备。

①于每升水中加入 0.2 g 经 200 ℃活化 30 min 的活性炭粉末，充分振摇后，放置过夜，用双层中速滤纸过滤。

②加氢氧化钠使水呈强碱性，并加入高锰酸钾至溶液呈紫红色，移入全玻璃蒸馏器中加热蒸馏，集取馏出液备用。

(18)精制苯酚。

取苯酚(C_6H_5OH)于具有空气冷凝管的蒸馏瓶中，加热蒸馏，收集 182~184 ℃的馏出部分，馏分冷却后应为无色晶体，贮于棕色瓶中，于冷暗处密闭保存。

(19)配制 $\rho(C_6H_5OH)$≈1.00 g/L 酚标准贮备液。

称取 1.00 g 精制苯酚，溶解于无酚水中，移入 1000 mL 容量瓶中，用无酚水稀释至标线。标定。置冰箱内冷藏，可稳定保存一个月。

(20)配制 $\rho(C_6H_5OH)$=10.00 mg/L 酚标准中间液。

取适量酚标准贮备液用无酚水稀释至 100 mL 容量瓶中,使用时当天配制。

(21)配制 $\rho(C_6H_5OH)$=1.00 mg/L 酚标准使用液。

量取 10.00 mL 酚标准中间液于 100 mL 容量瓶中,用无酚水稀释至标线,配制后 2 h 内使用。

(22)配制 ρ(甲基橙) =0.5 g/L 甲基橙指示液。

称取 0.1 g 甲基橙溶于水,溶解后移入 200 mL 容量瓶中,用水稀释至标线。

(23)制备淀粉-碘化钾试纸。

称取 1.5 g 可溶性淀粉,用少量水搅成糊状,加入 200 mL 沸水,混匀,放冷,加 0.5 g 碘化钾和 0.5 g 碳酸钠,用水稀释至 250 mL,将滤纸条浸渍后,取出晾干,盛于棕色瓶中,密塞保存。

(24)制备乙酸铅试纸。

称取乙酸铅 5 g,溶于水中,并稀释至 100 mL。将滤纸条浸入上述溶液中,1 h 后取出晾干,盛于广口瓶中,密塞保存。

(25)pH 值范围为 1~14 的试纸。

活动 4 采集挥发酚测定的水样

(1)取学校喷水池的水样:同项目一任务一。

(2)取自来水水样:同项目一任务一。

(3)将水样采集记录填写在表 1-8-3 中。

表 1-8-3 水样的采集与保存记录

序号	测定项目	采样时间	采样点	颜色	嗅味	采样容器	保存剂及用量	保存期	采样量	备注

采样人员:____________ 记录人员:____________

注意事项

(1)样品采集。

样品采集按照 HJ/T 91—2002 的相关规定执行。

在样品采集现场,用淀粉-碘化钾试纸检测样品中有无游离氯等氧化剂的存在。若试纸变蓝,应及时加入过量硫酸亚铁去除。

样品采集量应大于500 mL,贮于硬质玻璃瓶中。

采集后的样品应及时加磷酸酸化至pH值约4.0,并加适量硫酸铜,使样品中硫酸铜质量浓度约为1 g/L,以抑制微生物对酚类的生物氧化作用。

(2)样品保存。

采集后的样品应在4 ℃下冷藏,于24 h内进行测定。

活动5 水中挥发酚的测定

1.实验原理

(1)萃取分光光度法。

用蒸馏法使挥发性酚类化合物蒸馏出,并与干扰物质和固定剂分离。由于酚类化合物的挥发速度是随馏出液体积而变化的,因此,馏出液体积必须与试样体积相等。

被蒸馏出的酚类化合物,于pH值为10.0±0.2介质中,在铁氰化钾存在下,与4-氨基安替比林反应生成橙红色的安替比林染料,用三氯甲烷萃取后,在460 nm波长下测定吸光度。

(2)直接分光光度法。

用蒸馏法使挥发性酚类化合物蒸馏出,并与干扰物质和固定剂分离。由于酚类化合物的挥发速度是随馏出液体积而变化的,因此,馏出液体积必须与试样体积相等。

被蒸馏出的酚类化合物,于pH值为10.0±0.2介质中,在铁氰化钾存在下,与4-氨基安替比林反应生成橙红色的安替比林染料。显色后,在30 min内,于510 nm波长测定吸光度。

(3)适用范围。

HJ 503-2009标准规定了测定地表水、地下水、饮用水、工业废水和生活污水中挥发酚的4-氨基安替比林分光光度法。地表水、地下水和饮用水宜用萃取分光光度法测定,检测限为0.0003 mg/L,测定下限为0.001 mg/L,测定上限为0.04 mg/L。工业废水和生活污水宜用直接分光光度法测定,检测限为0.01mg/L,测定下限为0.04 mg/L,测定上限为2.50 mg/L。对于质量浓度高于标准测定上限的样品,可适当稀释后进行测定。

2.操作步骤

(1)萃取分光光度法。

①预蒸馏。

取250 mL样品移入500 mL全玻璃蒸馏器中,加25 mL无酚水,加数粒玻璃珠以防暴沸,再加数滴甲基橙指示液,若试样未显橙红色,则需继续补加磷酸溶液。

连接冷凝器,加热蒸馏,收集馏出液至250 mL容量瓶中。

蒸馏过程中,若发现甲基橙红色褪去,应在蒸馏结束后,放冷,再加1滴甲基橙指示液。若发现蒸馏后残液不呈酸性,则应重新取样,增加磷酸溶液加入量,进行蒸馏。如图1-8-5所示。

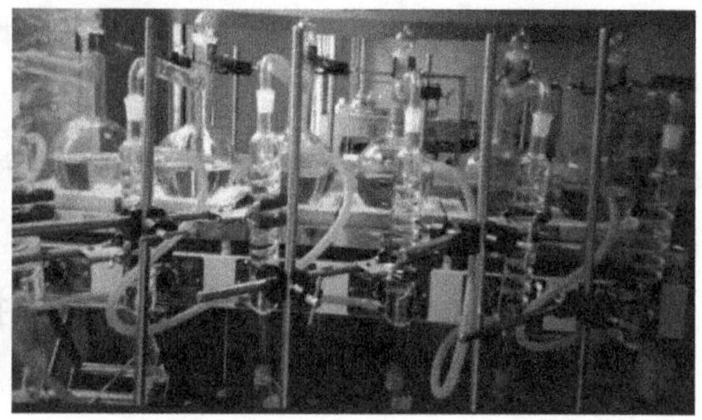

图 1-8-5 挥发酚测定的预蒸馏装置

②显色。

将预蒸馏馏出液250 mL移入分液漏斗中,加2.0 mL缓冲溶液,混匀,pH值为10.0±0.2,加1.5 mL 4-氨基安替比林溶液,混匀,再加1.5 mL铁氰化钾溶液,充分混匀后,密塞,放置10 min。

③萃取。

在上述步骤中的分液漏斗中准确加入10.0 mL三氯甲烷,密塞,剧烈振摇2 min,倒置放气,静置分层。用干脱脂棉或滤纸拭干分液漏斗颈管内壁,于颈管内塞一小团干脱脂棉或滤纸,将三氯甲烷层通过干脱脂棉团或滤纸,弃去最初滤出的数滴萃取液后,将余下三氯甲烷直接放入光程为30 mm的比色皿中。

④吸光度测定。

于460 nm波长,以三氯甲烷为参比,测定三氯甲烷层的吸光度值。

⑤空白试验。

用无酚水代替试样,按照上述①~④步骤测定其吸光度值。空白应与试样同时测定。

⑥标准曲线的绘制。

标准系列的制备:于一组8个分液漏斗中,分别加入100 mL无酚水,依次加入0.00 mL,0.25 mL,0.50 mL,1.00 mL,3.00 mL,5.00 mL,7.00 mL和10.00 mL酚标准使用液,再分别加无酚水至250 mL。按照上述②~④步骤进行测定。

标准曲线的绘制:由标准系列测得的吸光度值减去零浓度管的吸光度值,绘制吸光度值对酚含量(μg/L)的曲线,标准曲线回归方程相关系数应达到0.999以上。

(2)直接分光光度法。

①预蒸馏:同萃取分光光度法。

②显色。

分取预蒸馏馏出液 50 mL 加入 50 mL 比色管中，加 0.5 mL 缓冲溶液，混匀，此时 pH 值为 10.0±0.2，加 1.0 mL 4−氨基安替比林溶液，混匀，再加 1.0 mL 铁氰化钾溶液，充分混匀后，密塞，放置 10 min。

③吸光度测定。

于 510 nm 波长，用光程为 20 mm 的比色皿，以无酚水为参比，于 30 min 内测定溶液的吸光度值。

④空白试验。

用无酚水代替试样，按照上述直接分光光度法①~③步骤测定其吸光度值。空白应与试样同时测定。

⑤标准曲线的绘制。

标准系列的制备：于一组 8 支 50 mL 比色管中，分别加入 0.00 mL，0.50 mL，1.00 mL，3.00 mL，5.00 mL，7.00 mL，10.00 和 12.50 mL 酚标准中间液，加无酚水至标线。按照上述直接分光光度法②~③步骤进行测定。

标准曲线的绘制：由标准系列测得的吸光度值减去零浓度管的吸光度值，绘制吸光度值对酚含量(mg/L)的曲线，标准曲线回归方程相关系数应达到 0.999 以上。

3.结果的表述

(1)萃取分光光度法。

试样中挥发酚的质量浓度(以苯酚计)，按下式计算：

$$\rho=\frac{A_s-A_b-a}{bV}$$

式中：ρ——试样中挥发酚的质量浓度，mg/L；

A_s——试样的吸光度值；

A_b——空白试验的吸光度值；

a——标准曲线的截距值；

b——标准曲线的斜率；

V——试样的体积，mL。

当计算结果小于 0.1 mg/L 时，保留到小数点后四位；大于等于 0.1 mg/L 时，保留三位有效数字。

(2)直接分光光度法。

试样中挥发酚的质量浓度(以苯酚计),按下式计算:

$$\rho=\frac{A_s-A_b-a}{bV}\times1000$$

式中:ρ——试样中挥发酚的质量浓度,mg/L;

A_s——试样的吸光度值;

A_b——空白试验的吸光度值;

a——标准曲线的截距值;

b——标准曲线的斜率;

V——试样的体积,mL。

当计算结果小于 1 mg/L 时,保留到小数点后 3 位;大于等于 1 mg/L 时,保留三位有效数字。

注意事项

(1)预蒸馏时使用的蒸馏设备不宜与测定工业废水或生活污水的蒸馏设备混用。每次试验前后,应清洗整个蒸馏设备。

(2)预蒸馏时不得用橡胶塞、橡胶管连接蒸馏瓶及冷凝器,以防止对测定产生干扰。

(3)干扰及消除:氧化剂、油类、硫化物、有机或无机还原性物质和苯胺类干扰酚的测定。

①氧化剂(如游离氯)的消除。

样品滴于淀粉-碘化钾试纸上出现蓝色,说明存在氧化剂,可加入过量的硫酸亚铁去除。

②硫化物的消除。

当样品中有黑色沉淀时,可取一滴样品放在乙酸铅试纸上,若试纸变黑色,说明有硫化物存在。此时样品继续加磷酸酸化,置通风橱内进行搅拌曝气,直至生成的硫化氢完全逸出。

③甲醛、亚硫酸盐等有机或无机还原性物质的消除。

可分取适量样品于分液漏斗中,加硫酸溶液使之呈酸性,分次加入 50 mL、30 mL、30 mL 乙醚以萃取酚,合并乙醚层于另一分液漏斗,分次加入 4 mL、3 mL、3 mL 氢氧化钠溶液进行反萃取,使酚类转入氢氧化钠溶液中。合并碱萃取液,移入烧杯中,置水浴上加热,以除去残余乙醚,然后用无酚水将碱萃取液稀释到原分取样品的体积。

同时应以无酚水做空白试验。

④油类的消除。

样品静置分离出浮油后,按照上述③操作步骤进行。

⑤苯胺类的消除。

苯胺类可与4-氨基安替比林发生显色反应而干扰酚的测定,一般在酸性(pH<0.5)条件下,可以通过预蒸馏分离。

4.酚贮备液的标定

吸取10.0 mL酚贮备液于250 mL碘量瓶中,加无酚水稀释至100 mL,加10.0 mL 0.1 mol/L溴酸钾-溴化钾溶液,立即加入5 mL浓盐酸,密塞,徐徐摇匀,于暗处放置15 min,加入1 g碘化钾,密塞,摇匀,放置暗处5 min,用硫代硫酸钠溶液滴定至淡黄色,加入1 mL淀粉溶液,继续滴定至蓝色刚好褪去,记录用量。

同时以无酚水代替酚贮备液做空白试验,记录硫代硫酸钠溶液用量。

酚贮备液质量浓度按下式计算:

$$\rho=\frac{(V_1-V_2)\times c\times 15.68}{V}\times 1000$$

式中:ρ——酚贮备液质量浓度,mg/L;

V_1——空白试验中硫代硫酸钠溶液的用量,mL;

V_2——滴定酚贮备液时硫代硫酸钠溶液的用量,mL;

c——硫代硫酸钠溶液浓度,mol/L;

V——试样体积,mL;

15.68——苯酚(1/6 C_6H_5OH)摩尔质量,g/mol。

活动6 水中挥发酚的测定数据记录与处理

将测定数据及处理结果记录于表1-8-4中。

表1-8-4 挥发酚的测定原始记录

样品名称		测定项目		测定方法	
测定时间		环境温度		合作人	
一、标准曲线的绘制					
酚标准贮备液浓度,g/L					
酚标准使用液浓度,mg/ L					

续表

<table>
<tr><td>序号</td><td>1</td><td>2</td><td>3</td><td>4</td><td>5</td><td>6</td><td>7</td><td>8</td></tr>
<tr><td>分取磷标准使用液的体积,mL</td><td>0.00</td><td>0.25</td><td>0.50</td><td>1.00</td><td>3.00</td><td>5.00</td><td>7.00</td><td>10.00</td></tr>
<tr><td>标准溶液的含磷量,mg</td><td></td><td></td><td></td><td></td><td></td><td></td><td></td><td></td></tr>
<tr><td>吸光度 A</td><td></td><td></td><td></td><td></td><td></td><td></td><td></td><td></td></tr>
<tr><td>校正后吸光度 A</td><td></td><td></td><td></td><td></td><td></td><td></td><td></td><td></td></tr>
<tr><td>标准曲线的截距 a</td><td colspan="8"></td></tr>
<tr><td>标准曲线的斜率 b</td><td colspan="8"></td></tr>
<tr><td colspan="9">二、水样挥发酚的测定</td></tr>
<tr><td>测定次数</td><td colspan="2">1</td><td colspan="2">2</td><td colspan="2">3</td><td colspan="2">空白 A</td></tr>
<tr><td>水样的体积 V,mL</td><td colspan="2"></td><td colspan="2"></td><td colspan="2"></td><td colspan="2"></td></tr>
<tr><td>吸光度 A</td><td colspan="2"></td><td colspan="2"></td><td colspan="2"></td><td colspan="2"></td></tr>
<tr><td>校正后吸光度 A</td><td colspan="2"></td><td colspan="2"></td><td colspan="2"></td><td colspan="2"></td></tr>
<tr><td>水样中挥发酚含量计算公式</td><td colspan="8"></td></tr>
<tr><td>挥发酚含量 ρ,mg/L</td><td colspan="2"></td><td colspan="2"></td><td colspan="2"></td><td colspan="2"></td></tr>
<tr><td>平均含量,mg/L</td><td colspan="8"></td></tr>
<tr><td>相对极差,%</td><td colspan="8"></td></tr>
</table>

活动 7　撰写分析报告

将测定结果填写入表 1-8-5 中。

表 1-8-5　挥发酚测定检验报告内页

<table>
<tr><td>采样地点</td><td colspan="2"></td><td>样品编号</td><td></td></tr>
<tr><td>执行标准</td><td colspan="4"></td></tr>
<tr><td>检测项目</td><td>检测结果</td><td>限值</td><td>本项结论</td><td>备注</td></tr>
<tr><td></td><td></td><td></td><td></td><td></td></tr>
<tr><td colspan="5">以下空白</td></tr>
</table>

检验员(签字):______________　工号:______________　日期:______________

任务评价

表 1-8-6 任务评价表

考核内容	序号	考核标准	分值	小组评价	教师评价
解读国家标准(10 分)	1	标准查找正确	2 分		
	2	仪器的确认(种类、规格、精度)正确	2 分		
	3	试剂的确认(种类、纯度、数量)正确	2 分		
	4	解读标准的原始记录填写无误	4 分		
仪器准备(5 分)	5	仪器选择正确(规格、型号)	2 分		
	6	仪器领用正确(规格、型号)	1 分		
	7	仪器领用记录的填写正确	2 分		
溶液准备(10 分)	8	试剂领用正确(种类、纯度、数量)	2 分		
	9	试剂领用记录的填写正确	3 分		
	10	正确配制所需溶液	5 分		
水样采集保存(5 分)	11	采样方法、采样容器、采样量等正确	3 分		
	12	水样的保存方法、保存剂及用量等适当	2 分		
测定操作(30 分)	13	样品预蒸馏操作正确	5 分		
	14	样品显色正确	5 分		
	15	正确使用分光光度计	5 分		
	16	正确绘制标准曲线	10 分		
	17	空白试样操作正确	5 分		
测后工作及团队协作(10 分)	18	仪器清洗、归位正确	2 分		
	19	药品、仪器摆放整齐	2 分		
	20	实验台面整洁	1 分		
	21	分工明确,各尽其职	5 分		
数据记录、处理及测定结果(25 分)	22	及时记录数据、记录规范,无随意涂改	3 分		
	23	正确填写原始记录表	2 分		
	24	计算正确	5 分		
	25	测定结果与标准值比较≤±1.0%	10 分		
	26	相对极差≤1.0%	5 分		
撰写分析报告(5 分)	27	检验报告内容正确	2 分		
	28	正确撰写检验报告	3 分		
考核结果					

拓展提高

水中有机污染物的监测技术——有机污染物检测

衡量水体有机污染的程度,除了常用的有机物污染综合指标,一些毒害作用较大的有机污染物常采用各种物质的专用指标衡量,如挥发酚、矿物油、阴离子洗涤剂等。

一、挥发酚(详见本任务 水中挥发酚的测定 相关知识 挥发酚测定基础知识)

二、矿物油

矿物油的主要污染源有工业废水和生活污水,工业废水的石油类(各种烃的混合物)污染物主要来自于原油开采、加工运输、使用及炼油企业等。矿物油中含有毒性大的芳烃类,此外,矿物油漂浮于水体表面,直接影响空气与水体界面之间的氧交换;分散于水体中的油常被微生物氧化分解而消耗水中的溶解氧,使水质恶化。测定矿物油的方法有称量法、非色散红外法、紫外分光光度法等。

(一)称量法

取一定量水样,加硫酸酸化,用石油醚萃取矿物油,然后蒸发除去石油醚,称量残渣重,计算出矿物油的含量。该方法不受油品种的限制,是最常用的方法,适用于含 10 mg/L 以上矿物油的水样。

(二)非色散红外法

石油类物质的某些官能团在近红外区(3.4 μm)有特征吸收,如甲基($-CH_3$)、亚甲基($-CH_2-$)等,测定其吸光度就可计算出水中矿物油的含量。标准油采用受污染地点水中石油醚萃取物,根据原油组分特点,也可采用混合石油烃作为标准油,其组成为:十六烷:异辛烷:苯=65:25:10(体积比)。测定时首先用硫酸将水样酸化,然后加氯化钠破乳化,再用三氯三氟乙烷萃取,萃取液经过无水硫酸钠过滤、定容,注入红外分析仪测其含量。该方法适用于0.1~200 mg/L 的含油水样。

(三)紫外分光光度法

这是利用石油及其产品在紫外光区有特征吸收的原理来测定矿物油的一种方法。带有苯环的芳香族化合物的主要吸收波长为 250~260 nm;带有共轭双键的化合物主要吸收波长为215~230 nm;一般原油的两个吸收峰波长为 225 nm 和 254 nm,原油和重质油可选 254 nm,轻质油及炼油厂的油品可选择 225 nm。测定时水样先用硫酸酸化,加氯化钠破乳化,然后用石油醚萃取,用紫外分光光度法定量。该方法适用于 0.05~50 mg/L 含矿物油水样。

三、阴离子洗涤剂

阴离子洗涤剂主要是指直链烷基苯磺酸钠和烷基磺酸钠类物质，水体中阴离子洗涤剂主要来自生产性污染和使用性污染废水。洗涤剂会在水体中产生气泡、乳化和微粒悬浮,隔绝氧气的交换。

目前常用的测定水中阴离子洗涤剂的方法是亚甲蓝分光光度法,其原理是:阳离子染料亚甲蓝与阴离子表面活性剂作用,生成蓝色的盐类,统称亚甲蓝活性物质,再经三氯甲烷、二氯乙烷或苯等有机溶剂萃取,有机相色度与其浓度成正比,用分光光度计在波长 652 nm 处测其吸光度,可求出水中阴离子洗涤剂的浓度。如插图 13 所示。该方法适用于测定饮用水、地表水、生活污水及工业废水中直链烷基苯磺酸钠、烷基磺酸钠和脂肪醇硫酸钠，但也可能由于含有能与亚甲蓝起显色反应并被萃取的物质而产生一定的干扰。当采用 10 mm 比色皿,样品为 100 mL 时,该方法的检出浓度范围为 0.05~2.0 mg/L(直链烷基苯磺酸钠)。

课后自测

(1)什么是挥发酚？可用哪几种方法来测定它的含量？

(2)挥发酚的显色反应为什么要在 pH=10.0 的缓冲溶液中进行？

(3)4-氨基安替比林比色法测定挥发酚的原理是什么？有何干扰元素,应如何消除？

(4)要配制标准酚的工作溶液 500 mL,使每毫升含酚量为 0.010 mg,你应如何配制？

参考资料

HJ 503-2009《水质 挥发酚的测定 4-氨基安替比林分光光度法》

项目二 大气和废气监测技术

项目导入

空气是人类和动植物生存不可缺少的物质条件，一般成人每人每天呼吸十立方米的空气。人在一段时间内可以不吃不喝，但离开空气几分钟就会死亡，可见空气对维持生命是十分必要的。同时，清洁新鲜的空气，才是健康的重要保证。

大气的正常组分是氮占 78.09%、氧占 20.94%，氩占 0.93%，这三种气体就占大气总量的 99.96%，而其他气体总和不到 1/1000。但是，随着工业及交通运输业的不断发展，大量的有害物质逸散到空气中，使空气增加了多种新的成分。当其达到一定浓度并持续一定时间时，改变了空气正常组成，破坏了物理、化学和生态的平衡体系，影响工农业生产，对人体、动植物以及物品、材料等产生不利影响和危害。

为了控制和改善大气质量，创造清洁适宜的环境，防止生态破坏，保护人民健康，促进国民经济发展，国家制定了《环境空气质量标准》(GB 3095-2012)。标准根据各地区的地理、气候、生态、政治、经济和大气污染程度等情况，确定了环境空气功能区分类，分为两类。

一类区 为自然保护区、风景名胜区和其他需要特殊保护的区域。

二类区 为居住区、商业交通居民混合区、文化区、工业区和农村地区。

为准确、及时地反映空气环境的质量状况，贯彻执行国家颁布的《环境空气质量标准》，使大气环境保持优良的质量，监测工作必不可少。环境监测是环境保护的眼睛，它可以侦察空气污染物的来源、分布、数量、动向、转化和消长规律等，为消除危害，保护和改善空气质量和促进生产建设，发展科学技术和保障人民健康提供可靠的科学资料。

大气监测的项目主要包括气态污染物、颗粒状污染物和室内空气污染物等三个方面。气态污染物包括：无机污染物（氮氧化物、二氧化硫、臭氧、一氧化碳、硫酸雾）、有机污染物（烃、苯系物、多环芳烃、甲醛）等。颗粒状污染物主要包括：总悬浮颗粒物、可吸入颗粒物、降尘等。室内空气污染物主要包括：甲醛、苯、挥发性有机物、氨、氡等。

本项目共包含四个工作任务。

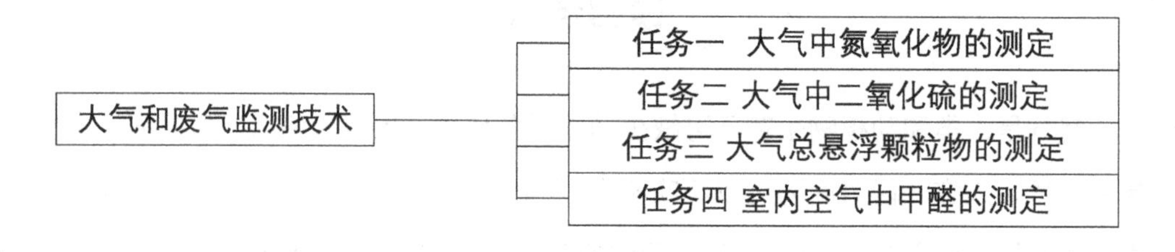

任务一 大气中氮氧化物的测定

任务引入

氮的氧化物种类很多，但在大气中有害的只有一氧化氮和二氧化氮，一氧化氮和二氧化氮的毒性很大，能刺激呼吸系统，还能与血红蛋白反应而引起中毒或导致死亡。氮氧化物还是光化学烟雾的引发剂之一。国家标准 HJ 479-2009《环境空气 氮氧化物(一氧化氮和二氧化氮)的测定 盐酸萘乙二胺分光光度法》中规定了大气中氮氧化物的测定方法。

HJ

中华人民共和国国家环境保护标准

HJ 479—2009

代替 GB/T 15436-1995 和 GB 8969-88

环境空气 氮氧化物（一氧化氮和二氧化氮）的测定 盐酸萘乙二胺分光光度法

Ambient air—Determination of nitrogen oxides

-N-(1-naphthyl)ethylene diamine dihydrochloride

spectrophotometric method

（发布稿）

本电子版为发布稿。请以中国环境科学出版社出版的正式标准文本为准。

2009-09-27 发布 2009-11-01 实施

环 境 保 护 部 发布

图 2-1-1 相关标准首页

任务目标

(1)会查阅有关标准,并能根据国家标准确认所需仪器和试剂。

(2)能根据国家标准规范配制环境空气中氮氧化物测定的标准溶液。

(3)了解空气中氮氧化物的来源及危害,初步学会环境空气样品的采集方法。

(4)掌握盐酸萘乙二胺分光光度法测定环境空气中氮氧化物的测定原理。

(5)通过空气中氮氧化物的测定实验与职业技能实训加深理解,学会监测操作的全过程。

(6)了解大气污染基本知识,如大气圈结构及大气组成、大气污染的形成及污染源,理解大气污染物监测的名词术语。

(7)理解并掌握大气样品的采集方法如直接采样法、富集采样法等;掌握基本大气采样仪器的结构与使用方法,会填写大气监测涉及的有关采样记录表。

任务分析

1.明确任务流程

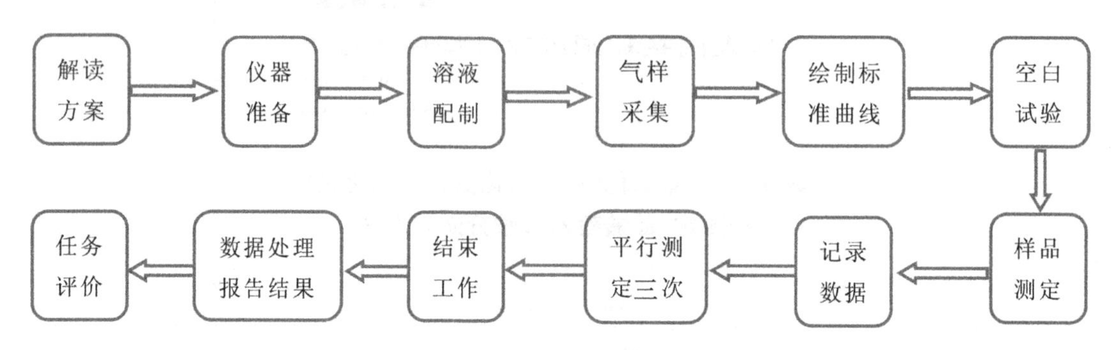

图 2-1-2 任务流程

2.任务难点分析

(1)氮氧化物测定溶液配制。

(2)样品的采集。

(3)标准曲线的绘制。

(4)氮氧化物测定操作。

3.任务前准备

(1)HJ 479−2009《环境空气 氮氧化物(一氧化氮和二氧化氮)的测定 盐酸萘乙二胺分光光度法》。

(2)大气中氮氧化物的测定视频资料。

(3)大气中氮氧化物的测定所需的仪器和试剂。

①仪器:10 mL 具塞比色管、分光光度计、空气采样器、吸收瓶、氧化瓶等。

②试剂:冰乙酸、浓硫酸、盐酸羟胺溶液、酸性高锰酸钾溶液、N−(1−萘基)乙二胺盐酸盐贮备液、氨基苯磺酸、亚硝酸盐等。

相关知识

一、氮氧化物测定基础知识

氮的氧化物种类很多,但在大气中有害的只有一氧化氮和二氧化氮,以 NO_x 代表。大气中此两种成分,称为总氮氧化物。

在一般条件下空气中的氮和氧并不能直接化合为氮的氧化物,只有温度高于 1200 ℃时氮才能与空气中的氧结合生成一氧化氮,温度越高生成的一氧化氮越多。因此,凡属高温燃烧场所均为一氧化氮的发生源。另外,氨氧化法制硝酸、炸药及其他硝化工业、汽车尾气中都含有氮的氧化物。一般认为,空气中的氮氧化物主要来源于石化燃料高温燃烧、化肥等生产排放的废气,以及汽车尾气。

一氧化氮和二氧化氮的毒性很大。一氧化氮为无色无味气体,它能刺激呼吸系统,还能与血红蛋白结合形成亚硝基血红蛋白而引起中毒。二氧化氮是棕色有特殊刺激气味的气体,它能严重刺激呼吸系统,使血红蛋白硝化,浓度高时可导致死亡。NO_x 更严重的危害在于它是光化学烟雾的引发剂之一。因此,许多国家对大气中氮氧化物的排放均有严格的规定。我国卫生标准规定居民区大气中 NO_x(以 NO_2 计)一次最大浓度不得超过 0.15 mg/m^3,即相当于 0.075 mg/kg。

大气中 NO、NO_2 可分别测定,也可测定它们的总量。常见测定方法有盐酸萘乙二胺分光光度法、化学发光法。国家标准中规定,用分光光度法测定空气中的氮氧化物。

(一)盐酸萘乙二胺分光光度法

空气中的氮氧化物(NO_x)经氧化管后,在采样吸收过程中生成亚硝酸,再与对氨基苯磺酰胺进行重氮化反应,然后与盐酸萘乙二胺偶合生成粉红色偶氮化合物,再比色定量分析。

(二)化学发光法

根据一氧化氮和臭氧气相发光反应的原理,被测样气连续被抽入化学发光 NO_x 监测仪(又称氧化氮分析器),NO_x 经过 NO_2–NO 转化器后,以一氧化氮的形式进入反应室,再与臭氧反应产生激发态二氧化氮(NO_2^*),当 NO_2^* 回到基态时放出光子($h\nu$)。光子通过滤光片,被光电倍增管接收,并转变为电流,经放大后而被测量。电流大小与一氧化氮浓度成正比。

二、大气样品的采集

(一)采样点的布设

环境空气中污染物的监测是大气污染物监测的常规监测。为了获得高质量的大气污染物数据,必须考虑多种因素,采集有代表性的试样,然后进行分析测试。主要因素有:采样点的选择、采样物理参数的控制、数据处理报告等。

1.采样点布设的原则和要求

采样点的布设要满足一些基本要求。采样点应设在整个监测区域的高、中、低三种不同污染物浓度的地方;在污染源比较集中、主导风向比较明显的情况下,应将污染源的下风向作为主要监测范围,布设较多的采样点,上风向布设少量点作为对照;工业较密集的城区和工矿区,人口密度及污染物超标地区,要适当增设采样点,城市郊区和农村,人口密度小及污染物浓度低的地区,可酌情少设采样点。

采样点的周围应开阔,采样口水平线与周围建筑物高度的夹角应不大于30°;测点周围无局部污染源,并应避开树木及吸附能力较强的建筑物;交通密集区的采样点应设在距人行道边缘至少1.5 m远处;各采样点的设置条件要尽可能一致或标准化,使获得的监测数据具有可比性。

采样高度根据监测目的而定,研究大气污染对人体的危害,应将采样器或测定仪器设置于常人呼吸带高度,即采样口应在离地面1.5~2 m处;研究大气污染对植物或器物的影响,采样口高度应与植物或器物高度相近;连续采样例行监测采样口高度应距地面3~15 m;若置于屋顶采样,采样口应与基础面有1.5 m以上的相对高度,以减小扬尘的影响。特殊地形地区可视实际情况选择采样高度。

2.采样点数目

采样点的数目设置是一个与精度要求和经济投资相关的效益函数,应根据监测范围大小、污染物的空间分布特征、人口分布密度、气象条件、地形、经济条件等因素综合考虑确定。世界卫生组织(WHO)和世界气象组织(WMO)提出按城市人口多少设置城市大气地面自动监测站(点)的数目,如表2-1-1所示。我国按原国家环境保护总局规定,以城市人口数确定大气环境污染例行监测采样点的设置数目,如表2-1-2所示。

表2-1-1 WHO和WMO推荐的城市大气自动监测站(点)数目

市区人口(万人)	飘尘	SO_2	NO_x	氧化剂	CO	风向、风速
≤100	2	2	1	1	1	1
100~400	5	5	2	2	2	2
400~800	8	8	4	3	4	2
>800	10	10	5	4	5	3

表 2-1-2 我国大气环境污染例行监测采样点设置数目

市区人口(万人)	SO_2、NO_x、TSP	灰尘自然沉降量 /[t/(km²·30 d)]	硫酸盐化速率 /[mg/(100 cm²·d)]
<50	3	≥3	≥6
50~100	4	4~8	6~12
100~200	5	8~11	12~18
200~400	6	12~20	18~30
>400	7	20~30	30~40

3.布点方法

(1)功能区布点法。

这种方法多用于区域性常规监测。布点时先将监测的一个城市或一个区域按环境空气质量标准,划分为若干"功能区",如按其功能可分为工业区、居民区、交通稠密区、商业繁华区、文化区、清洁区、对照区等;再按具体污染情况和人力、物力条件,在各功能区设置一定数量的采样点。各功能区的采样点数目的设置不要求平均,通常在污染集中的工业区、人口密集的居民区、交通稠密区应多设采样点,同时在对照区或清洁区设 1~2 个对照点。

(2)网格布点法。

这种布点法是将监测区域地面划分成若干均匀网状方格, 采样点设在两条直线的交点处或方格中心,如图 2-1-3 所示。每个网格为正方形,可从地图上均匀描绘,网格实地面积视所测区域大小、污染源强度、人口分布、监测目的和监测力量而定,一般是 1~9 km² 布一个点。若主导风向明确,下风向设点应多一些,一般约占采样点总数的 60%。网格划分越小检测结果越接近真值,监测效果越好。网格布点法适用于有多个污染源,且污染分布比较均匀的地区。

(3)同心圆布点法。

此种布点法主要用于多个污染源构成的污染群,且污染源较集中的地区。布点时先找出污染群的中心,以此为圆心在地面上画出若干个同心圆,半径视具体情况而定,再从同心圆的圆心画 45°夹角的射线若干,放射线与同心圆圆周的交点作为采样点。不同圆周上的采样点数目不一定相等或均匀分布,常年主导风向的下风向比上风向多设一些点。例如,同心圆半径分别取 4 km、10 km、20 km、40 km,从里向外各圆周上分别设 4 个、8 个、8 个、4 个采样点,如图 2-1-4 所示。

(4)扇形布点法。

此种布点法适用于主导风向明显的地区,或孤立的高架点源。以点源为顶点,主导风向为轴线,在下风向地面上划出一个扇形区域作为布点范围。扇形的角度一般为45°,也可更大些,但不能超过90°。采样点设在扇形平面内距点源不同距离的若干弧线上。每条弧线上设3~4个采样点,相邻两点与顶点连线的夹角一般取10°~20°,如图2-1-5所示。在上风向应设对照点。扇形布点法主要用于大型烟囱排放污染物的取样,烟囱高度越高,污染面越大,采样点就要增多。

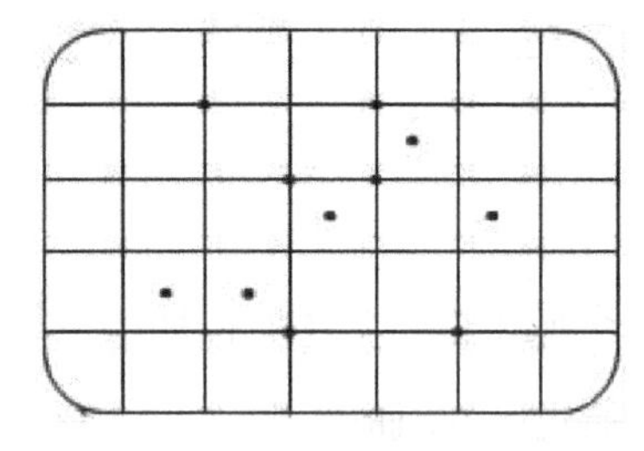

图2-1-3 网格布点法图

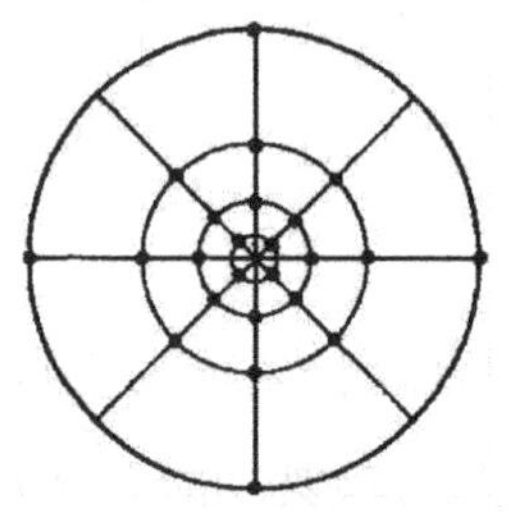

图2-1-4 同心圆布点法

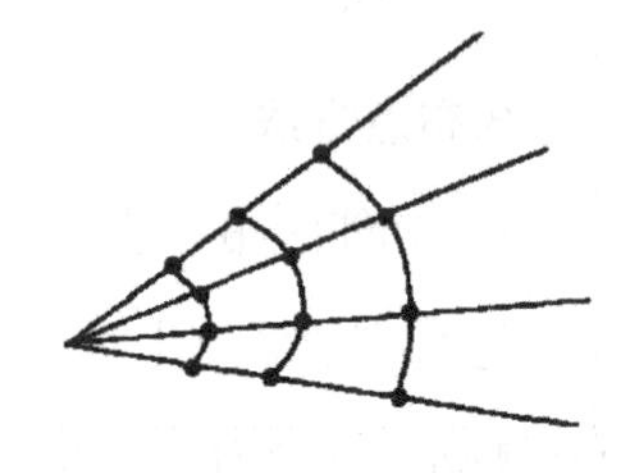

图2-1-5 扇形布点

以上几种采样布点方法,可以单独使用,也可以综合使用,目的就是要有代表性地反映污染物浓度,为大气监测提供可靠的样品。

(二)采样时间和频率

采样时间是指每次采样从开始到结束所经历的时间,也称采样时段。采样频率指在一定时间范围内的采样次数。这两个参数要根据监测目的、污染物分布特征及人力物力等因素决定。

采样时间短,试样缺乏代表性,为增加采样时间,目前采用的方法是使用自动采样仪器,进行连续自动采样。采样频率安排合理、适当,可积累足够多的数据,具有较好的代表性。采样频率越高,监测数据越接近真实情况。例如:在一个季度内,每6 d采样一天,而一天内又间隔相等时间采样测定一次(如在2、8、14、20时采样),求出日平均、月平均、季度平均监测结果。目前我国许多城市建立了空气质量自动监测系统,自动监测仪器24小时自动在线工作,可以比较真实地反映当地的大气质量。

我国监测技术规范对大气污染例行监测规定的采样时间和采样频率如表2-1-3所示。

表2-1-3 采样时间和频率

监测项目	采样时间和频率
二氧化硫	隔日采样,每日连续采(24±0.5) h,每月14~16 d,每年12个月
氮氧化物	隔日采样,每日连续采(24±0.5) h,每月14~16 d,每年12个月
总悬浮颗粒物	隔双日采样,每日连续采(24±0.5) h,每月5~6 d,每年12个月
灰尘自然降尘量	每月(30±2) d,每年12个月
硫酸盐化速度	每月(30±2) d,每年12个月

要求测定日平均浓度和最大一次浓度。若采用人工采样测定，应在采样点受污染最严重的时期采样测定；最高日平均浓度全年至少监测 20 d；最大一次浓度样品不得少于 25 个；每日监测次数不少于 3 次。

(三)采样方法

气态污染物种类很多，要对这些污染物质进行测定，首先必须进行大气样品的采集。根据大气污染物的存在状态、浓度、物理化学性质以及监测方法的不同，要求选用不同的采样方法和仪器。一般分为直接采样法和富集(浓缩)采样法两大类。

1.直接采样法

直接采样法适用于大气中被测组分浓度较高或者所用监测方法十分灵敏的情况，此时直接采取少量气体就可以满足分析测定要求。如用氢火焰离子化检测器测定空气中的苯系物；用紫外荧光法测定空气中的二氧化硫；库仑法二氧化硫分析器以 250 mL/min 的流量连续抽取空气样品，能直接测定 0.025 mg/m^3 的二氧化硫浓度的变化。直接采样法测得的结果反映了大气污染物在采样瞬时或者短时间内的平均浓度。这种方法能比较快地测得结果，成本低而且很方便。直接采样法常用的取样容器有玻璃注射器、塑料袋、球胆、采气管和真空瓶等。

(1)玻璃注射器采样。

用大型玻璃注射器(如 100 mL 注射器，如图 2-1-6 所示)直接抽取一定体积的现场气样，用来采集有机蒸气样品。采样时先用现场空气抽洗 3~5 次，然后抽样，密封进气口，将注射器进气口朝下，垂直放置，使注射器内压强略大于大气压，送回实验室分析。注意：取样前必须用现场气体冲洗注射器 3~5 次，样品需当天分析完毕。

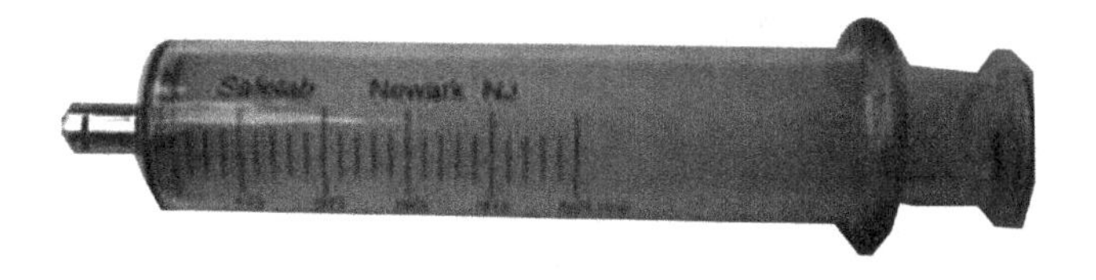

图 2-1-6 玻璃注射器

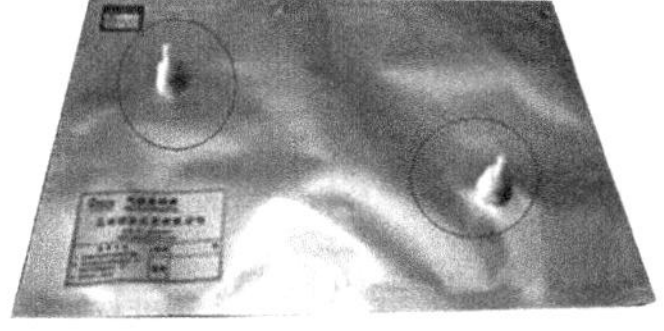

图 2-1-7 塑料袋

(2)塑料袋采样。

用塑料袋(如图 2-1-7 所示)直接取现场气样，取样量以塑料袋略呈正压为宜。注意：应选择与采集气体中的污染物不起化学反应、不吸附、不渗漏的塑料袋；取样前应先用二联球打进现场空气冲洗塑料袋 2~3 次，再充样气，密封进气口，带回实验室分析。

(3)球胆采样。

要求所采集的气体与橡胶不起反应,不吸附。球胆用前先试漏,取样时同样先用现场气体冲洗球胆2~3次后方可采样并封口。

(4)采气管采样。

采气管是两端具有旋塞的管式玻璃容器,其容积为100~500 mL,如图2-1-8所示。采样时,打开两端旋塞,将二联球或抽气泵接在管的一端,迅速抽进比采样管容积大6~10倍的欲采气体,使采气管中原有气体被完全置换出来,关上两端旋塞,采气体积即为采气管的容积。

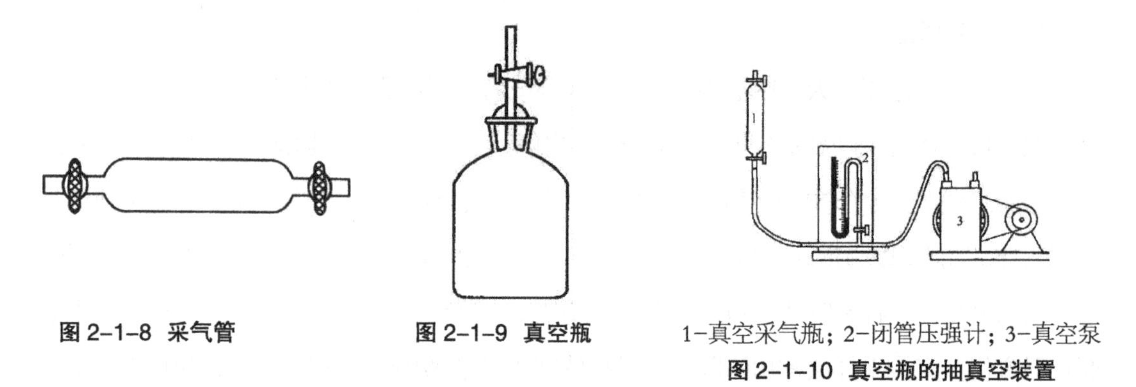

图2-1-8 采气管

图2-1-9 真空瓶

1-真空采气瓶; 2-闭管压强计; 3-真空泵

图2-1-10 真空瓶的抽真空装置

(5)真空瓶采样。

真空瓶是一种用耐压玻璃制成的固定容器,容积为500~1000 mL,如图2-1-9所示。采样时先用抽真空装置(如图2-1-10所示)将瓶内抽成真空并测量剩余压强(1.33 kPa),如瓶中预先装有吸收液,可抽至液泡出现为止,关闭活塞。采样时,携带至现场打开瓶塞,则被测空气在压强差的作用下自动充进瓶中,关闭瓶塞,带回实验室分析。采样体积按下式计算:

$$V=V'\cdot\frac{p-p'}{p}$$

式中:V——采样体积,L;

V'——真空瓶的容积,L;

p——大气压强,kPa;

p'——瓶中剩余压强,kPa。

2.富集(浓缩)采样法

富集(浓缩)采样法适用于大气中污染物的浓度很低(10^{-9}~10^{-6}数量级),直接取样不能满足分析测定要求(分析方法的灵敏度不够高)的情况,此时需要采取一定的手段,将大气中的污染物进行浓缩,使之满足监测方法灵敏度的要求。由于富集(浓缩)采样法采样需时较长,所得到的分析结果反映大气污染物在浓缩采样时间内的平均浓度。这个平均浓度从统计学角度看,更接近真值,而从环保角度看,更能反映环境污染的真实情况。富集(浓缩)采样法可分为溶液吸收法、固体阻留法、低温冷凝浓缩法及自然沉降法,这些方法可根据监测目的和要求进行选择。

(1)溶液吸收法。

该方法是用吸收液采集大气中气态、蒸气态以及某些气溶胶污染物的常用方法。采样时,用抽气装置使待测空气以一定的流量通入装有吸收液的吸收管,待测组分与吸收液发生化学反应或物理作用,使待测污染物溶解于吸收液中。采样结束后,取出吸收液,分析吸收液中被测组分含量。根据采样体积和测定结果计算大气污染物质的浓度。

选择吸收液的原则是:①与被测物质发生化学反应的速度快而且彻底,或者溶解度大;②污染物被吸收后,要有足够的稳定时间,能满足测定的时间需要;③污染物被吸收后最好能直接进行测定;④吸收液毒性小,价格便宜,易于得到且易于回收。

常用的吸收液有水溶液、有机溶剂等。吸收液吸收污染物的原理分为两种:一种是气体分子溶解于溶液中的物理作用,例如用水吸收甲醛;另一种是基于发生化学反应的吸收,例如用碱性溶液吸收酸性气体。伴有化学反应的吸收速度显然大于只有溶解作用的吸收速度。因此,除溶解度非常大的气体外,一般都选用伴有化学反应的吸收液。如用水吸收氯化氢;用5%甲醇吸收有机农药;用10%乙醇吸收硝基苯;用氢氧化钠吸收硫化氢等。

根据吸收原理不同,常用吸收管可分为气泡式吸收管、冲击式吸收管、多孔筛板吸收管(瓶)几种类型。各种吸收管(瓶)结构如图2-1-11所示。

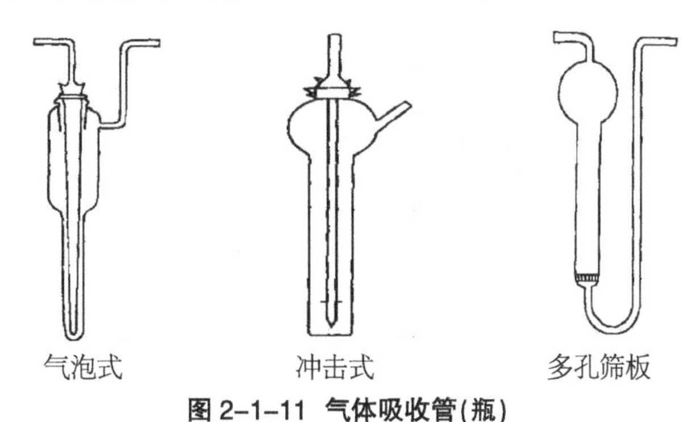

图2-1-11 气体吸收管(瓶)

①气泡式吸收管。

气泡式吸收管主要用于采集气态、蒸气态物质。管内装有5~10 mL吸收液,采样流量为0.5~2.0 L/min。进气管插至吸收管底部,气体在穿过吸收液时,形成气泡,增大了气体与吸收液的界面接触面积，有利于气体中污染物质的吸收。

②冲击式吸收管。

冲击式吸收管适宜采集气溶胶态物质。由于该吸收管的进气管喷嘴孔径小且距瓶底很近，当被采气样快速从喷嘴喷出冲向管底时，气溶胶颗粒因惯性作用冲击到管底被分散，从而易被吸收液吸收。但不适合采集气态和蒸气态物质，因为气体分子的惯性小，在快速抽气情况下，容易随空气一起逃逸。冲击式吸收管的吸收效率是由喷嘴口径的大小和喷嘴距瓶底的距离决定的。

③多孔筛板吸收管(瓶)。

多孔筛板吸收管(瓶)适用于采集气态和蒸气态物质，适用于采集雾态气溶胶物质。气体经过多孔筛板吸收管的多孔筛板后，被分散成很小的气泡(如图 2-1-12 所示)，同时气体的阻留时间延长，大大地增加了气-液接触面积，从而提高了吸收效率。各种多孔筛板的孔径大小不一，要根据阻力要求进行选择。

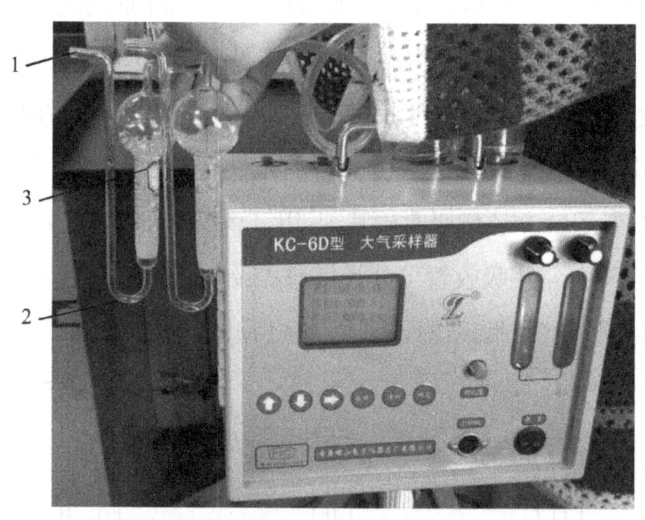

1-气流入口；2-吸收管弯道；3-气流冲击吸收液形成的气泡

图 2-1-12 筛板吸收管气泡形成图

溶液吸收法的吸收效率主要决定于吸收速度，而吸收速度又取决于吸收液对待测物质的溶解速度以及待测物质与吸收液的接触面积和接触时间。因此，提高吸收效率必须根据待测物质的性质和在大气中的存在形式正确地选择吸收溶液和吸收管。

(2)固体阻留法。

固体阻留法包括填充柱阻留法和滤料阻留法两种。

①填充柱阻留法。

填充柱是用一根长6~10 cm、内径3~5 mm的玻璃管或聚丙烯塑料管，内装颗粒状填充剂。采样时，气样以一定流速通过填充柱，被测组分因吸附、溶解或发生化学反应等作用被阻留在填充剂上，达到浓缩气样的目的。采样后，通过解吸或溶剂洗脱，使被测组分从填充剂上释放出来，然后进行分析测定。

根据填充剂阻留作用原理，填充柱可分为吸附型、分配型和反应型三种类型。

吸附型填充柱的填充剂是固体颗粒状吸附剂，如活性炭、硅胶、分子筛、高分子多孔微球等多孔性物质，具有较大的比表面积，吸附性强，对气体、蒸气分子有较强的吸附性。

分配型填充柱的填充剂是表面涂有高沸点有机溶剂（如异十三烷）的惰性多孔颗粒物（如硅藻土），类似气相色谱柱中的固定相，只是有机溶剂用量比气相色谱固定相大。采样时，气样通过填充柱，在有机溶剂中分配系数大的组分保留在填充剂上而被富集。

反应型填充柱的填充剂是由惰性多孔颗粒物（如石英砂、玻璃微球等）或纤维状物（如滤纸、玻璃棉等）表面涂一层能与被测物起化学反应的试剂制成。可以用能与被测物起化学反应的纯金属细丝或细粒（如Al、Au、Ag、Cu、Zn等）、丝毛或细粒做填充剂。反应型填充柱采样量大、采样速度快、富集物稳定，对气态、蒸气态和气溶胶态物质都有较高的富集效率。

②滤料阻留法。

这种方法主要用于大气中的气溶胶、降尘、可吸入颗粒物、烟尘等的测定。这种方法是将过滤材料（滤纸或滤膜）夹在采样夹上，如图2-1-13所示，采样时，用抽气装置抽气，气体中的颗粒物质被阻留在过滤材料上。根据过滤材料采样前后的质量和采样体积，即可计算出空气中颗粒物的浓度。如图2-1-14和图2-1-15所示。

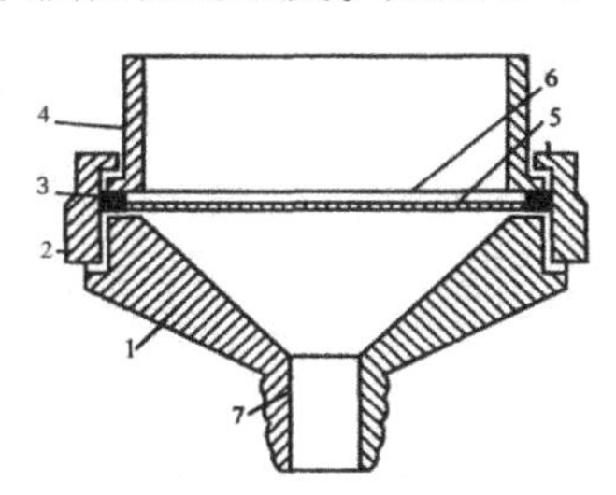

1-底座；2-紧固圈；3-密封圈；4-接座圈；5-支撑网；6-滤膜；7-抽气接口

图2-1-13 滤膜采样夹示意图

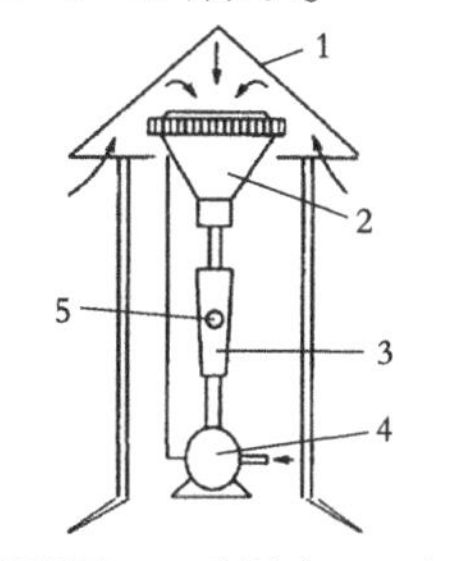

1-坡形罩；2-采样头；3-流量计；4-泵；5-压力开关

图2-1-14 滤料采样装置图

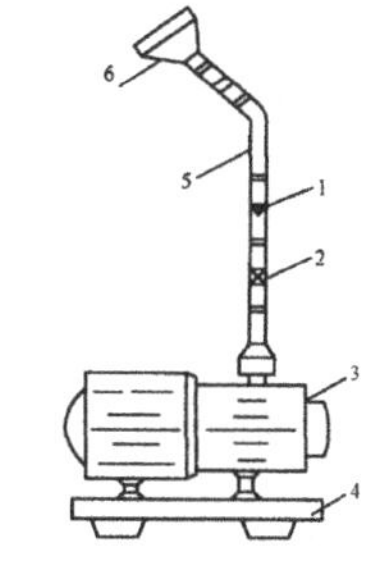

1-流量计；2-调节阀；3-采样泵；4-消声器；5-采样管；6-采样头

图2-1-15 中流量TSP采样器

(3)低温冷凝浓缩法。

低温冷凝浓缩法适用于大气中某些沸点比较低的气态污染物质，如烯烃类、醛类等大气样品的采集。

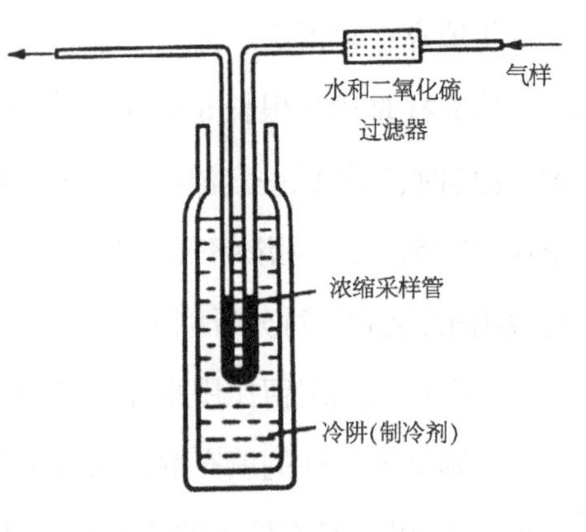

图 2-1-16 低温冷凝采样法

低温冷凝采样法是将 U 形管或蛇形采样管插入冷阱中,分别连接采样入口和泵,如图 2-1-16 所示,大气流经采样管时,被测组分因冷凝从气态转变为液态凝结于采样管底部,达到分离和富集的目的。采样后,可送实验室移去冷阱即可分析测试。

常用的制冷剂有冰-盐水(-10 ℃)、干冰-乙醇(-72 ℃)、液态空气(-190 ℃)、液氧(-183 ℃)等。

低温冷凝浓缩采样法具有效果好、采样量大、利于组分稳定等优点,但空气中的微量水分和二氧化硫甚至氧通过冷阱时也会冷凝,会对采样造成分析误差。因此,应在采样管进气端装置选择性过滤器(如将过氯酸镁、碱石棉、氯化钙填充在内),消除空气中水蒸气、二氧化硫、氧等物质的干扰。

(4)自然沉降法。

利用重力、空气动力和浓差扩散作用采集大气中的被测物质,如自然降尘量、硫酸盐化速率、氟化物等大气样品的采集。这种方法不需要动力设备,简单易行,且采样时间长,测定结果能较好地反映大气污染情况。

①降尘样品的采集。

采集大气中降尘的方法有湿法和干法两种,其中湿法应用较广泛。

湿法采样是在一定大小(内径 15 cm、高 30 cm)的圆筒形集尘缸中进行,集尘缸的材质有玻璃、塑料、瓷、不锈钢等。采样时在缸中加一定量(1500~3000 mL)的水集尘,放置在距地面 5~15 m、附近无高大建筑物或局部污染源处,采样口距基础面 1.5 m 以上,以避免扬尘的影响。采样时间为 30±2 d,多雨季节注意及时更换集尘缸,防止水满溢出。注意:集尘缸内夏季需要加入少量硫酸铜溶液,抑制微生物及藻类的生长,冰冻季节需加入适量的乙醇或乙二醇作为防冻剂。

干法采样一般使用标准集尘器,如图 2-1-17 所示。我国干法采样是将集尘缸洗干净,在缸底放入塑料圆环,塑料筛板放在圆环上以防止已沉降的尘粒被风吹出,如图 2-1-18 所示。采样前缸口用塑料袋罩好,携至采样点后,再取下塑料袋进行采样。在夏季可加入 0.05 mol/L 硫酸铜溶液2~8 mL,以抑制微生物及藻类的生长。

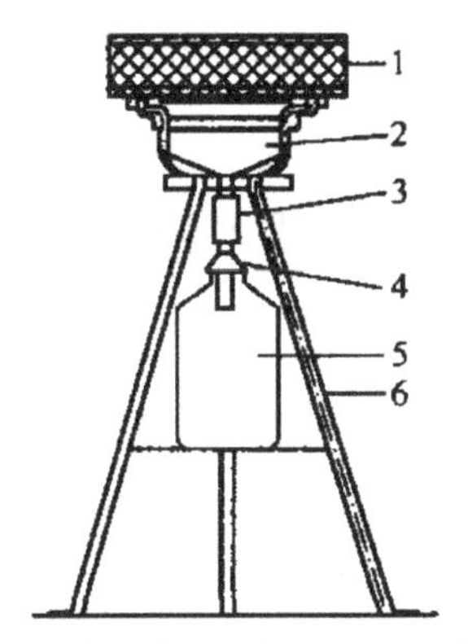

1-网;2-收集漏斗;3-橡胶管;4-倒置漏斗;
5-收集瓶;6-支架

图 2-1-17 标准集尘器示意图

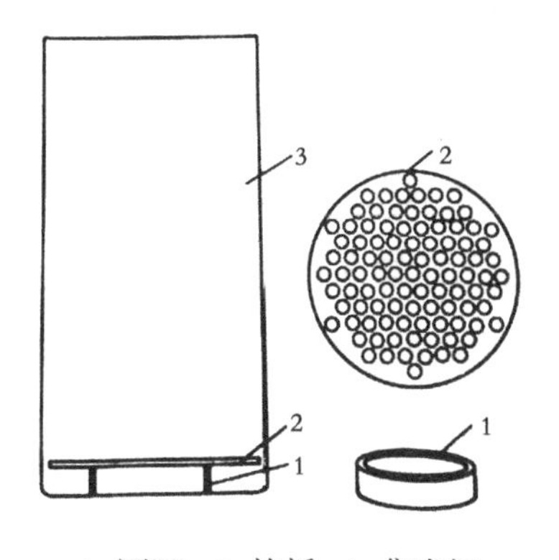

1-圆环; 2-筛板; 3-集尘缸

图 2-1-18 干法采样集尘缸示意图

按月定期取换集尘缸一次，取缸时间规定为月初的 5 日前进行完毕。取缸时要校对地点、缸号,记录取样时间,然后罩好塑料袋,带回实验室。

②硫酸盐化速率样品的采集。

排放到大气中的二氧化硫、硫化氢、硫酸蒸气等含硫化合物,经过一系列反应,最终形成危害很大的硫酸雾和硫酸盐雾的过程称为硫酸盐化速率。测定硫酸盐化速率常用的采样方法有二氧化铅法和碱片法。

二氧化铅采样法是先将二氧化铅糊状物涂在纱布上,然后将纱布绕贴在素瓷管上,制成二氧化铅集尘管,将其装在采样器上放置在采样点处采样,则大气中的二氧化硫、硫酸雾等与二氧化铅反应生成硫酸铅而被采集。

碱片法是将用碳酸钾溶液浸渍过的玻璃纤维滤膜置于采样点上,则大气中的二氧化硫、硫酸雾等与碳酸盐反应生成硫酸盐而被采集。

(四)采样仪器

将收集器、流量计、抽气泵、样品预处理器、流量调节、自动定时控制以不同的形式组合在一起,就构成不同型号、规格的采样仪器。

直接采样法采样时用采气管、塑料袋、真空瓶即可。

富集采样法需使用采样仪器才能够收集到所需的气体样品。采样仪器主要由收集器、流量计和采样动力三部分组成。收集器如大气吸收管(瓶)、填充柱、滤料采样夹、低温冷凝采样管等。流量计是测量气体流量的仪器,流量是计算采集气样体积必知的参数。当用抽气泵作为抽气动力时,通过流量计的读数和采样时间可以计算所采空气的体积。常用的流量计有孔口流量计、转子流量计和限流孔,均需定期校正。采样动力应根据所需采样流量、采样体积、所用收集器及采样点的条件进行选择。一般要求抽气动力的流量范围较大,抽气稳定,造价低,噪声小,便于携带和维修。

大气采样仪器的型号很多,按其用途可分为气态污染物采样器和颗粒污染物采样器。

1.气态污染物采样器

气态污染物采样器用于采集大气中气态和蒸气态物质,采样流量为 0.5~2.0 L/min。可用交、直流两种电源。工作原理如图 2-1-19 所示。吸收瓶即为收集器,虚线框内即为采样动力部分。

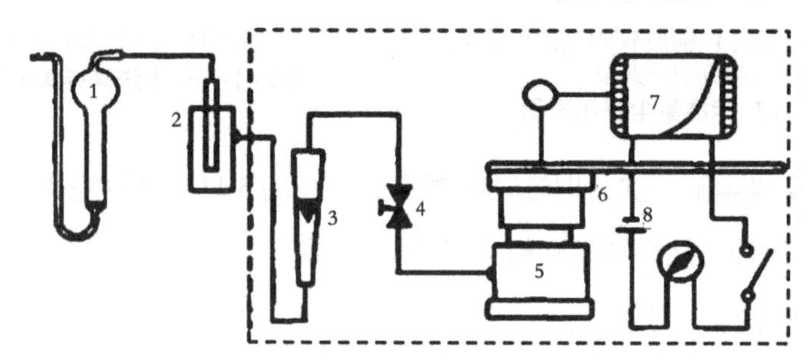

1-吸收瓶; 2-滤水装置; 3-流量计; 4-流量调节阀; 5-抽气泵; 6-稳流器; 7-电动泵; 8-电源

图 2-1-19 气态污染物采样器结构图

2.颗粒污染物采样器

颗粒污染物采样器目前有两类,一是总悬浮颗粒物(TSP)采样器,二是飘尘采样器,即可吸入颗粒物(PM10)采样器。

(1)总悬浮颗粒物(TSP,指粒径在 100 μm 以下微粒)采样器。

总悬浮颗粒物采样器按其采气流量大小分为大流量采样器(1.1~1.7 m^3/min)和中流量采样器(0.05~0.15 m^3/min)两种类型。

大流量采样器的结构如图 2-1-20 所示,由滤料采样夹、抽气风机、流量记录仪、计时器及控制系统、铝壳等组成。滤料采样夹可安装 20×25 cm^2 的玻璃纤维滤膜,以 1.1~1.7 m^3/min 流量采样 8~24 h。当采气量达 1500~2000 m^3 时,样品滤膜可用于测定颗粒物中的金属、无机盐及有机污染物等组分。

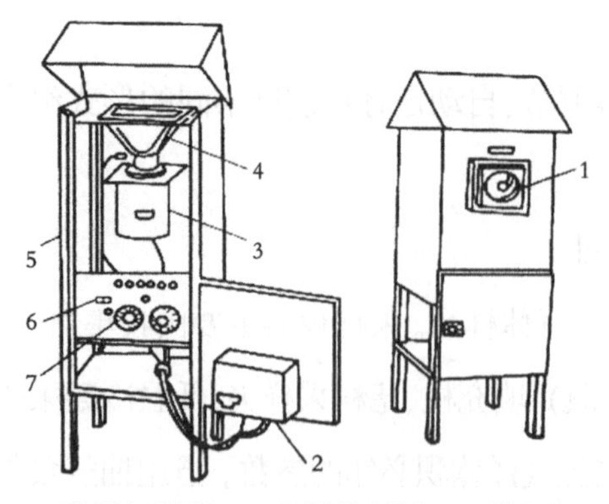

1-流量记录仪; 2-流量控制器; 3-抽气机; 4-滤膜夹;5-铝壳; 6-计时器; 7-计时控制器

图 2-1-20 大流量 TSP 采样器

中流量采样器由采样头、流量计、采样管及采样泵组成,如图 2-1-15 所示。采样头有效直径80 mm 或 100 mm。当用 80 mm 滤膜采样时,采气流量控制在 7.2~9.6 m³/h；用 100 mm 滤膜采样时，采气流量控制在 11.3~15 m³/h。

(2)飘尘(指粒径在 10 μm 以下的微粒)采样器。

飘尘也称为可吸入颗粒物(PM10)，飘尘采样器由分样器、大流量采样器、检测器三部分组成。分样器又称为分尘器、切割器，主要作用是把 10 μm 以下颗粒分离出来。采集可吸入颗粒物一般使用大流量采样器。在连续自动监测仪器中，可采用静电捕集法、β 射线法或光散射法直接测定可吸入颗粒物的浓度，但不论哪种采样器都装有分尘器。分尘器有旋风式、向心式、多层薄板式、撞击式等多种。它们又分为二级式和多级式。二级式用于采集 10 μm 以下的颗粒物，多级式可分级采集不同粒径的颗粒物，用于测定颗粒物的粒度分布。

二级旋风分尘器的工作原理如图 2–1–21 所示。样气以高速度沿 180°渐开线进入分尘器的圆筒内，形成沿外壁由上而下的旋转气流。大于 10 μm 的颗粒物惯性较大，在离心力的作用下，甩到筒壁上，这些大颗粒物在不断与筒壁撞击中失去前进的能量，受气流和重力的共同作用，沿壁面落入大颗粒物收集器内。小于 10 μm 的颗粒物惯性小，不易被甩到筒壁上。当空气进入分尘器向下高速旋转时，顶部压力下降，在压力差作用下，小于 10 μm 的细颗粒随气流沿气体排出管上升，达到分离空气中粗、细颗粒物的目的。沿分尘器气体排出管排出的气体进入过滤器，气体中的细颗粒物被滤膜捕集，根据采样体积和采样前后滤膜的质量，即可求出空气中 10 μm 以下的颗粒物的含量。

向心式分尘器工作原理如图 2–1–22 所示。当气流从空气喷孔高速喷出时，样气所携带的颗粒物由于大小、质量不同，惯性也不同，其运动轨迹也不同。颗粒质量越大，惯性越大，越不容易随气流改变运动轨迹。因此，大颗粒物接近中心轴线，最先进入收集器。小颗粒物离中心轴线较远，随气流进入下一级。收集器捕集的颗粒物质量的大小，受喷嘴直径、收集器入口距喷嘴距离、收集器入口直径等因素的影响。显然，当喷嘴直径变小、收集器入口距喷嘴距离变小、收集器入口直径变小时，可以使较小的颗粒物进入收集器。

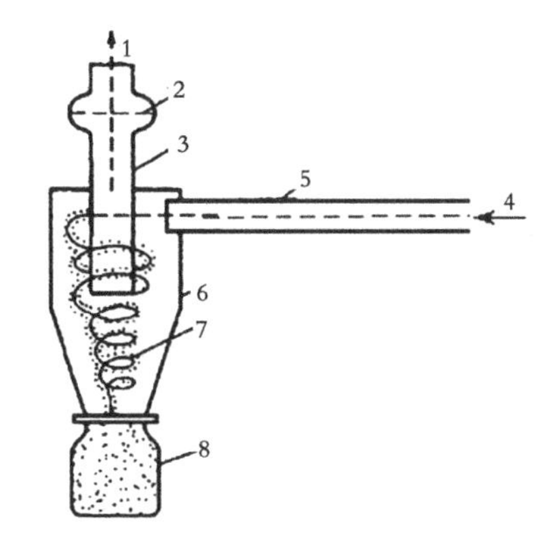

1–空气出口；2–滤膜；3–气体排出管；4–空气入口；5–气体导管；6–圆筒体；7–旋转气流轨线；8–大颗粒物收集器

图 2–1–21 二级旋风分尘器的工作原理示意图

多段向心式分尘器工作原理如图 2–1–23 所示。孔 1 直径最大，收集器 2 入口最大，孔1 到收集器 2 之间的距离最大，收集器滤膜7捕集到气流中质量最大的颗粒物；第二级的喷嘴直径3和收集器4的入口孔径变小，二者之间距离缩短，使小一些的颗粒物被收集。第三级的喷嘴直径5和收集器的入口孔径6又比第二级小，其间距离更短，收集的颗粒更细。经过多级分离，剩下的极细颗粒到达最底部，被滤膜10收集。

多段撞击式采样器工作原理如图2-1-24所示，当含颗粒物气体以一定速度由喷嘴喷出后，大颗粒由于惯性大，与第一块捕集板碰撞被收集，细小颗粒惯性小，随气流向下进入第二级、第三级等喷嘴；最末级捕集板用玻璃纤维滤膜代替，捕集最小的颗粒物。这种采样器可以设计为3~6级，也有8级的。撞击式采样器必须用标准粒子发生器制备的标准粒子进行校准后方可使用。

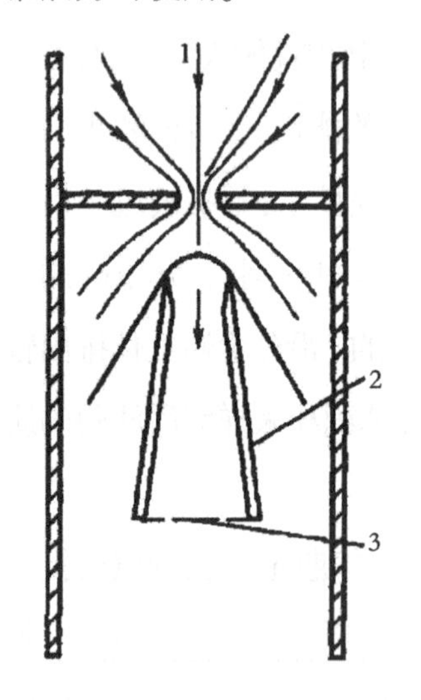

1-空气喷孔；2-收集器；3-滤膜

图2-1-22 向心式分尘器

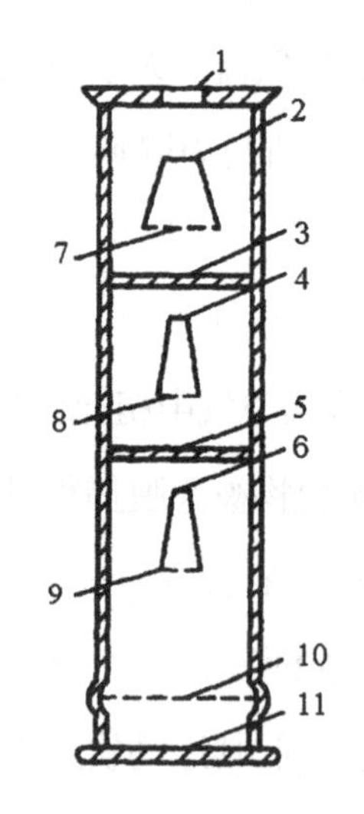

1、3、5-喷孔；2、4、6-收集器；7、8、9、10-滤膜；11-底座

图2-1-23 多段向心式分尘器

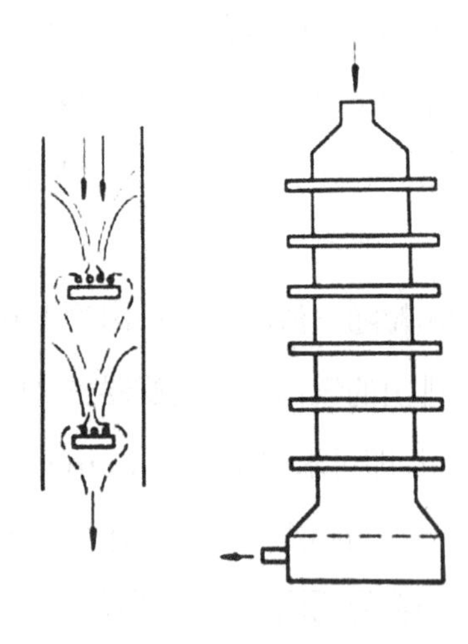

图2-1-24 多段撞击式采样器

任务实施

活动1 解读大气中氮氧化物的测定国家标准

1.阅读与查找标准

(1)上网搜索查找大气中氮氧化物测定的测定方法标准。

(2)仔细阅读标准HJ 479-2009《环境空气 氮氧化物(一氧化氮和二氧化氮)的测定 盐酸萘乙二胺分光光度法》，确定氮氧化物测定方案，找出方法的适用范围、检测限、干扰、方法原理、精密度和准确度等内容，并列出所需的其他相关标准。将查找结果填入表2-1-4中。

2.仪器和试剂的确认

依据查阅的标准，拟订仪器和试剂计划，填入表 2-1-4 中。

3.数据记录

表 2-1-4 解读《环境空气 氮氧化物(一氧化氮和二氧化氮)的测定 盐酸萘乙二胺分光光度法》标准的原始记录

<table>
<tr><td>记录编号</td><td colspan="3"></td></tr>
<tr><td colspan="4">一、阅读与查找标准</td></tr>
<tr><td>方法原理</td><td colspan="3"></td></tr>
<tr><td>相关标准</td><td colspan="3"></td></tr>
<tr><td>检测限</td><td colspan="3"></td></tr>
<tr><td>准确度</td><td></td><td>精密度</td><td></td></tr>
<tr><td colspan="4">二、标准内容</td></tr>
<tr><td>适用范围</td><td></td><td>限值</td><td></td></tr>
<tr><td>定量公式</td><td></td><td>性状</td><td></td></tr>
<tr><td>样品处理</td><td colspan="3"></td></tr>
<tr><td>操作步骤</td><td colspan="3"></td></tr>
<tr><td colspan="4">三、仪器确认</td></tr>
<tr><td colspan="3">所需仪器</td><td>检定有效日期</td></tr>
<tr><td colspan="3"></td><td></td></tr>
<tr><td colspan="3"></td><td></td></tr>
<tr><td colspan="4">四、试剂确认</td></tr>
<tr><td>试剂名称</td><td>纯度</td><td>库存量</td><td>有效期</td></tr>
<tr><td></td><td></td><td></td><td></td></tr>
<tr><td></td><td></td><td></td><td></td></tr>
<tr><td colspan="4">五、安全防护</td></tr>
<tr><td colspan="4"></td></tr>
<tr><td>确认人</td><td></td><td>复核人</td><td></td></tr>
</table>

活动 2 氮氧化物测定仪器准备

按标准 HJ 479-2009《环境空气 氮氧化物(一氧化氮和二氧化氮)的测定 盐酸萘乙二胺分光光度法》拟订和领取所需仪器，确认仪器的规格、型号，并完成表 2-1-5 领用记录的填写，做好仪器和设备的准备工作。

氮氧化物测定仪器准备内容

(1)分光光度计。

(2)空气采样器，如图 2-1-25 所示，流量范围 0.1~1.0 L/min。采样流量为 0.4 L/min 时，相对误差小于±5%。

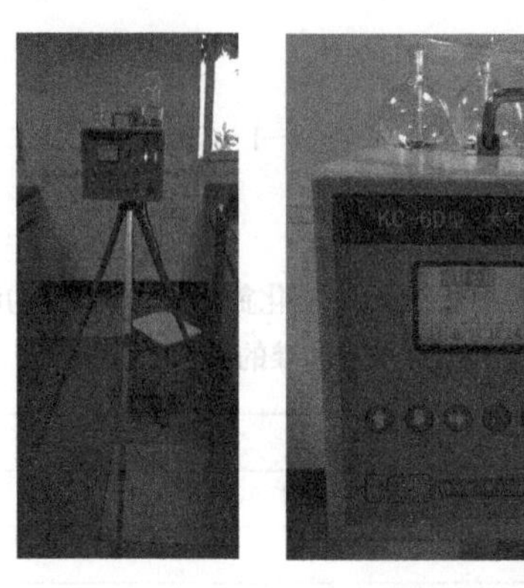

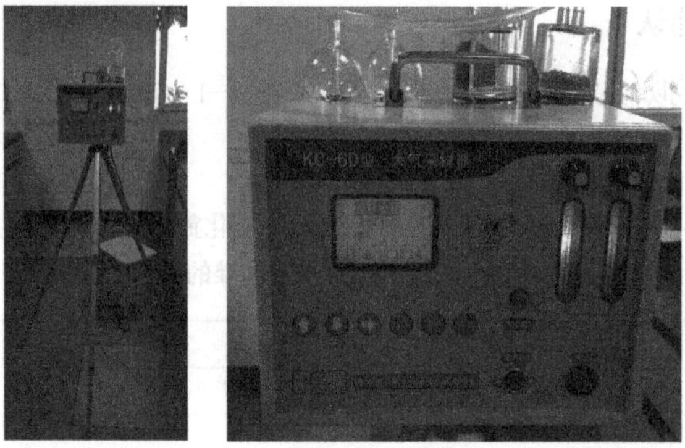

图 2-1-25 空气采样器

(3)恒温、半自动连续空气采样器:采样流量为 0.2 L/min 时,相对误差小于±5%,能将吸收液温度保持在 20±4 ℃。采样管:硼硅玻璃管、不锈钢管、聚四氟乙烯管或硅胶管,内径约为 6 mm,尽可能短些,任何情况下不得超过 2 m,配有朝下的空气入口。

(4)吸收瓶:可装 10 mL、25 mL 或 50 mL 吸收液的多孔玻板吸收瓶,液柱高度不低于 80 mm。吸收瓶的玻板阻力、气泡分散的均匀性及采样效率按附录二检查。如图 2-1-26 所示,是较为适用的三种多孔玻板吸收瓶。使用棕色吸收瓶或采样过程中吸收瓶外罩黑色避光罩。新的多孔玻板吸收瓶或使用后的多孔玻板吸收瓶,应用(1+1)HCl 浸泡 24 h 以上,用清水洗净。

(5)氧化瓶:可装 5 mL、10 mL 或 50 mL 酸性高锰酸钾溶液的氧化瓶,液柱高度不能低于 80 mm。使用后,用盐酸羟胺溶液浸泡洗涤。如图 2-1-27 所示是较为适用的两种氧化瓶。

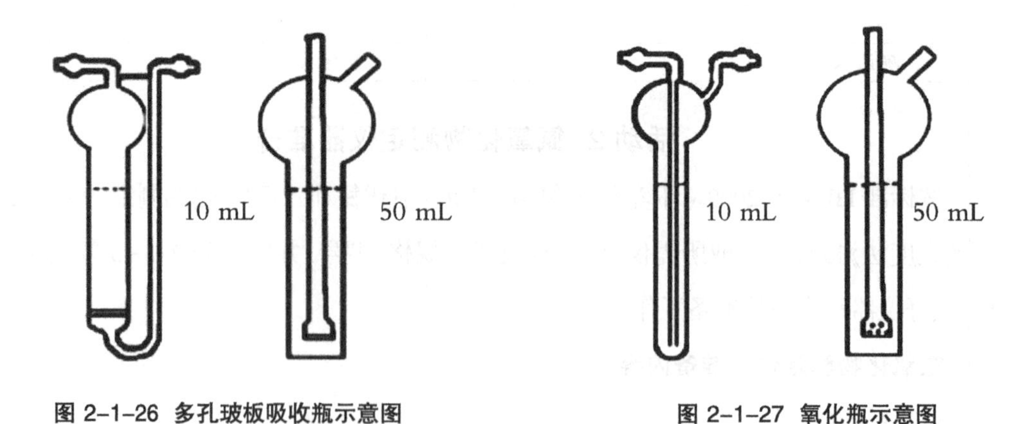

图 2-1-26 多孔玻板吸收瓶示意图

图 2-1-27 氧化瓶示意图

氮氧化物的测定采样时需要的仪器如图 2-1-28 所示。

 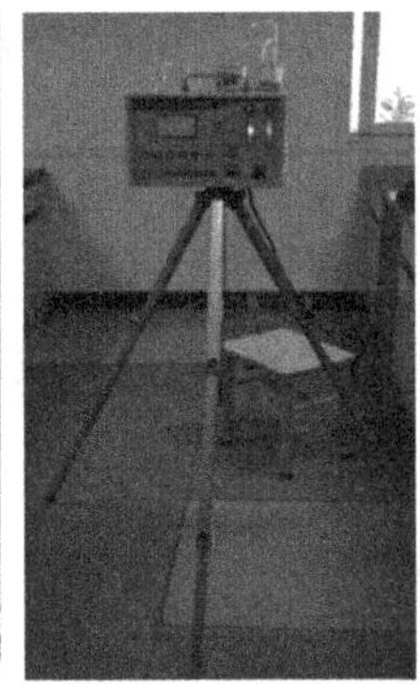 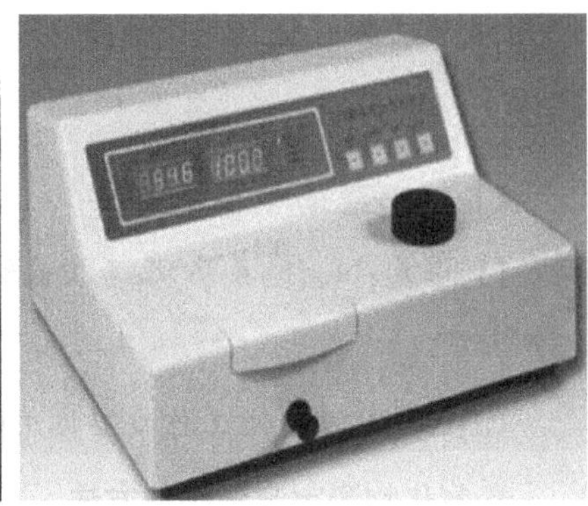

图 2-1-28 氮氧化物测定采样仪器

活动 3 氮氧化物测定中溶液的制备

按标准 HJ 479-2009《环境空气 氮氧化物(一氧化氮和二氧化氮)的测定 盐酸萘乙二胺分光光度法》拟订和领取所需的试剂,完成表 2-1-5 领用记录的填写,并按要求配制所需的溶液和标准溶液。

表 2-1-5 仪器和试剂领用记录

仪器				
编号	名称	规格	数量	备注
试剂				
编号	名称	级别	数量	配制方法

氮氧化物测定需要领取的试剂如图 2-1-29 所示。

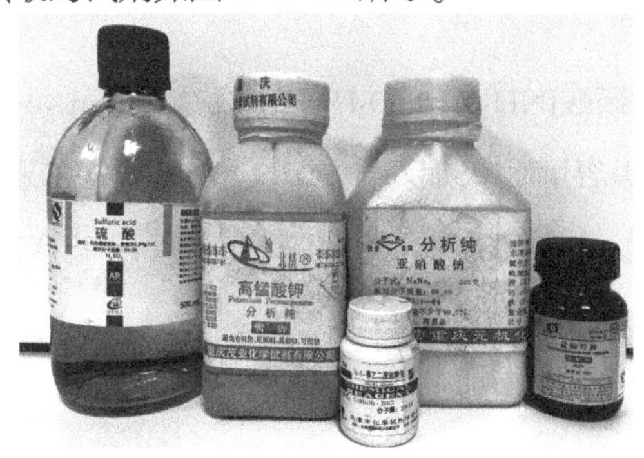

图 2-1-29 氮氧化物测定的试剂

溶液制备具体任务:(1)制备 $c(1/2H_2SO_4)$=1 mol/L 硫酸溶液;(2)配制 ρ=0.2~0.5 g/L 盐酸羟胺溶液;(3)配制 $\rho(KMnO_4)$=25 g/L 酸性高锰酸钾溶液;(4)配制 $\rho(C_{10}H_7NH(CH_2)_2NH_2\cdot 2HCl)$=1.00 g/L N-(1-萘基)乙二胺盐酸盐贮备液;(5)配制显色液;(6)配制吸收液;(7)配

制 $\rho(NO_2)$=250 μg/mL 亚硝酸盐标准贮备液；(8)配制 $\rho(NO_2)$=2.5 μg/mL 亚硝酸盐标准工作液。

注意事项

(1)注意：N-(1-萘基)乙二胺盐酸盐贮备液、显色液、亚硝酸盐标准贮备液的保存时间为三个月。

(2)亚硝酸盐标准工作液应临用时现配。

氮氧化物测定溶液制备方法

除非另有说明，分析时均使用符合国家标准或专业标准的分析纯试剂和无亚硝酸根的蒸馏水、去离子水或相当纯度的水。

(1)冰乙酸。

(2)盐酸羟胺溶液，ρ=0.2~0.5 g/L。

(3)配制硫酸溶液，$c(1/2H_2SO_4)$=1 mol/ L。

取 15 mL 浓硫酸(ρ=1.84 g/mL)，徐徐加入 500 mL 水中，搅拌均匀，冷却备用。

(4)配制酸性高锰酸钾溶液，$\rho(KMnO_4)$=25 g/L。

称取 25 g 高锰酸钾于 1000 mL 烧杯中，加入 500 mL 水，稍微加热使其全部溶解，然后加入 1 mol/L 硫酸溶液 500 mL，搅拌均匀，贮于棕色试剂瓶中。

(5)配制 N-(1-萘基)乙二胺盐酸盐贮备液，$\rho(C_{10}H_7NH(CH_2)_2NH_2\cdot 2HCl)$=1.00 g/L。

称取 0.50 g N-(1-萘基)乙二胺盐酸盐于 500 mL 容量瓶中，用水溶解稀释至刻度。此溶液贮于密闭的棕色瓶中，在冰箱中冷藏可稳定保存三个月。

(6)配制显色液。

称取 5.0 g 对氨基苯磺酸[$NH_2C_6H_4SO_3H$]溶解于约 200 mL40~50 ℃热水中，将溶液冷却至室温，全部移入 1000 mL 容量瓶中，加入 50 mL N-(1-萘基)乙二胺盐酸盐贮备溶液和 50 mL 冰乙酸，用水稀释至刻度。此溶液贮于密闭的棕色瓶中，在 25 ℃以下暗处存放可稳定三个月。若溶液呈现淡红色，应弃之重配。

(7)配制吸收液。

使用时将显色液和水按 4:1(V/V)比例混合，即为吸收液。吸收液的吸光度应小于等于 0.005。

(8)配制亚硝酸盐标准贮备液，$\rho(NO_2)$=250 μg/mL。

准确称取 0.3750 g 亚硝酸钠($NaNO_2$，优级纯，使用前在 105±5 ℃干燥恒重)溶于水，移入1000 mL 容量瓶中，用水稀释至标线。此溶液贮于密闭棕色瓶中于暗处存放，可稳定保存三个月。

(9)配制亚硝酸盐标准工作液，$\rho(NO_2^-)$=2.5 μg/mL。

准确吸取亚硝酸盐标准贮备液 1.00 mL 于 100 mL 容量瓶中，用水稀释至标线。临用现配。

活动 4 采集氮氧化物测定的大气样品

1.短时间采样(1 h 以内)

取两只内装 10.0 mL 吸收液的多孔玻板吸收瓶和一只内装 5~10 mL 酸性高锰酸钾溶液的氧化瓶（液柱高度不低于 80 mm），用尽量短的硅橡胶管将氧化瓶串联在两只吸收瓶之间，如图 2-1-30 所示，以 0.4 L/min 流量采气 4~24 L。

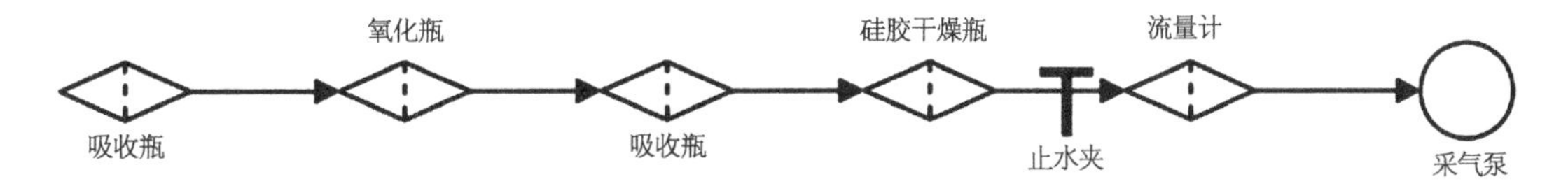

图 2-1-30 手工采样系列示意图

2.长时间采样(24 h)

取两只大型多孔玻板吸收瓶，装入 25.0 mL 或 50.0 mL 吸收液(液柱高度不低于 80 mm)，标记液面位置。取一只内装 50 mL 酸性高锰酸钾溶液的氧化瓶，如图 2-1-31 所示接入采样系统，将吸收液恒温在 20±4 ℃，以 0.2 L/min 流量采气 288 L。

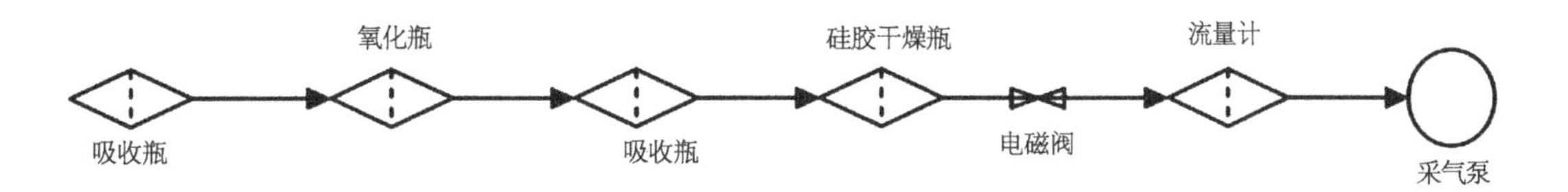

图 2-1-31 连续自动采样系列示意图

3.采样要求

采样前应检查采样系统的气密性，用皂膜流量计进行流量校准。采样流量的相对误差应小于±5%。

采样期间，样品运输和存放过程中应避免阳光照射。气温超过 25 ℃时，长时间(8 h 以上)运输和存放样品应采取降温措施。

采样结束时，为防止溶液倒吸，应在采气泵停止抽气的同时，闭合连接在采样系统中的止水夹或电磁阀。

4.现场空白

装有吸收液的吸收瓶带到采样现场，与样品在相同的条件下保存、运输，直至送交实验室分析，运输过程中应注意防止沾污。

要求每次采样至少做 2 个现场空白。

5.样品的保存

样品采集、运输及存放过程中避光保存，样品采集后尽快分析。若不能及时测定，将样品于低温暗处存放。样品在 30 ℃暗处存放，可稳定 8 h；在 20 ℃暗处存放，可稳定 24 h；于 0~4 ℃冷藏，至少可稳定 3 d。

6.记录数据

采样记录填写在表 2-1-6 中。

表 2-1-6 空气采样及样品交接记录

<table>
<tr><td>任务来源</td><td colspan="3"></td><td colspan="3">采样地点及编号</td><td></td><td>天气</td><td></td></tr>
<tr><td>采样日期</td><td colspan="3"></td><td colspan="3">采样高度/m</td><td colspan="3"></td></tr>
<tr><td>采样器型号及编号</td><td colspan="9"></td></tr>
<tr><td>采样时段</td><td colspan="3"></td><td colspan="3"></td><td colspan="3"></td></tr>
<tr><td>项目名称</td><td></td><td></td><td></td><td></td><td></td><td></td><td></td><td></td><td></td></tr>
<tr><td>样品编号</td><td></td><td></td><td></td><td></td><td></td><td></td><td></td><td></td><td></td></tr>
<tr><td>采样流量，L/min</td><td></td><td></td><td></td><td></td><td></td><td></td><td></td><td></td><td></td></tr>
<tr><td>采样时间，min</td><td></td><td></td><td></td><td></td><td></td><td></td><td></td><td></td><td></td></tr>
<tr><td>采样体积，L</td><td></td><td></td><td></td><td></td><td></td><td></td><td></td><td></td><td></td></tr>
<tr><td>大气温度，℃</td><td colspan="3"></td><td colspan="3"></td><td colspan="3"></td></tr>
<tr><td>大气压强，kPa</td><td colspan="3"></td><td colspan="3"></td><td colspan="3"></td></tr>
<tr><td>标准体积换算系数</td><td colspan="3"></td><td colspan="3"></td><td colspan="3"></td></tr>
<tr><td>风向</td><td colspan="3"></td><td colspan="3"></td><td colspan="3"></td></tr>
<tr><td>风速，m/s</td><td colspan="3"></td><td colspan="3"></td><td colspan="3"></td></tr>
<tr><td>相对湿度，%</td><td colspan="3"></td><td colspan="3"></td><td colspan="3"></td></tr>
<tr><td>备注</td><td colspan="3"></td><td colspan="3"></td><td colspan="3"></td></tr>
</table>

采样人员：__________　　　　记录人员：__________

注意事项

(1)氧化管中有明显的沉淀物析出时，应及时更换。

(2)一般情况下，内装 50 mL 酸性高锰酸钾溶液的氧化瓶可使用 15~20 d(隔日采样)。

(3)采样过程注意观察吸收液颜色变化，避免因氮氧化物浓度过高而穿透。

活动 5 大气中氮氧化物的测定

1.实验原理

空气中的二氧化氮被串联的第一只吸收瓶中的吸收液吸收并反应生成粉红色偶氮染料。空气中的一氧化氮不与吸收液反应，通过氧化瓶时被酸性高锰酸钾溶液氧化为二氧化氮,被串联的第二只吸收瓶中的吸收液吸收并反应生成粉红色偶氮染料。生成的偶氮染料在波长 540 nm 处的吸光度与二氧化氮的含量成正比。分别测定第一只和第二只吸收瓶中样品的吸光度,计算两只吸收瓶内二氧化氮和一氧化氮的质量浓度,二者之和即为氮氧化物的质量浓度(以二氧化氮计)。

2.操作步骤

(1)标准曲线的绘制。

取 6 支 10 mL 具塞比色管,按表 2-1-7 制备亚硝酸盐标准溶液系列。根据表 2-1-7 分别移取相应体积的亚硝酸盐标准工作液,加水至 2.00 mL,加入显色液 8.00 mL。

表 2-1-7 NO_2 标准溶液系列

管号	0	1	2	3	4	5
标准工作液,mL	0.00	0.40	0.80	1.20	1.60	2.00
水,mL	2.00	1.60	1.20	0.80	0.40	0.00
显色液,mL	8.00	8.00	8.00	8.00	8.00	8.00
NO_2^-浓度,μg/mL	0.00	0.10	0.20	0.30	0.40	0.50

各管混匀,于暗处放置 20 min(室温低于 20 ℃时放置 40 min 以上)用 10 mm 比色皿,在波长540 nm 处,以水为参比测量吸光度,扣除 0 号管的吸光度以后,对应 NO_2 的浓度(μg/mL),用最小二乘法计算标准曲线的回归方程。

标准曲线斜率控制在 0.180~0.195(吸光度·mL/μg),截距控制在±0.003 之间。

(2)空白试验。

①实验室空白试验:取实验室内未经采样的空白吸收液,用 10 mm 比色皿,在波长 540 nm 处,以水为参比测定吸光度。实验室空白吸光度 A_0 在显色规定条件下波动范围不超过±15%。

②现场空白:同实验室空白试验测定吸光度。将现场空白和实验室空白的测量结果相对照,若现场空白与实验室空白相差过大,查找原因,重新采样。

(3)样品测定。

采样后放置 20 min,室温 20 ℃以下时放置 40 min 以上,用水将采样瓶中吸收液的体积补充至标线,混匀。用 10 mm 比色皿,在波长 540 nm 处,以水为参比测量吸光度,同时测定空白样品的吸光度。

若样品的吸光度超过标准曲线的上限,应用实验室空白试液稀释,再测定其吸光度。但稀释倍数不得大于 6。

3.结果的表述

(1)空气中二氧化氮浓度 ρ_{NO_2}(mg/m^3)按下式计算:

$$\rho_{NO_2}=\frac{(A_1-A_0-a)\times V\times D}{b\times f\times V_0}$$

(2)空气中一氧化氮浓度 。

ρ_{NO}(mg/m^3)以二氧化氮(NO_2)计,按下式计算:

$$\rho_{NO}=\frac{(A_2-A_0-a)\times V\times D}{b\times f\times V_0\times K}$$

ρ'_{NO}(mg/m^3)以一氧化氮(NO)计,按下式计算:

$$\rho'_{NO}=\frac{\rho_{NO}\times 30}{46}$$

(3)空气中氮氧化物的浓度 ρ_{NO_x}(mg/m^3)以二氧化氮(NO_2)计,按下式计算:

$$\rho_{NO_x}=\rho_{NO_2}+\rho_{NO}$$

式中:A_1、A_2—— 分别为串联的第一只和第二只吸收瓶中样品的吸光度;

A_0—— 实验室空白的吸光度;

b —— 标准曲线的斜率,吸光度·mL/μg;

a —— 标准曲线的截距;

V—— 采样用吸收液体积,mL;

V_0 —— 换算为标准状态(101.325 kPa,273 K)下的采样体积,L;

K —— NO→NO_2 氧化系数,0.68;

D —— 样品的稀释倍数;

f —— Saltzman 实验系数,0.88(当空气中二氧化氮浓度高于 0.72 mg/m^3 时, 取值 0.77)。

活动 6 大气中氮氧化物的测定数据记录与处理

将测定数据及处理结果记录于表 2-1-8 中。

表 2-1-8 氮氧化物的测定原始记录

<table>
<tr><td>样品名称</td><td></td><td>测定项目</td><td colspan="2"></td><td>测定方法</td><td></td></tr>
<tr><td>测定时间</td><td></td><td>环境温度</td><td colspan="2"></td><td>合作人</td><td></td></tr>
<tr><td colspan="7">一、标准曲线的绘制</td></tr>
<tr><td>亚硝酸盐标准贮备液浓度，μg/mL</td><td colspan="6"></td></tr>
<tr><td>亚硝酸盐标准工作液浓度，μg/mL</td><td colspan="6"></td></tr>
<tr><td>序号</td><td>1</td><td>2</td><td>3</td><td>4</td><td>5</td><td>6</td></tr>
<tr><td>分取标准工作液体积，mL</td><td>0.00</td><td>0.40</td><td>0.80</td><td>1.20</td><td>1.60</td><td>2.00</td></tr>
<tr><td>NO_2^-浓度，μg/mL</td><td></td><td></td><td></td><td></td><td></td><td></td></tr>
<tr><td>吸光度 A</td><td></td><td></td><td></td><td></td><td></td><td></td></tr>
<tr><td>校正后吸光度 A</td><td></td><td></td><td></td><td></td><td></td><td></td></tr>
<tr><td>标准曲线的截距 a</td><td colspan="6"></td></tr>
<tr><td>标准曲线的斜率 b</td><td colspan="6"></td></tr>
<tr><td colspan="7">二、大气中氮氧化物的测定</td></tr>
<tr><td>测定次数</td><td colspan="2">1</td><td colspan="2">2</td><td>3</td><td>空白 A</td></tr>
<tr><td>采样用吸收液体积 V，mL</td><td colspan="2"></td><td colspan="2"></td><td></td><td></td></tr>
<tr><td>第一只吸收瓶中样品的吸光度 A_1</td><td colspan="2"></td><td colspan="2"></td><td></td><td></td></tr>
<tr><td>第二只吸收瓶中样品的吸光度 A_2</td><td colspan="2"></td><td colspan="2"></td><td></td><td></td></tr>
<tr><td>采样体积，L</td><td colspan="2"></td><td colspan="2"></td><td></td><td></td></tr>
<tr><td>换算为标准状态下的采样体积 V_0，L</td><td colspan="2"></td><td colspan="2"></td><td></td><td></td></tr>
<tr><td>空气中二氧化氮浓度计算公式</td><td colspan="6"></td></tr>
<tr><td>空气中一氧化氮浓度计算公式</td><td colspan="6"></td></tr>
<tr><td>二氧化氮浓度，mg/m³</td><td colspan="2"></td><td colspan="2"></td><td></td><td></td></tr>
<tr><td>一氧化氮浓度，mg/m³</td><td colspan="2"></td><td colspan="2"></td><td></td><td></td></tr>
<tr><td>二氧化氮平均浓度，mg/m³</td><td colspan="6"></td></tr>
<tr><td>一氧化氮平均浓度，mg/m³</td><td colspan="6"></td></tr>
<tr><td>相对极差，%</td><td colspan="6"></td></tr>
<tr><td>氮氧化物浓度，mg/m³</td><td colspan="6"></td></tr>
</table>

活动 7 撰写分析报告

将测定结果填写入表 2-1-9 中。

表 2-1-9 氮氧化物测定检验报告内页

采样地点			样品编号	
执行标准				
检测项目	检测结果	限值	本项结论	备注
以下空白				

检验员(签字):______________ 工号:______________ 日期:______________

任务评价

表 2-1-10 任务评价表

考核内容	序号	考核标准	分值	小组评价	教师评价
解读国家标准(10 分)	1	标准查找正确	2 分		
	2	仪器的确认(种类、规格、精度)正确	2 分		
	3	试剂的确认(种类、纯度、数量)正确	2 分		
	4	解读标准的原始记录填写无误	4 分		
仪器准备(5 分)	5	仪器选择正确(规格、型号)	2 分		
	6	仪器领用正确(规格、型号)	1 分		
	7	仪器领用记录的填写正确	2 分		
溶液准备(10 分)	8	试剂领用正确(种类、纯度、数量)	2 分		
	9	试剂领用记录的填写正确	3 分		
	10	正确配制所需溶液	5 分		
气样采集保存(5 分)	11	选择采样点、采样方法、采样量等正确	3 分		
	12	气样的保存方法、保存剂及用量等适当	2 分		
测定操作(30 分)	13	正确绘制标准曲线	10 分		
	14	测定氮氧化物操作正确	10 分		
	15	空白试验操作正确	5 分		
	16	再次测定操作正确	3 分		
	17	样品测定三次	2 分		
测后工作及团队协作(10 分)	18	仪器清洗、归位正确	2 分		
	19	药品、仪器摆放整齐	2 分		
	20	实验台面整洁	1 分		
	21	分工明确,各尽其职	5 分		

续表

考核内容	序号	考核标准	分值	小组评价	教师评价
数据记录、处理及测定结果（25分）	22	及时记录数据，记录规范，无随意涂改	3分		
	23	正确填写原始记录表	2分		
	24	计算正确	5分		
	25	测定结果与标准值比较≤±1.0%	10分		
	26	相对极差≤1.0%	5分		
撰写分析报告（5分）	27	检验报告内容正确	2分		
	28	正确撰写检验报告	3分		
考核结果					

拓展提高

大气与废气监测概述

一、大气污染基本知识

（一）大气圈、大气、空气

1.大气圈

自然地理学把受地心引力而随地球旋转的大气叫大气圈，大气圈也指包围在地球外围的空气层。大气圈的厚度有1000~1400 km。世界气象组织（WMO）根据大气温度垂直分布特点，并考虑大气垂直运动特点，将大气圈分为五层，即对流层、平流层、中间层、暖层、散逸层，如图2-1-32所示。

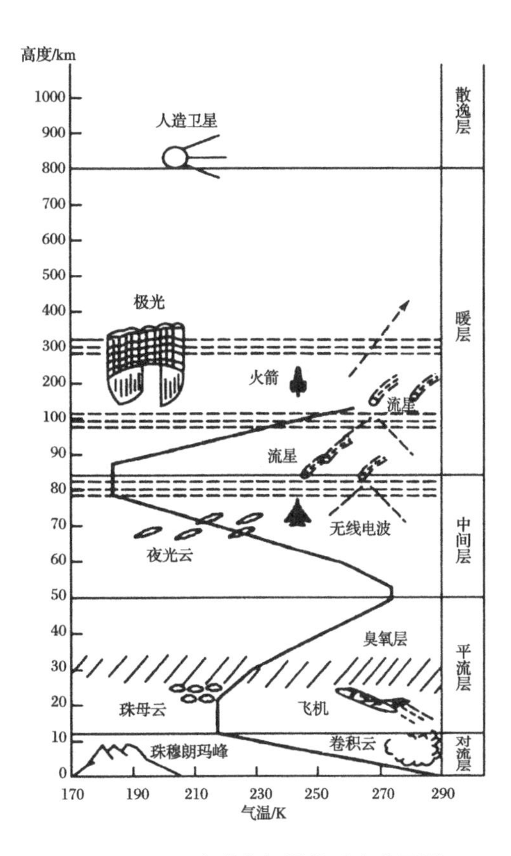

图2-1-32 地球大气圈的垂直分层图

对流层是指大气层下面靠地球表面的部分。层厚10~18 km，对流层温度随高度上升而下降，75%的空气集中在此层。对流层具有强烈的对流作用。这种对流运动对于大气污染物的扩散具有非常重要的作用。通过这一圈层的对流运动，可以避免下层大气废气聚集。但是在某些因素影响下,也会产生逆温现象,这时就会导致废气聚集,出现污染事故,如河谷地区、海陆边界等。可见对流层和人类的关系最为密切。

平流层是指从对流层顶到 55 km 左右的部分。平流层集中了大气中大部分臭氧,并在 25~35 km 高度上达到最大值,形成臭氧层。臭氧层吸收了大量的太阳紫外线辐射,保护地球上的生命免受紫外线伤害。

中间层是指平流层顶到 85 km 左右,温度再度随高度上升而下降的部分。

暖层(也称热成层)是指中间层顶的上面温度随高度上升而迅速上升的部分,其顶部温度可达 1700 ℃以上。暖层高度是从中间层顶至 800 km 处。

散逸层是指 800 km 以上的部分。该层空气极其稀薄。

2.大气与空气

大气是指包围在地球周围的气体,其厚度达 1000~1400 km。而空气则是指对人类及生物生存起重要作用的近地面约 10 km 内的气体层(对流层)。一般来说,空气范围比大气范围要小得多。但在环境污染领域,大气与空气一般不予区分。

自然状态下,大气是由混合气体、水汽和杂质组成。根据其组成特点可分为恒定组分、可变组分、不定组分。大气的正常组分是氮占 78.09%、氧占 20.94%,氩占 0.93%,这三种气体就占大气总量的 99.96%,在近地层大气中上述气体组分的含量被认为是几乎不变的,称为恒定组分。可变的成分是二氧化碳、水蒸气、臭氧等,这些气体受地区、季节、气象以及人们生活和生产活动的影响,随时间、地点、气象条件等不同而变化。不定组分是由自然因素和人为因素形成的气态物质和悬浮颗粒,如尘埃、硫、硫氧化物、硫化氢、氮氧化物等。

(二)大气污染

大气污染是指大气中有害物质浓度超过环境所能允许的极限并持续一定时间后,会改变大气特别是空气的正常组成,破坏自然的物理、化学和生态平衡体系,从而危害人们的生活、工作和健康,损害自然资源及财产、器物等的现象。

1.大气污染物

大气污染物是指由于人类活动或自然过程排入大气,并对人或环境产生有害影响的物质。大气污染物种类繁多,形态多样,性质复杂。目前已经产生危害或被重视的有 100 多种。通常将大气污染物分为一次污染物和二次污染物,如表 2-1-11 所示。

表 2-1-11 一次污染物与二次污染物

污染物类别	产生	特征	实例
一次污染物	直接从污染源排放到大气中的有害物质,又称原发性污染物	物理和化学性状未发生变化	二氧化硫、二氧化氮、一氧化碳、碳氢化合物、颗粒性物质
二次污染物	一次污染物在物理、化学因素或生物的作用下发生变化,或与环境中的其他物质发生反应所形成的物理、化学性状与一次污染物不同的新污染物,又称继发性污染物	与一次污染物的化学、物理性质完全不同,多为气溶胶,具有颗粒小、毒性一般比一次污染物大等特点	硫酸盐、硝酸盐、臭氧、过氧乙酰硝酸酯(PAN)

2.大气污染物的存在状态

大气中污染物质的存在状态由其自身的物理、化学性质及形成过程决定,气象条件也起一定作用。一般有两种存在状态,即粒子状态和分子状态。粒子状态污染物也称气溶胶状态污染物或颗粒污染物,分子状态污染物也称气体状态污染物。

(1)粒子状态污染物。

细小固体粒子和液体微粒在气体介质中的稳定悬浮体系称为气溶胶。粒子状态污染物在气体介质中容易形成气溶胶。

按照粒子状态污染物形成气溶胶的过程和气溶胶的物理性质,可将粒子状态污染物分为:粉尘、烟、飞灰、黑烟、雾这五种。

在大气污染控制中,气溶胶系指固体粒子、液体粒子或它们在气体介质中的悬浮体。可根据大气中的粉尘(或烟尘)颗粒的大小,将其分为飘尘、降尘和总悬浮颗粒物。

①飘尘:飘尘指大气中粒径小于 10 μm 的固体颗粒物。它能较长期地在大气中飘浮,有时也称浮游粉尘。飘尘能长驱直入人体,侵蚀人体肺泡,以碰撞、扩散、沉积等方式滞留在呼吸道不同的部位,粒径小于 5 μm 的多滞留在上呼吸道,对人体健康危害大,因此也称为可吸入颗粒物(PM10)。通常用烟、雾、飞灰来描述飘尘的存在形式。

②降尘:指大气中粒径大于 10 μm 的固体颗粒物。在重力作用下它可在较短时间内沉降到地面。

③总悬浮颗粒物(TSP):总悬浮颗粒物系指大气中粒径小于 100 μm 的所有固体颗粒物。

(2)分子状态污染物。

分子状态污染物是指常温常压下以气体或蒸气形式分散在大气中的污染物质,通常称为气态污染物。气体分子污染物是指常温常压下以气体形式分散到空气当中的污染物质,常见的如SO_2、氮氧化物、CO、HCl、Cl_2、O_3等。蒸气分子是指常温常压下的液体或者固体,由于沸点或熔点低,挥发性大,而能以蒸气态挥发到空气中的物质,如苯、苯酚、汞等。

分子状态污染物种类很多,主要有五类:含硫化合物、含氮化合物、碳氧化合物、碳氢化合物、卤素化合物等,如表2-1-12所示。

表2-1-12 分子状态污染物种类

污染物	一次污染物	二次污染物	污染物	一次污染物	二次污染物
含硫化合物 含氮化合物 碳氧化合物	SO_2、H_2S NO、NH_3 CO、CO_2	SO_3、H_2SO_4、MSO_4 NO_2、HNO_3、MNO_3	碳氢化合物 卤素化合物	CH_4 HF、HCl	醛、酮、过氧乙酰硝酸酯、O_3

气态污染物还可以分为一次污染物和二次污染物。在大气污染中受到普遍重视的一次污染物主要有硫氧化合物、氮氧化合物、碳氧化合物和碳氢化合物等,二次污染物主要有硫酸雾和光化学烟雾。

分子态污染物运动速度较大,扩散快,并能在空气中均匀分布。其扩散情况与自身相对密度有关,如汞蒸气这类相对密度大的污染物向下沉,而相对密度小的则向上漂浮,并受温度和气流的影响,随气流扩散到很远的地方,因而能够污染的范围也非常大。

3.大气污染的形成

大气污染是由人类活动和自然过程中各种污染物质的产生而导致的。大气污染的主要过程由污染源排放、大气传播、人与物受害这三个环节所构成。排放原因有人类活动和自然过程,但主要是人类活动造成的。尤其是随着现代工业和交通运输的发展,向大气持续排放的有害物质数量越来越多,种类越来越复杂,从而导致大气成分发生急剧的变化,既而导致大气污染的产生。

4.大气污染的危害

目前,大气污染造成的危害主要表现为温室效应使全球变暖、臭氧空洞、酸沉降、对人体健康的危害(可以分为急性危害、慢性危害)和远期危害及对植物产生急性、慢性和不可见危害等。

5.大气污染源

大气污染源是指导致大气污染的因子或污染物的发生源, 可分为有自然污染源和人为污染源;按污染源存在形式分为固定污染源、移(流)动污染源;也可按污染源排放方式分为点源、线源、面源,点源如发电厂和供暖锅炉,线源如汽车、火车、飞机等构成的大气污染,面源如石油化工区或居民住宅区的众多小炉灶构成的大气污染; 还可以按污染源排放时间分为连续源、间断源、瞬时源等。

人为造成大气污染的污染源有三种，即生活污染源（居民、机关或服务性行业，由于生活上的需要，燃烧石化燃料等向大气排放烟尘所造成），工业污染源（工矿企业在生产过程中或燃料燃烧过程中所排放的煤烟、粉尘及无机或有机化合物等），交通污染源（由交通工具排放的含有一氧化碳、氮氧化物、碳氢化合物、铅等污染物的尾气所造成）。

二、大气监测的目的和作用

（一）大气监测的目的

通过对大气环境中主要污染物质进行定期或连续的监测，判断大气质量是否符合国家制定的大气质量标准，并为编写大气环境质量状况评价报告提供数据；为研究大气质量的变化规律和发展趋势、开展大气污染的预测预报工作提供依据；为政府部门执行有关环境保护法规，开展环境质量管理、环境科学研究及修订大气环境质量标准提供基础资料和依据。

（二）大气监测作用

1.污染源的监测

目的是了解污染源所排出的有害物质是否达到现行排放标准的规定；对现有的净化装置的性能进行评价；通过对长期监测数据的分析，可为进一步修订和充实排放标准及制定环境保护法规提供科学依据，如对烟囱、汽车排气口的检测。

2.环境污染监测

目的是了解和掌握环境污染的情况，进行大气污染质量评价，并提出警戒限度；研究有害物质在大气中的变化规律，二次污染物的形成条件；通过长期监测，为修订或制定国家卫生标准及其他环境保护法规积累资料，为预测预报创造条件。监测对象不是污染源而是整个大气。

3.特定目的监测

选定一种或多种污染物进行特定目的的监测。例如，研究燃煤火力发电厂排出的污染物对周围居民呼吸道的危害，首先应选定对上呼吸道有刺激作用的污染物 SO_2、H_2SO_4、雾、飘尘等做监测指标，再选定一定数量的人群进行监测。

4.室内污染监测

室内空气污染监测是近年来的热点，它主要是通过采样和分析手段，研究室内空气中的有害物质来源、组成、浓度、转化及消长规律，以消除污染物的危害、改善室内空气质量和保护居民健康为目的。

课后自测

(1)大气污染有哪些危害？大气污染物的存在状态有哪些？

(2)大气污染分析有何特点？

(3)为什么要进行大气污染物分析？

(4)什么是大气污染？人为造成大气污染的污染源有几种？

(5)测定 NO_x 的原理是什么？干扰元素有哪些？如何消除？

(6)配制 NO_2^- 0.05 g/mL(0 ℃,101.3 kPa)的标准溶液 100.0 mL,需要称取亚硝酸钠多少克(称量误差必须符合滴定分析要求),如何配制？

参考资料

HJ 479−2009《环境空气 氮氧化物(一氧化氮和二氧化氮)的测定 盐酸萘乙二胺分光光度法》

任务二 大气中二氧化硫的测定

任务引入

二氧化硫是大气的主要污染物。它对人体健康有很大影响，吸入后主要对呼吸系统造成损伤，可致支气管炎、肺炎等。它不仅危害植物正常生长，甚至导致植物死亡，还能严重腐蚀金属和建筑物，给人类造成重大损失。标准 HJ 482-2009《环境空气 二氧化硫的测定 甲醛吸收-副玫瑰苯胺分光光度法》中规定了大气中二氧化硫的测定方法。

HJ

中华人民共和国国家环境保护标准

HJ 482—2009

代替 GB/T 15262-94

环境空气　二氧化硫的测定

甲醛吸收-副玫瑰苯胺分光光度法

Ambient air—Determination of sulfur dioxide—

Formaldehyde absorbing-pararosaniline spectrophotometry

（发布稿）

本电子版为发布稿。请以中国环境科学出版社出版的正式标准文本为准。

2009-09-27 发布　　2009-11-01 实施

环　境　保　护　部　发布

图 2-2-1 相关标准首页

任务目标

(1)会查阅有关标准,并能根据国家标准确认所需仪器和试剂。

(2)能根据国家标准规范配制环境空气中二氧化硫测定的标准溶液。

(3)了解空气中二氧化硫的来源及危害,初步学会环境空气样品的采集方法。

(4)掌握甲醛吸收-副玫瑰苯胺分光光度法测定环境空气中二氧化硫的测定原理。

(5)通过空气中二氧化硫的测定实验与职业技能实训加深理解,学会监测操作的全过程。

(6)理解常规监测项目如SO_2、CO、O_3、TSP、自然降尘及总颗粒物中主要组分的测定原理。

任务分析

1.明确任务流程

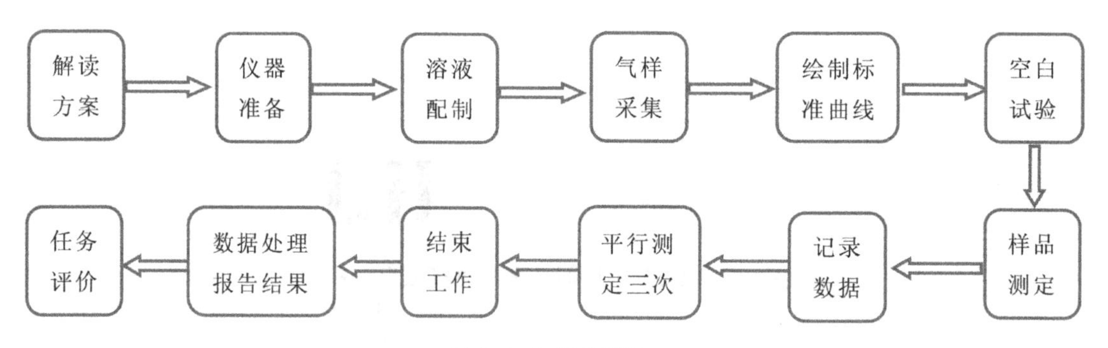

图 2-2-2 任务流程

2.任务难点分析

(1)二氧化硫测定溶液配制。

(2)样品的采集。

(3)标准曲线的绘制。

(4)二氧化硫测定操作。

3.任务前准备

(1)HJ 482—2009《环境空气 二氧化硫的测定 甲醛吸收-副玫瑰苯胺分光光度法》。

(2)大气中二氧化硫的测定视频资料。

(3)大气中二氧化硫的测定所需的仪器和试剂。

①仪器:10 mL 具塞比色管、分光光度计、空气采样器、10 mL 和 50 mL 多孔玻板吸收管、恒温水浴等。

②试剂:碘酸钾、氢氧化钠溶液、环已二胺四乙酸二钠溶液、甲醛缓冲吸收贮备液和缓冲吸收液、氨磺酸钠溶液、碘贮备液和碘溶液、淀粉溶液、碘酸钾基准溶液、盐酸溶液、硫代硫酸钠标准贮备液和标准滴定溶液、乙二胺四乙酸二钠盐溶液、二氧化硫标准贮备溶液和标准溶液、盐酸副玫瑰苯胺贮备液和使用液、盐酸-乙醇清洗液等。

相关知识

二氧化硫测定基础知识

SO_2为无色有很强刺激性气味的气体,它是一个还原剂,能被氧化生成SO_3或H_2SO_4。二氧化硫是主要大气污染物之一,地球上有57%的SO_2来自自然界,43%来自工业等人为的污染。而城镇SO_2的污染,主要是由于家庭和工业用煤以及油料燃烧所产生的SO_2,散布于大气中而造成空气污染。二氧化硫的工业污染主要来源于煤和石油产品的燃烧、含硫矿石的冶炼、硫酸等化工产品生产所排放的废气。

SO_2对结膜和上呼吸道黏膜有强烈刺激性,吸入后主要对呼吸系统造成损伤,可致鼻咽炎、支气管炎、肺炎及哮喘病、肺心病等,严重者可致肺水肿和呼吸麻痹。大气中的SO_2能形成酸性气溶胶,当其进入呼吸器官内部时,对人体健康影响更为严重。

SO_2危害植物正常生长,甚至导致植物死亡。SO_2在大气中能与水和尘粒结合形成气溶胶,并逐渐被氧化成硫酸和硫酸盐,严重腐蚀金属和建筑物,给人类造成重大损失。我国卫生标准规定,生产厂房空气中SO_2的含量不得超过20 mg/m^3。

测定二氧化硫的方法有四氯汞盐吸收-副玫瑰苯胺分光光度法、甲醛吸收-副玫瑰苯胺分光光度法、紫外荧光法、电导法、恒电流库仑滴定法、火焰光度法等。国家制定了两个标准方法,即《环境空气 二氧化硫的测定 四氯汞盐吸收-副玫瑰苯胺分光光度法》(HJ 483-2009)和《环境空气 二氧化硫的测定 甲醛吸收-副玫瑰苯胺分光光度法》(HJ 482-2009)。

四氯汞盐吸收-副玫瑰苯胺分光光度法适用于大气中二氧化硫的测定,该法灵敏度高、选择性好,可用于短时间采样(例如20~30 min),或长时间采样(例如24 h),但吸收液毒性大。甲醛吸收-副玫瑰苯胺分光光度法避免了使用含汞的吸收液,但操作略为复杂,此法的精密度、准确度、选择性和检测限等均与四氯汞盐吸收-副玫瑰苯胺分光光度法相近。

(一)四氯汞盐吸收-副玫瑰苯胺分光光度法

气样中的二氧化硫被由氯化钾和氯化汞配制成的四氯汞钾溶液吸收后,生成稳定的二氯亚硫酸盐络合物后与甲醛生成羟基甲基磺酸($HOCH_2SO_3H$),羟基甲基磺酸再和盐酸副玫瑰苯胺(即副品红)反应生成紫色络合物,其颜色深浅与二氧化硫含量成正比,用分光光度法测定。

(二)甲醛吸收-副玫瑰苯胺分光光度法

二氧化硫被甲醛缓冲溶液吸收后,生成稳定的羟基甲基磺酸加成化合物。在样品溶液中加入氢氧化钠使加成化合物分解,释放出的二氧化硫与盐酸副玫瑰苯胺、甲醛作用,生成紫红色化合物,根据颜色深浅,用分光光度计在 577 nm 处进行测定。当用 10 mL 吸收液采气 30 L 时,最低检出浓度为 0.028 mg/m^3。

任务实施

活动 1 解读大气中二氧化硫的测定标准

1.阅读与查找标准

(1)上网搜索查找大气中二氧化硫测定的测定方法标准。

(2)仔细阅读标准 HJ 482-2009《环境空气 二氧化硫的测定 甲醛吸收-副玫瑰苯胺分光光度法》,确定二氧化硫测定方案,找出方法的适用范围、检测限、干扰、方法原理、精密度和准确度等内容,并列出所需的其他相关标准。将查找结果填入表 2-2-1 中。

2.仪器和试剂的确认

依据查阅的标准,拟订仪器和试剂计划,填入表 2-2-1 中。

3.数据记录

表 2-2-1 解读《大气 二氧化硫的测定 甲醛吸收-副玫瑰苯胺分光光度法》标准的原始记录

<table>
<tr><td>记录编号</td><td colspan="3"></td></tr>
<tr><td colspan="4">一、阅读与查找标准</td></tr>
<tr><td>方法原理</td><td colspan="3"></td></tr>
<tr><td>相关标准</td><td colspan="3"></td></tr>
<tr><td>检测限</td><td colspan="3"></td></tr>
<tr><td>准确度</td><td></td><td>精密度</td><td></td></tr>
<tr><td colspan="4">二、标准内容</td></tr>
<tr><td>适用范围</td><td></td><td>限值</td><td></td></tr>
<tr><td>定量公式</td><td></td><td>性状</td><td></td></tr>
<tr><td>样品处理</td><td colspan="3"></td></tr>
<tr><td>操作步骤</td><td colspan="3"></td></tr>
<tr><td colspan="4">三、仪器确认</td></tr>
<tr><td colspan="3">所需仪器</td><td>检定有效日期</td></tr>
<tr><td colspan="3"></td><td></td></tr>
<tr><td colspan="3"></td><td></td></tr>
</table>

续表

四、试剂确认			
试剂名称	纯度	库存量	有效期
五、安全防护			
确认人		复核人	

活动 2 二氧化硫测定仪器准备

按国家标准 HJ 482−2009《环境空气 二氧化硫的测定 甲醛吸收−副玫瑰苯胺分光光度法》拟订和领取所需仪器，确认仪器的规格、型号，并完成表 2−2−2 领用记录的填写，做好仪器和设备的准备工作。

二氧化硫测定仪器准备内容

(1)分光光度计。

(2)多孔玻板吸收管：10 mL 多孔玻板吸收管，用于短时间采样；50 mL 多孔玻板吸收管，用于 24 h 连续采样。

(3)恒温水浴：0~40 ℃，控制精度为±1 ℃。

(4)具塞比色管：10 mL。用过的比色管和比色皿应及时用盐酸−乙醇清洗液浸洗，否则难以洗净。

(5)空气采样器：用于短时间采样的普通空气采样器，流量范围 0.1~1 L/min，应具有保温装置；用于 24 h 连续采样的采样器应具备恒温、恒流、计时、自动控制开关的功能，流量范围 0.1~0.5 L/min。

(6)一般实验室常用仪器。

二氧化硫的测定所需仪器如图 2−2−3 所示。

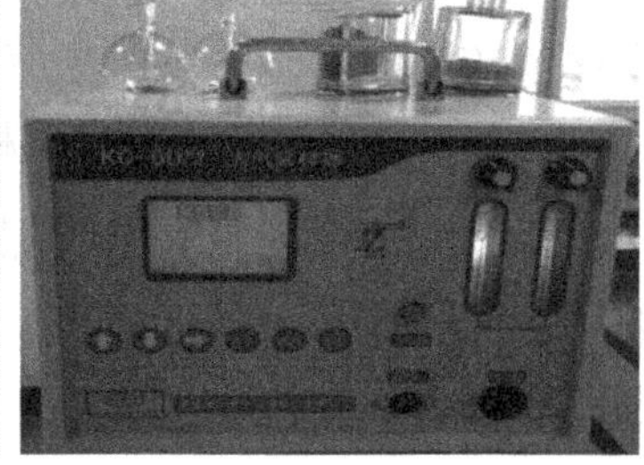

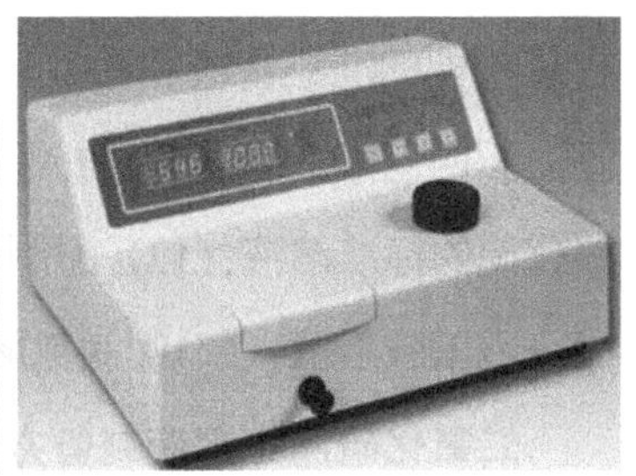

图 2−2−3 二氧化硫的测定仪器

活动 3 二氧化硫测定中溶液的制备

按国家标准 HJ 482-2009《环境空气 二氧化硫的测定 甲醛吸收-副玫瑰苯胺分光光度法》拟订和领取所需的试剂，完成表 2-2-2 领用记录的填写，并按要求配制所需的溶液和标准溶液。

表 2-2-2 仪器和试剂领用记录

仪器				
编号	名称	规格	数量	备注
试剂				
编号	名称	级别	数量	配制方法

二氧化硫测定需要领取的试剂如图 2-2-4 所示。

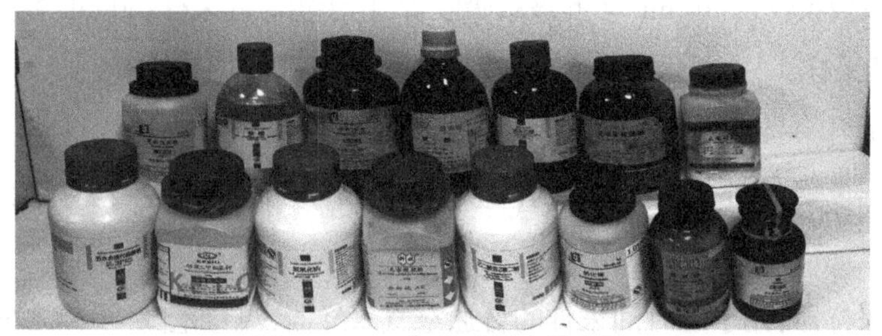

图 2-2-4 二氧化硫测定的试剂

溶液制备具体任务：(1)制备 1.5 mol/L 氢氧化钠溶液；(2)配制 0.05 mol/L 环已二胺四乙酸二钠溶液；(3)配制甲醛缓冲吸收贮备液、缓冲吸收液；(4)配制 6.0 g/L 氨磺酸钠溶液；(5)配制 0.10 mol/L 碘贮备液、0.010 mol/L 碘溶液；(6)配制 5.0 g/L 淀粉溶液；(7)配制 $c(1/6\ KIO_3)$=0.1000 mol/L 碘酸钾基准溶液；(8)配制 1.2 mol/L 盐酸溶液；(9)制备 0.10 mol/L 硫代硫酸钠标准贮备液和 0.01±0.00001 mol/L 硫代硫酸钠标准滴定溶液；(10) 配制 0.50 g/L 乙二胺四乙酸二钠盐(EDTA-2Na)溶液；(11)制备二氧化硫标准贮备溶液和 1.0 μg/mL 二氧化硫的标准溶液；(12) 配制 0.2 g/100 mL 盐酸副玫瑰苯胺贮备液和 0.050 g/100 mL 盐酸副玫瑰苯胺溶液；(13)配制盐酸-乙醇清洗液。

二氧化硫测定溶液制备方法

除非另有说明，分析时均使用符合国家标准的分析纯试剂，实验用水为新制备的蒸馏水或同等纯度的水。

(1)碘酸钾(KIO_3),优级纯,经 110 ℃干燥 2 h。

(2)配制 $c(NaOH)=1.5$ mol/L 氢氧化钠溶液。

称取 6.0 g NaOH,溶于 100 mL 水中。

(3)配制 $c(CDTA-2Na)=0.05$ mol/L 环已二胺四乙酸二钠溶液。

称取 1.82 g 反式 1,2−环已二胺四乙酸,加入氢氧化钠溶液 6.5 mL,用水稀释至 100 mL。

(4)配制甲醛缓冲吸收贮备液。

吸取 36%~38%的甲醛溶液 5.5 mL;CDTA−2Na 溶液 20.00 mL;称取 2.04 g 邻苯二甲酸氢钾,溶于少量水中;将三种溶液合并,再用水稀释至 100 mL,贮于冰箱可保存 1 年。

(5)配制甲醛缓冲吸收液。

用水将甲醛缓冲吸收贮备液稀释 100 倍。临用时现配。

(6)配制 $\rho(NaH_2NSO_3)=6.0$ g/L 氨磺酸钠溶液。

称取 0.60 g 氨磺酸(H_2NSO_3H)置于 100 mL 烧杯中,加入 4.0 mL 氢氧化钠,用水搅拌至完全溶解后稀释至 100 mL,摇匀。此溶液密封可保存 10 d。

(7)配制 $c(1/2I_2)=0.10$ mol/L 碘贮备液。

称取 12.7 g 碘(I_2)于烧杯中,加入 40 g 碘化钾和 25 mL 水,搅拌至完全溶解,用水稀释至 1000 mL,贮存于棕色细口瓶中。

(8)配制 $c(1/2I_2)=0.010$ mol/L 碘溶液。

量取碘贮备液 50 mL,用水稀释至 500 mL,贮于棕色细口瓶中。

(9)配制 $\rho\approx5.0$ g/L 淀粉溶液。

称取 0.5 g 可溶性淀粉于 150 mL 烧杯中,用少量水调成糊状,慢慢倒入 100 mL 沸水,继续煮沸至溶液澄清,冷却后贮于试剂瓶中。

(10)配制 $c(1/6KIO_3)=0.1000$ mol/L 碘酸钾基准溶液。

准确称取 3.5667 g 碘酸钾溶于水,移入 1000 mL 容量瓶中,用水稀至标线,摇匀。

(11)配制 $c(HCl)=1.2$ mol/L 盐酸溶液。

量取 100 mL 浓盐酸,用水稀释至 1000 mL。

(12)配制 $c(Na_2S_2O_3)=0.10$ mol/L 硫代硫酸钠标准贮备液。

称取 25.0 g 硫代硫酸钠($Na_2S_2O_3\cdot5H_2O$),溶于 1000 mL 新煮沸但已冷却的水中,加入 0.2 g 无水碳酸钠,贮于棕色细口瓶中,放置一周后备用。如溶液呈现混浊,必须过滤。

标定方法:吸取三份 20.00 mL 碘酸钾基准溶液分别置于 250 mL 碘量瓶中,加 70 mL 新煮沸但已冷却的水,加 1 g 碘化钾,振摇至完全溶解后,加 10 mL 盐酸溶液,立即盖好瓶塞,摇匀。于暗处放置 5 min 后,用硫代硫酸钠标准溶液滴定溶液至浅黄色,加 2 mL 淀粉溶液,继续滴定至蓝色刚好褪去为终点。硫代硫酸钠标准溶液的摩尔浓度按下式计算:

$$c_1=\frac{0.1000\times 20.00}{V}$$

式中:c_1——硫代硫酸钠标准溶液的摩尔浓度,mol/L;

V——滴定所耗硫代硫酸钠标准溶液的体积,mL。

(13)配制 $c(Na_2S_2O_3)=0.01\pm 0.00001$ mol/L 硫代硫酸钠标准滴定溶液。

取 50.0 mL 硫代硫酸钠贮备液置于 500 mL 容量瓶中,用新煮沸但已冷却的水稀释至标线,摇匀。

(14)配制 $\rho=0.50$ g/L 乙二胺四乙酸二钠盐(EDTA−2Na)溶液。

称取 0.25 g 乙二胺四乙酸二钠盐溶于 500 mL 新煮沸但已冷却的水中。临用时现配。

(15)配制 $\rho(Na_2SO_3)=1$ g/L 亚硫酸钠溶液。

称取 0.2 g 亚硫酸钠(Na_2SO_3),溶于 200 mL EDTA−2Na 溶液中,缓缓摇匀以防充氧,使其溶解。放置 2~3 h 后标定。此溶液每毫升相当于 320~400 μg 二氧化硫。

标定方法:

①取 6 个 250 mL 碘量瓶(A_1、A_2、A_3、B_1、B_2、B_3),分别加入 50.0 mL 碘溶液。在 A_1、A_2、A_3 内各加入 25 mL 水,在 B_1、B_2 内加入 25.00 mL 亚硫酸钠溶液盖好瓶盖。

②立即吸取 2.00 mL 亚硫酸钠溶液加到一个已装有 40~50 mL 甲醛缓冲吸收贮备液的 100 mL 容量瓶中,并用甲醛缓冲吸收贮备液稀释至标线、摇匀。此溶液即为二氧化硫标准贮备溶液,在 4~5 ℃下冷藏,可稳定 6 个月。

③紧接着再吸取 25.00 mL 亚硫酸钠溶液加入 B_3 瓶内,盖好瓶塞。

④将 A_1、A_2、A_3、B_1、B_2、B_3 六个瓶子于暗处放置 5 min 后,用硫代硫酸钠标准滴定溶液滴定至浅黄色,加 5 mL 淀粉指示剂,继续滴定至蓝色刚刚消失即为终点。平行滴定所用硫代硫酸钠标准滴定溶液的体积之差应不大于 0.05 mL。

二氧化硫标准贮备溶液的质量浓度由以下公式计算:

$$\rho=\frac{(V_0-V)\times c_2\times 32.02\times 10^3}{25.00}\times\frac{2.00}{100}$$

式中:ρ ——二氧化硫标准贮备溶液的质量浓度,μg/mL;

V_0 ——空白滴定所用硫代硫酸钠标准滴定溶液的体积,mL;

V——样品滴定所用硫代硫酸钠标准滴定溶液的体积，mL；

c_2——硫代硫酸钠标准滴定溶液的浓度，mol/L。

(16)$\rho(Na_2SO_3)$=1.00 μg/mL 二氧化硫标准溶液。

用甲醛缓冲吸收液将二氧化硫标准贮备溶液稀释成每毫升含 1.00 μg 二氧化硫的标准溶液。此溶液用于绘制标准曲线，在 4~5 ℃下冷藏，可稳定 1 个月。

(17)ρ=0.2 g/100 mL 盐酸副玫瑰苯胺(pararosaniline，简称 PRA，即副品红或对品红)贮备液。

(18)ρ=0.050 g/100 mL 盐酸副玫瑰苯胺溶液(PRA)。

吸取 25.00 mL 盐酸副玫瑰苯胺贮备液于 100 mL 容量瓶中，加 30 mL 85%的浓磷酸，12 mL 浓盐酸，用水稀释至标线，摇匀，放置过夜后使用。避光密封保存。

(19)盐酸-乙醇清洗液。

由三份(1+4)盐酸和一份 95%乙醇混合配制而成，用于清洗比色管和比色皿。

活动 4 采集二氧化硫测定的大气样品

(1)短时间采样：采用内装 10 mL 吸收液的多孔玻板吸收管，以 0.5 L/min 的流量采气 45~60 min。吸收液温度保持在 23~29 ℃范围。如图 2-2-5 所示。

(1)装吸收液

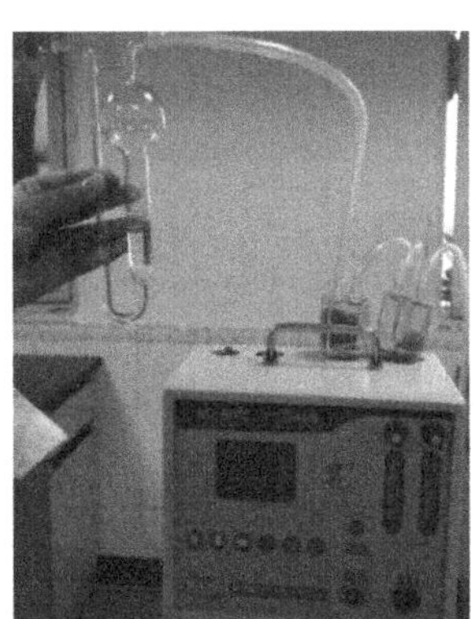

(2)吸收管的安装

(3)仪器安装

(4)采样设置

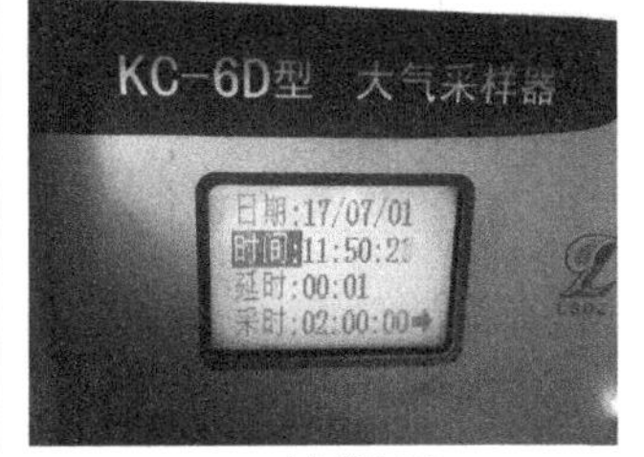

(5)时间设置

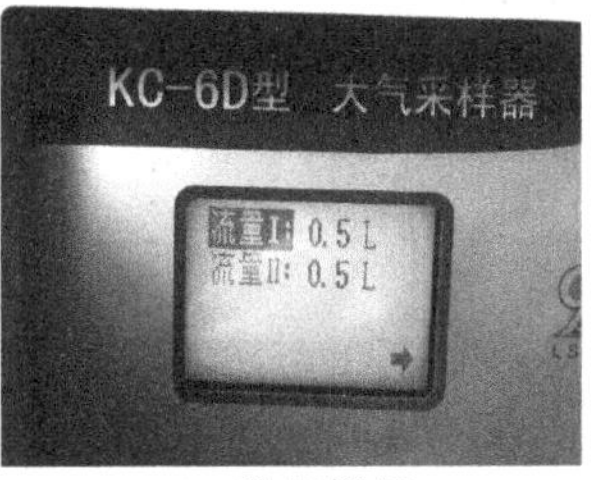

(6)流量设置

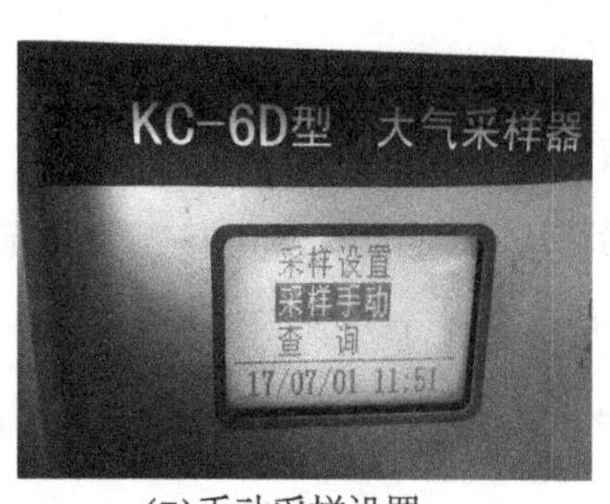

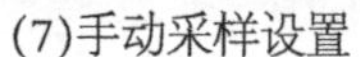
(7)手动采样设置

(8)采样

(9)吹出吸收液

图 2-2-5 采样过程

(2)24 h 连续采样:用内装 50 mL 吸收液的多孔玻板吸收瓶,以 0.2 L/min 的流量连续采样 24 h。吸收液温度保持在 23~29 ℃范围。

(3)现场空白:将装有吸收液的采样管带到采样现场,除了不采气之外,其他环境条件与样品相同。

(4)采样记录填写在表 2-2-3 中。

表 2-2-3 空气采样及样品交接记录

任务来源				采样地点及编号				天气	
采样日期				采样高度,m					
采样器型号及编号									
采样时段									
项目名称									
样品编号									
采样流量,L/min									
采样时间,min									
采样体积,L									
大气温度,℃									
大气压强,kPa									
标准体积换算系数									
风向									
风速,$m \cdot s^{-1}$									
相对湿度,%									
备注									

采样人员:__________ 记录人员:__________

注意事项

(1)样品采集、运输和贮存过程中应避免阳光照射。

(2)放置在室(亭)内的 24 h 连续采样器,进气口应连接符合要求的空气质量集中采样管路系统,以减少二氧化硫进入吸收瓶前的损失。

(3)多孔玻板吸收管的阻力为 6.0±0.6 kPa,2/3 玻板面积发泡均匀,边缘无气泡逸出。

(4)采样时吸收液的温度在 23~29 ℃时,吸收效率为 100%;10~15 ℃时,吸收效率偏低 5%;高于 33 ℃或低于 9 ℃时,吸收效率偏低 10%。

活动 5 大气中二氧化硫的测定

1.实验原理

二氧化硫被甲醛缓冲溶液吸收后,生成稳定的羟基甲基磺酸加成化合物,在样品溶液中加入氢氧化钠,使加成化合物分解,释放出的二氧化硫与副玫瑰苯胺、甲醛作用,生成紫红色化合物,用分光光度计在波长 577 nm 处测量吸光度。

2.操作步骤

(1)标准曲线的绘制。

取 14 支 10 mL 具塞比色管,分 A、B 两组,每组 7 支,分别对应编号。A 组按表 2-2-4 配制标准系列:

表 2-2-4 二氧化硫标准系列

管号	0	1	2	3	4	5	6
二氧化硫标准溶液,mL	0.00	0.50	1.00	2.00	5.00	8.00	10.0
甲醛缓冲吸收液,mL	10.00	9.50	9.00	8.00	5.00	2.00	0.00
二氧化硫含量,μg/10 mL	0.00	0.50	1.00	2.00	5.00	8.00	10.00

在 B 组各管中分别加入 1.00 mL PRA 溶液。

在 A 组各管中分别加入 0.5 mL 氨磺酸钠溶液和 0.5 mL 氢氧化钠溶液,混匀。

将 A 组各管的溶液迅速地全部倒入对应编号并盛有 PRA 溶液的 B 管中,立即加塞,混匀后放入恒温水浴装置中显色。

显色温度与室温之差不应超过 3 ℃。根据季节和环境条件按表 2-2-5 选择合适的显色温度与显色时间:

表 2-2-5 显色温度与显色时间

显色温度,℃	10	15	20	25	30
显色时间,min	40	25	20	15	5
稳定时间,min	35	25	20	15	10
试剂空白吸光度,A_0	0.03	0.035	0.04	0.05	0.06

在波长 577 nm 处,用 10 mm 比色皿,以水为参比测量吸光度。以空白校正后各管的吸光度为纵坐标,以二氧化硫的质量浓度(μg/10 mL)为横坐标,用最小二乘法建立标准曲线的回归方程。

$$Y=a+bX$$

式中:Y——$(A-A_0)$标准溶液吸光度 A 与试剂空白吸光度 A_0 之差;

X——二氧化硫含量,μg/10 mL;

b——回归方程的斜率(由斜率倒数求得校正因子,$B=1/b$);

a——回归方程的截距(一般要求小于 0.005)。

在给定条件下标准曲线斜率应为 0.042±0.004,试剂空白吸光度 A_0 在规定显色条件下波动范围不超过±15%。

(2)样品测定。

①样品溶液中如有混浊物,则应离心分离除去。

②若无混浊物时,将样品放置 20 min,以使臭氧分解。

③短时间采集的样品:将吸收管中的样品溶液移入 10 mL 比色管中,用少量甲醛缓冲吸收液洗涤吸收管,洗液并入比色管中并稀释至标线。加入 0.5 mL 氨磺酸钠溶液,混匀,放置 10 min,以除去氮氧化物的干扰。后续步骤同标准曲线的绘制。

如样品吸光度超过标准曲线上限,则可用试剂空白溶液稀释,在数分钟内再测量其吸光度,但稀释倍数不要大于 6。

④连续 24 h 采集的样品:将吸收瓶中样品移入 50 mL 容量瓶(或比色管)中,用少量甲醛缓冲吸收液洗涤吸收瓶后,再倒入容量瓶(或比色管)中,并用甲醛缓冲吸收液稀释至标线。吸取适当体积的试样溶液(视浓度高低而决定取 2~10 mL)于 10 mL 比色管中,再用甲醛缓冲吸收液稀释至标线,加入 0.5 mL 氨磺酸钠溶液,混匀,放置 10 min 以除去氮氧化物的干扰,后续步骤同标准曲线的绘制。

3.结果的表述

空气中二氧化硫的质量浓度,按以下公式计算:

$$\rho=\frac{(A-A_0-a)}{b\times V_n}\times\frac{V_t}{V_m}$$

式中:ρ ——空气中二氧化硫的质量浓度,mg/m^3;

A—— 样品溶液的吸光度;

A_0—— 试剂空白溶液的吸光度;

b —— 标准曲线的斜率,吸光度·10 mL/μg;

a —— 标准曲线的截距(一般要求小于 0.005);

V_t—— 样品溶液的总体积,mL;

V_m—— 测定时所取试样的体积,mL;

V_n—— 换算成标准状态下(101.325 kPa,273 K)的采样体积,L。

计算结果准确到小数点后三位。

注意事项

(1)每批样品至少测定 2 个现场空白。即将装有吸收液的采样管带到采样现场,除了不采气之外,其他环境条件与样品相同。

(2)当空气中二氧化硫浓度高于测定上限时,可以适当减少采样体积或者减少试料的体积。

(3)显色温度低,显色慢,稳定时间长;显色温度高,显色快,稳定时间短。操作人员必须了解显色温度、显色时间和稳定时间的关系,严格控制反应条件。

(4)测定样品时的温度与绘制标准曲线时的温度之差不应超过 2 ℃。

(5)六价铬能使紫红色络合物褪色,产生负干扰,故应避免用硫酸-铬酸洗液洗涤玻璃器皿。若已用硫酸-铬酸洗液洗涤过,则需用盐酸溶液(1+1)浸洗,再用水充分洗涤。

活动 6 大气中二氧化硫的测定数据记录与处理

将测定数据及处理结果记录于表 2-2-6 中。

表 2-2-6 二氧化硫的测定原始记录

样品名称		测定项目		测定方法	
测定时间		环境温度		合作人	

续表

一、标准曲线的绘制							
二氧化硫标准贮备液浓度，μg/mL							
二氧化硫标准工作液浓度，μg/mL							
序号	1	2	3	4	5	6	7
分取标准使用液体积，mL	0.00	0.50	1.00	2.00	5.00	8.00	10.00
SO_2浓度，μg/10 mL							
吸光度 A							
校正后吸光度 A							
标准曲线的截距 a							
标准曲线的斜率 b							

二、大气中二氧化硫的测定				
测定次数	1	2	3	空白 A_0
样品溶液的吸光度 A				
样品溶液的总体积 V_t，mL				
测定时所取试样的体积 V_m，mL				
换算为标准状态下的采样体积 V_n，L				
空气中二氧化硫浓度计算公式				
二氧化硫浓度 ρ，mg/m^3				
二氧化硫平均浓度，mg/m^3				
相对极差，%				

活动7　撰写分析报告

将测定结果填写入表 2-2-7 中。

表 2-2-7　二氧化硫测定检验报告内页

采样地点			样品编号	
执行标准				
检测项目	检测结果	限值	本项结论	备注
以下空白				

检验员(签字)：____________　工号：____________　日期：____________

任务评价

表 2-2-8 任务评价表

考核内容	序号	考核标准	分值	小组评价	教师评价
解读国家标准(10 分)	1	标准查找正确	2 分		
	2	仪器的确认(种类、规格、精度)正确	2 分		
	3	试剂的确认(种类、纯度、数量)正确	2 分		
	4	解读标准的原始记录填写无误	4 分		
仪器准备(5 分)	5	仪器选择正确(规格、型号)	2 分		
	6	仪器领用正确(规格、型号)	1 分		
	7	仪器领用记录的填写正确	2 分		
溶液准备(10 分)	8	试剂领用正确(种类、纯度、数量)	2 分		
	9	试剂领用记录的填写正确	3 分		
	10	正确配制所需溶液	5 分		
气样采集保存(5 分)	11	选择采样点、采样方法、采样量等正确	3 分		
	12	气样的保存方法、保存剂及用量等适当	2 分		
测定操作(30 分)	13	正确绘制标准曲线	10 分		
	14	测定二氧化硫操作正确	10 分		
	15	空白试验操作正确	5 分		
	16	再次测定操作正确	3 分		
	17	样品测定三次	2 分		
测后工作及团队协作(10 分)	18	仪器清洗、归位正确	2 分		
	19	药品、仪器摆放整齐	2 分		
	20	实验台面整洁	1 分		
	21	分工明确，各尽其职	5 分		
数据记录、处理及测定结果(25 分)	22	及时记录数据、记录规范，无随意涂改	3 分		
	23	正确填写原始记录表	2 分		
	24	计算正确	5 分		
	25	测定结果与标准值比较≤±1.0%	10 分		
	26	相对极差≤1.0%	5 分		
撰写分析报告(5 分)	27	检验报告内容正确	2 分		
	28	正确撰写检验报告	3 分		
考核结果					

拓展提高

气态污染物监测技术

一、无机污染物监测技术

(一)氮氧化物(详见项目二任务一 大气中氮氧化物的测定 相关知识 氮氧化物测定基础知识)

(二)二氧化硫(详见本任务 大气中二氧化硫的测定 相关知识 二氧化硫测定基础知识)

(三)臭氧

臭氧是较强的氧化剂之一,大气中含有极微量的臭氧,是高空大气的正常组分。它是大气中的氧在太阳紫外线的照射下或受雷击形成的,雨天雷电交加时也可产生臭氧。臭氧在高空大气中可以吸收紫外线,保护人和生物免受太阳紫外线的辐射。

臭氧具有刺激性，量大时会刺激黏膜和损害中枢神经系统，引起支气管炎和头痛等症状。在紫外线的作用下,臭氧参与烃类和 NO_x 的光化学反应形成光化学烟雾。

臭氧的测定的方法有分光光度法、化学发光法、紫外光度法等。国家标准中测定臭氧含量有两个标准,即《环境空气 臭氧的测定 靛蓝二磺酸钠分光光度法》(HJ 504-2009)和《环境空气 臭氧的测定 紫外光度法》(HJ 590-2010)。

1.靛蓝二磺酸钠分光光度法

用含有靛蓝二磺酸钠的磷酸盐缓冲溶液做吸收液采集空气样品,则空气中的 O_3 与吸收液中蓝色的靛蓝二磺酸钠等摩尔反应,褪色生成靛红二磺酸钠。在 610 nm 处测量吸光度,用标准曲线定量。当采样体积为 30 L 时,测定下限为 0.04 mg/m^3。Cl_2、ClO_2、NO_2 对 O_3 的测定产生正干扰;空气中 SO_2、H_2S、PAN 和 HF 的浓度分别高于 750 μg/m^3、110 μg/m^3、1800 μg/m^3 和 2.5 μg/m^3 时,对 O_3 的测定产生负干扰。一般情况下,空气中上述气体的浓度很低,不会造成显著误差。本方法适合于测定高含量的臭氧。

2.紫外光度法

根据 O_3 对 253.7 nm 波长的紫外光有特征吸收,且 O_3 对紫外光的吸收程度与其浓度间的关系符合朗伯-比尔定律,采用紫外臭氧分析仪(如图 2-2-6 所示)测定紫外光通过 O_3 后减弱的程度,便可求出 O_3 浓度。本方法适用于测定环境空气中臭氧的浓度范围是 0.003~2 mg/m^3。

本方法不受常见气体的干扰，但 20 μg/m³ 以上的苯乙烯、5 μg/m³ 以上的苯甲醛、100 μg/m³ 以上的硝基苯酚以及 100 μg/m³ 以上的反式甲基苯乙烯，对紫外臭氧分析仪产生干扰，影响臭氧的测定。

图 2-2-6 紫外臭氧分析仪

(四)一氧化碳

一氧化碳是大气中主要污染物之一，它主要来源于石油、煤炭等不完全燃烧，以及汽车的排气。一氧化碳是有毒气体，进入肺泡后很快会和血红蛋白(Hb)产生很强的亲和力，使血红蛋白形成碳氧血红蛋白(COHb)，阻止氧和血红蛋白的结合，会使血液输送氧的能力降低，造成缺血症，从而使人产生中毒症状，重者可致人死亡。

测定大气中一氧化碳的方法很多，有非分散红外法(GB 9801-1988)、气相色谱法、定电位电解法、汞置换法等，其中非分散红外法为空气连续采样实验室分析和自动监测的国家标准分析方法，方法简便，能连续自动监测，也能测定塑料袋中的气样。汞置换法具有灵敏度高、响应时间快及操作简便等优点，适用于空气中低浓度一氧化碳的测定和本底调查。气相色谱法灵敏度高、选择性好，并能同时测定甲烷及二氧化碳，但仪器较贵，携带不便。

非分散红外法基本原理：当 CO、CO_2 等气态分子受到红外辐射(1~25 μm)照射时，吸收各自特征波长的红外光，引起分子振动能级和转动能级的跃迁，而产生红外吸收光谱。在一定浓度范围内，吸收光谱的峰值(吸光度)与气态物质浓度之间的关系符合朗伯-比尔定律。因此，测定它的吸光度即可确定气态物质的浓度。

CO 红外吸收峰在 4.67 μm 附近，CO_2 在 4.3 μm 附近，水蒸气在 3 μm 和 6 μm 附近。

由于空气中 CO_2 和水蒸气的浓度远远大于 CO 的浓度，会干扰 CO 的测定。测定前可采用通过干燥剂或者用制冷剂的方法除去水蒸气。由于红外波谱一般在 1~25 μm，测定时无须用分辨率高的分光系统，只需用窄带光学滤光片或气体滤波室将红外辐射限制在 CO 吸收的窄带光范围内以消除 CO_2 的干扰，故称为非分散红外法。

非分散红外法 CO 监测仪的工作原理如图 2-2-7 所示。从红外光源发射出能量相等的两束平行光，被同步电机 M 带动的切光片交替切断。然后，一束光作为测量光束，通过滤波室、测量室射入检测室。由于测量室内有气样通过，则气样中的 CO 吸收了部分特征波长的红外光使光强减弱，且 CO 含量越高，光强减弱就越多。另一束光作为参比光束通过滤波室（内充 CO 和水蒸气，用以消除干扰光）、参比室（内充不吸收红外光的气体，如氮气）射入检测室，其特征吸收波长光强度不变。检测室用一张金属薄膜（厚 5~10 μm）分隔为上、下两室，均充等浓度 CO 气体，在金属薄膜一侧还固定一张圆形金属片，距薄膜 0.05~0.08 mm，二者组成一个电容器。这种检测器称为电容检测器或薄膜微音器。由于射入检测室的参比光束强度大于测量光束强度，使两室中气体的温度产生差异，导致下室中的气体膨胀压力大于上室，使金属薄膜偏向固定金属片一方，从而改变了电容器两极间的距离，也就改变了电容，由其变化值即可得出待测样品中 CO 的浓度值。利用电子技术将电容变化转化为电流变化，经放大及信号处理系统处理后，传送到指示表和记录仪。

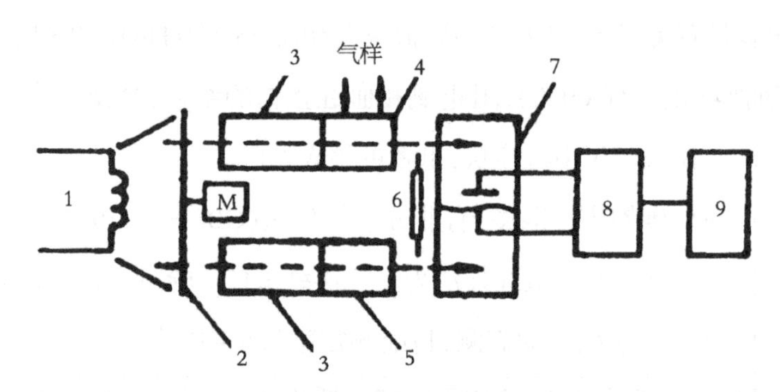

1-红外光源；2-切光片；3-滤波室；4-测量室；5-参比室；6-调零挡板；7-检测室；
8-放大及信号处理系统；9-指示表及记录仪

图 2-2-7 非分散红外法 CO 监测仪工作原理示意图

（五）硫酸雾

1.大气中硫酸雾的测定

用滤膜采样后测定样品中硫酸根离子的方法，一般测定的是硫酸雾和颗粒物中的硫酸盐的总量，而用二乙胺分光光度法可测定硫酸雾的浓度，基本上不受颗粒物中硫酸盐的干扰。

用离子色谱法测定空气中的硫酸和硫酸盐是一种灵敏、准确、干扰少的方法。此法不但可以测定二者的总量，还可以将样品滤膜分成两份，进行分别测定。离子色谱法已经作为测定居住区大气中硫酸盐卫生检验标准方法（GB 11733-1989）。

2.硫酸盐化速率测定

在实际环境监测中,更多的是测定硫酸盐化速率。硫酸盐化速率是指大气中含硫污染物演变为硫酸雾和硫酸盐雾的速度,即排放到大气中的 SO_2、H_2S、硫酸蒸气等含硫污染物,经过一系列演变和反应,最终形成危害更大的硫酸雾和硫酸盐雾的速度。测定方法有二氧化铅-重量法、碱片-重量法、碱片-离子色谱法和碱片-铬酸钡分光光度法等。

二氧化铅-重量法原理:大气中的 SO_2、H_2S、硫酸蒸气等与采样管上的二氧化铅反应生成硫酸铅,用碳酸钠溶液处理,使硫酸铅转化为碳酸铅,释放出硫酸根离子,再加入 $BaCl_2$ 溶液,生成 $BaSO_4$ 沉淀,用重量法测定,其结果以每日在 100 cm^2 二氧化铅面积上所含 SO_3 的毫克数表示。最低检出浓度为 0.05 mg SO_3/(100 cm^2 $PbO_2 \cdot d$)。

吸收反应式如下:

$$SO_2+PbO_2 = PbSO_4$$

$$H_2S+PbO_2 = PbO+H_2O+S$$

$$PbO_2+S+O_2 = PbSO_4$$

按下式计算测定结果:

$$\text{硫酸盐化速率}[SO_3\ mg/(100\ cm^2\ PbO_2 \cdot d)]=\frac{(W_s-W_0)}{S \cdot n} \cdot \frac{M_{SO_3}}{M_{BaSO_4}} \times 100$$

式中:W_s——样品管测得的 $BaSO_4$ 质量,mg;

W_0——空白管测得的 $BaSO_4$ 质量,mg;

n——采样天数,准确至 0.1 d;

S——采样管上 PbO_2 涂层面积,cm^2;

M_{SO_3}/M_{BaSO_4}——SO_3 与 $BaSO_4$ 相对分子质量之比,0.343。

二、有机污染物监测技术

(一)总烃及非甲烷烃

总碳氢化合物常以两种方法表示,一种是包括甲烷在内的碳氢化合物,称为总烃(THC),另一种是除甲烷以外的碳氢化合物,称为非甲烷烃(NMHC)。

大气中的碳氢化合物主要是甲烷,其浓度范围为 2~8 μL/L。但当大气受到严重污染时,会大量增加甲烷以外的碳氢化合物,它们是形成光化学烟雾的主要物质之一,主要来自炼焦、化工等生产废气及汽车尾气等。甲烷不参与光化学反应,所以,测定不包括甲烷的碳氢化合物对判断和评价大气污染具有实际意义。

测定总烃和非甲烷烃的主要方法有光电离检测法、气相色谱法等。

1.光电离检测法

有机化合物分子在紫外光照射下可产生光电离现象，用 PID 离子检测器收集产生的离子流，其大小与进入电离室的有机化合物的质量成正比。

2.气相色谱法

用气相色谱测定后，可以根据色谱峰出峰时间进行定性分析，也可根据色谱峰峰高或峰面积进行定量分析。按下式计算总烃、甲烷、非甲烷含量：

$$\rho_{总}(以甲烷计,mg/m^3)=\frac{h_1-h_a}{h_s}\cdot\rho$$

$$\rho_{甲烷}(mg/m^3)=\frac{h_b}{h_s}\cdot\rho$$

$$\rho_{非甲烷}(mg/m^3)=\rho_{总}-\rho_{甲烷}$$

式中：$\rho_{总}$——气样中总烃浓度(以甲烷计)，mg/m^3；

ρ——甲烷标准气浓度，mg/m^3，即 $1/1000000\times16/22.4$，16/22.4 为换算因子；

h_1——样品中总烃峰高(包括氧的响应)，cm；

h_a——除烃净化空气峰高，cm；

h_s——甲烷标准气体经总烃柱的峰高，cm；

h_b——样品中甲烷的峰高，cm。

(二)苯系物

苯、甲苯、二甲苯和苯乙烯等都属于低取代芳烃，是空气中常见的苯系物。

1.苯、甲苯、二甲苯的测定

苯、甲苯、二甲苯一般是共存的，工业上把它们称为三苯。苯及苯化合物主要来自于合成纤维、塑料、燃料、橡胶等，存在于油漆、各种涂料的添加剂以及各种胶黏剂、防水材料中，还可来自燃料和烟叶的燃烧。国际卫生组织已经把苯定为强烈致癌物质。苯系物主要指三苯和苯乙烯。

居住区大气中苯、甲苯和二甲苯的浓度采用 GB 11737−1989 进行测定。基本原理是空气中的苯、甲苯和二甲苯用活性炭管采集，然后用二硫化碳提取出来，再经聚乙二醇 6000 色谱柱分离，用氢火焰离子化检测器测定，以保留时间定性分析，峰高定量分析。首先按下式计算校正因子 f：

$$f=\frac{\rho_s}{h_s-h_0}$$

式中：f——校正因子，μg/(μL·mm)；

ρ_s——标准气体或标准溶液浓度，μg/μL；

h_0、h_s——零浓度、标准浓度的平均峰高，mm。

空气中苯、甲苯和二甲苯浓度按下式计算：

$$\rho=\frac{(h-h_0)\cdot f}{V_0\cdot E_s}\times 1000$$

式中：ρ——苯或甲苯、二甲苯的浓度，mg/m³；

f——由上式计算得到的校正因子，μg/(μL·mm)；

E_s——由实验确定的二硫化碳提取的效率；

V_0——换算成标准状态下的采样体积，L。

2.苯乙烯的测定

环境空气及工业废气中苯乙烯也是苯系物的主要测定指标之一。测定大气中的苯乙烯方法有光度法、紫外光谱法、极谱法和色谱法。气相色谱法已推荐为居住区大气中苯乙烯卫生检验标准方法。基本原理是用充填 Tenax-GC 的采样管，在常温条件下，富集空气或工业废气中的苯乙烯，采样管连入气相色谱分析系统后，经加热将吸附成分全量导入附有氢火焰离子化检测器的气相色谱仪进行分析。在一定浓度范围内，苯乙烯的含量与峰面积(或峰高)成正比。

(三)多环芳烃

多环芳烃是分子中含有两个以上苯环的碳氢化合物，包括萘、蒽、菲、芘等 150 余种化合物，简称 PAHs。PAHs 主要由煤、石油、木材等不完全燃烧而形成，广泛分布于大气颗粒物(气溶胶)、土壤与沉积物及冰雪中不能融化的组分中，如表 2-2-9 所示。苯并[a]芘是第一个被发现的环境化学致癌物，而且致癌性很强，故常以苯并[a]芘作为多环芳烃的代表，它占全部致癌性多环芳烃的 1%~20%。

表 2-2-9 环境中含多环芳烃的物质

环境物	含多环芳烃的物质
空气	一般大气、室内空气、汽车库内的空气、焦油和沥青的处理工厂、焦炭炉、煤气工厂、隧道内的空气、气溶胶
排烟	各种燃烧炉、废弃物的炉外焚烧、火山
排气	汽油车、柴油车、液化丙烷车、飞机、木炭粉尘、煤炭粉尘、石油粉尘、石墨炭黑

续表

环境物	含多环芳烃的物质
煤焦油类	煤焦油、柏油、沥青、杂酚油
石油类	汽油、煤油、轻油、柴油、页岩油、釜底油
土壤	城市土壤、沼泽、湖泊、河川和海底的沉积物
水	河川水、排放水
食品	熏制品(羊肉、鳟鱼肉和鳕鱼肉、松肉等)、海藻类、野菜类、麦类
嗜好品	人造黄油、烧油、烧鸡、咖啡、威士忌
其他	石棉、化学肥料

1.大气中多环芳烃的危害

大气环境中的多环芳烃污染物危害极大,它们具有含量低而毒性大、难降解、易转化为毒性更大的物质、生物富集放大的特点。这些多环芳烃可以通过呼吸道和食物链进入人体,长期积累并不断富集放大而危害人类的健康。同时,大气中的多环芳烃还可通过干、湿沉降作用,迁移到水体和沉积物中,继续破坏生态环境。多环芳烃对人体的主要危害部位是呼吸道和皮肤。人们长期处于多环芳烃污染的环境中,可引起急性或慢性伤害,常见症状有日光性皮炎、痤疮型皮炎、毛囊炎及疣状生物等。人们早就认识到某些多环芳烃具有致癌特性,如肺癌、皮肤癌。

多环芳烃落在植物叶片上,会堵塞叶片呼吸孔,使其变色、萎缩、卷曲,直至脱落,影响植物的正常生长和结果。例如,受多环芳烃污染的大豆叶片发红而离植掉落,果荚很小或不结粒。

2.多环芳烃的监测

大气中多环芳烃的采样:应在没有障碍物的地方(距障碍物至少 2 m)采样;采样装置排气口应伸到下风向处以防止空气环流;采样结束后关泵,小心拆卸滤膜和采样管;滤膜折叠(样品面朝内)好后,放回专用的滤膜盒密闭。采样管旋紧密封帽,放回原来的广口瓶内,密闭;样品立即运回实验室,如果不能立即分析,应放在冰箱内 4 ℃保存。

大气中多环芳烃的提取和分离:将多环芳烃与其他组分分开,常用的方法有柱层析、纸色谱、薄层色谱、气相色谱、高效液相色谱等。表 2-2-10 是各种提取方法提取效率的比较。

表 2-2-10 各种提取方法提取效率的比较

提取方法	提取溶剂	环境大气颗粒物	排气颗粒物
索氏提取	苯-乙醇	1	1
溶剂提取	二氯甲烷	0.93	0.88
超声波提取	二氯乙烷-乙醇	0.90	0.02
	苯-乙醇	0.99	0.67

大气中多环芳烃的检测方法:最常用的方法有气相色谱法、高效液相色谱法和气相色谱-质谱联用法,还有新近发展起来的气相色谱-同位素质谱联用法、加速器质谱法。

多环芳烃定性分析:可以通过标样、相对保留时间、图谱等进行定性分析。

大气中多环芳烃的具体测定方法:用 GC-MS 和 HPLC-MS 检测 PAHs 的色谱检测条件如表 2-2-11 所示。

表 2-2-11 GC-MS 和 HPLC-MS 检测 PAHs 的色谱检测条件

<table>
<tr><th>色谱条件</th><th>GC-MS</th><th colspan="2">HPLC-MS</th></tr>
<tr><td>色谱柱</td><td>HP-5 涂层或 SE-54 弹性熔硅毛细柱</td><td>HPLC 柱</td><td>Vydac201TPC$_{18}$ 柱(5 μm,2.1×250 mm)</td></tr>
<tr><td>柱温</td><td>极限温度 320 ℃</td><td rowspan="7">动相</td><td>CH_3CN:H_2O 60:40(0 min)</td></tr>
<tr><td>进样器温度</td><td>270 ℃或 290 ℃。进样方式:无分流进样</td><td>CH_3CN 100(30 min)</td></tr>
<tr><td>汽化室温度</td><td>115 ℃</td><td>CH_3CN 100(35 min)</td></tr>
<tr><td>载气(N_2)流量</td><td>60 mL/min</td><td>CH_3CN 100(75 min)</td></tr>
<tr><td>氢气(H_2)流量</td><td>50 mL/min</td><td>CH_3CN 100(100 min)</td></tr>
<tr><td>空气流量</td><td>500 mL/min</td><td>流速:0.2 mL/min</td></tr>
<tr><td>程序升温</td><td>50 ℃保持 2 min,以 10 ℃/min 升温至 275 ℃保持 11 min,然后 20 ℃/min 升温至 290 ℃保持 15 min</td><td>检测器</td><td>UV(236~500 nm)、荧光检测器</td></tr>
<tr><td>检测器</td><td>FID 检测器</td><td>载气(He)流量</td><td>1.5 L/min</td></tr>
<tr><td>电离电压</td><td>70 eV</td><td>空气流量</td><td>1.2 L/min</td></tr>
</table>

苯并芘一般是指苯并[a]芘,英文名称为 Benzo (a)pyrene,别名为 3,4-苯并芘,是由 5 个苯环构成的多环芳烃,碱性情况下稳定,遇酸易起化学变化。3,4-苯并芘是一种强的环境致癌物,可诱发皮肤、肺和消化道癌症,是环境污染的主要监测项目之一。

苯并[a] 芘的检测方法有现场应急监测方法如 HPLC-RF(荧光)快速测定法,实验室监测方法如表 2-2-12 所示。

表 2-2-12 苯并[a]芘实验室监测方法

监测方法	类别	来源
高效液相色谱法	空气	《工作场所有害物质监测方法》
高效液相色谱法	水质	HJ 478-2009
高效液相色谱法	环境空气	GB/T 15439-1995
高效液相色谱法	固定污染源排气	HJ/T 40-1999
气相色谱法	固体废弃物	《固体废弃物试验分析评价手册》

续表

气相色谱法	空气	《空气中有害物质的测定方法》(第二版)
荧光光度法	食品	GB 5009.27-2016

高效液相色谱法测定苯并[a]芘的基本原理是将已恒重的玻璃纤维滤纸装入采样滤纸夹上,以 120 L/min 的流量采气 100~120 m³。空气中的苯并[a]芘被采集在玻璃纤维上,经索氏提取或真空升华后,用高效液相色谱分离测定,以保留时间定性,以峰高或峰面积定量。

(四)甲醛

甲醛是一种无色、具有刺激性气味且易溶于水的气体,它有凝固蛋白质的作用。甲醛的监测方法有乙酰丙酮分光光度法、酚试剂分光光度法、气相色谱法、AHMT 分光光度法、变色酸光度法、盐酸副玫瑰苯胺分光光度法等。国家标准《公共场所卫生检验方法 第 2 部分:化学污染物》(GB/T 18204.2-2014)规定了甲醛的测量方法。

1.酚试剂分光光度法

原理:空气中的甲醛与酚试剂反应生成嗪,嗪在酸性溶液中被高铁离子氧化成蓝绿色化合物,根据颜色深浅,用分光光度法测定。

空气中甲醛浓度按下式计算:

$$\rho=(A-A_0)\times\frac{B_g}{V_n}$$

式中:ρ——空气中甲醛,mg/m³;

A——样品溶液的吸光度;

A_0——空白溶液的吸光度;

B_g——由标准曲线计算的换算因子,μg/吸光度;

V_n——换算成标准状态下的采样体积,L。

2.气相色谱法

原理:空气中甲醛在酸性条件下吸附在涂有 2,4-二硝基苯肼 (2,4-DNPH)6201 担体上,生成稳定的甲醛腙。用二硫化碳洗脱后,经 0V-色谱柱分离,用氢火焰离子化检测器测定,以保留时间定性,以峰高定量。该法常温下显色,灵敏度好。

3.AHMT 分光光度法

空气中甲醛与 4-氨基-3-联氨-5-巯基-1,2,4-三氮杂茂在碱性条件下缩合,然后经高碘酸钾氧化成 6-巯基-5-三氮杂茂[4,3-b]-S-四氮杂苯紫红色化合物,其色泽深浅与甲醛含量成正比。该方法测定范围为 2 mL 样品溶液中含 0.2~3.2 μg 甲醛。若采样流量为 1 L/min，采样体积为 20 L，则测定浓度范围为 0.01~0.16 mg/m³。

步骤：首先配制甲醛标准溶液、加显色剂显色、测定吸光度，以甲醛含量(μg)为横坐标、吸光度为纵坐标绘制标准曲线；再用一个内装 5 mL 吸收液的气泡吸收管，以 1.0 L/min 流量，采气 20 L，并记录采样时的温度和大气压强。采样后，补充吸收液到采样前的体积。准确吸取 2 mL 样品溶液于 10 mL 比色管中，按制作标准曲线的操作步骤测定吸光度。

课后自测

(1)大气中常见的主要污染物有哪些？

(2)测定 SO_2 的原理是什么？干扰元素有哪些？如何消除？

参考资料

HJ 482-2009《环境空气 二氧化硫的测定 甲醛吸收-副玫瑰苯胺分光光度法》

任务三 大气总悬浮颗粒物的测定

任务引入

颗粒物是大气污染中数量最大、成分复杂、性质多样、危害较大的一种。它本身可以是有害物质,也可以是有毒物质的载体。国家标准 GB/T 15432-1995《环境空气 总悬浮颗粒物的测定 重量法》中规定了大气中总悬浮颗粒物的测定方法。

中华人民共和国国家标准

环境空气 总悬浮颗粒物的测定
重量法

GB/T 15432—1995

Ambient air—Determination of total suspended particulates—Gravimetric method

图 2-3-1 相关标准首页

任务目标

(1)会查阅有关标准,并能根据国家标准确认所需仪器和试剂。

(2)了解总悬浮颗粒物的定义,初步学会大气样品的采集。

(3)掌握大气中总悬浮颗粒物的测量原理。

(4)通过大气中总悬浮颗粒物的测定实验与职业技能实训加深理解,学会监测操作的全过程。

(5)理解可吸入颗粒物、降尘等名词术语。

(6)了解大气监测指标的分类,熟悉大气监测项目的内容。

任务分析

1.明确任务流程

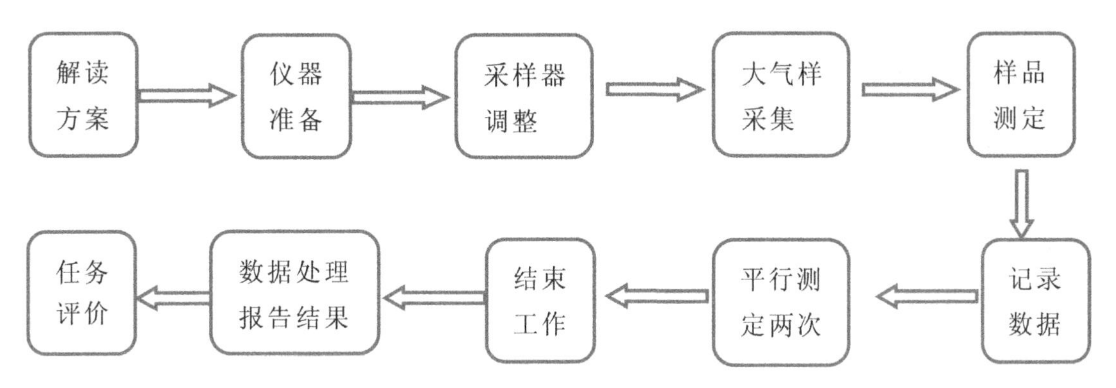

图 2-3-2 任务流程

2.任务难点分析

(1)采样器流量的校准。

(2)采样器的使用。

3.任务前准备

(1)GB/T 15432-1995《环境空气 总悬浮颗粒物的测定 重量法》。

(2)大气中总悬浮颗粒物的测定视频资料。

(3)大气中总悬浮颗粒物的测定所需的仪器。

采样器、孔口流量计、U 形管压差计、X 光看片机、打号机、镊子、滤膜、天平等。

相关知识

总悬浮颗粒物测定基础知识

总悬浮颗粒物(TSP)是指悬浮在大气中不易沉降,空气动力学当量直径≤100 μm 的颗粒物,包括各种固体微粒、液体微粒等。总悬浮颗粒物是大气质量评价中的一个通用的重要污染指标。它主要来源于燃料燃烧时产生的烟尘、生产加工过程中产生的粉尘、建筑和交通扬尘、风沙扬尘以及气态污染物经过复杂物理化学反应在空气中生成的相应的盐类颗粒。TSP 多采用重量法测定。

任务实施

活动 1 解读大气中总悬浮颗粒物的测定国家标准

1.阅读与查找标准

(1)上网搜索查找总悬浮颗粒物的测定方法标准。

(2)仔细阅读国家标准 GB/T 15432—1995《环境空气 总悬浮颗粒物的测定 重量法》确定总悬浮颗粒物的测定方案,找出方法的适用范围、检测限、方法原理等内容,并列出所需的其他相关标准。将查找结果填入表 2-3-1 中。

2.仪器的确认

依据查阅的标准,拟订仪器计划,填入表 2-3-1 中。

3.数据记录

表 2-3-1 解读《环境空气 总悬浮颗粒物的测定 重量法》国家标准的原始记录

<table>
<tr><td>记录编号</td><td colspan="3"></td></tr>
<tr><td colspan="4">一、阅读与查找标准</td></tr>
<tr><td>方法原理</td><td colspan="3"></td></tr>
<tr><td>相关标准</td><td colspan="3"></td></tr>
<tr><td>检测限</td><td colspan="3"></td></tr>
<tr><td>准确度</td><td></td><td>精密度</td><td></td></tr>
<tr><td colspan="4">二、标准内容</td></tr>
<tr><td>适用范围</td><td></td><td>限值</td><td></td></tr>
<tr><td>定量公式</td><td></td><td>性状</td><td></td></tr>
<tr><td>样品处理</td><td colspan="3"></td></tr>
<tr><td>操作步骤</td><td colspan="3"></td></tr>
<tr><td colspan="4">三、仪器确认</td></tr>
<tr><td colspan="3">所需仪器</td><td>检定有效日期</td></tr>
<tr><td colspan="3"></td><td></td></tr>
<tr><td colspan="3"></td><td></td></tr>
<tr><td colspan="4">四、试剂确认</td></tr>
<tr><td>试剂名称</td><td>纯度</td><td>库存量</td><td>有效期</td></tr>
<tr><td></td><td></td><td></td><td></td></tr>
<tr><td></td><td></td><td></td><td></td></tr>
<tr><td colspan="4">五、安全防护</td></tr>
<tr><td colspan="4"></td></tr>
<tr><td>确认人</td><td></td><td>复核人</td><td></td></tr>
</table>

活动 2 总悬浮颗粒物测定仪器准备

按国家标准 GB/T 15432-1995《环境空气 总悬浮颗粒物的测定 重量法》拟订和领取所需仪器，确认仪器的规格、型号，并完成表 2-3-2 领用记录的填写，做好仪器和设备的准备工作。

表 2-3-2 仪器领用记录

仪器				
编号	名称	规格	数量	备注

活动 3 采集总悬浮颗粒物测定的大气样

(1)取学校的大气样：用采样器采集学校的大气样。

(2)将大气样采集记录填写在表 2-3-3 中。

表 2-3-3 大气样的采集记录

采样时间		温度	
相对湿度		大气压	

用孔口流量计校准总悬浮颗粒物采样器记录表							
采样器编号	采样器工作点流量，m^3/min	孔口流量计编号	月平均温度，K	平均大气压，Pa	孔口压差计算值，Pa	校准日期 月 日	校准人签字

悬浮颗粒物现场采样记录表								
样品号	采样点	采样器编号	采样时间		滤膜编号	流量，L/min	采样体积，L	采样标准体积，L
			始	终				
			时 分	时 分				
			时 分	时 分				
			时 分	时 分				
			时 分	时 分				

采样人员：＿＿＿＿＿＿＿＿　　　　记录人员：＿＿＿＿＿＿＿＿

活动 4 大气中总悬浮颗粒物的测定

1.操作步骤

(1)采样器的流量校准。

图 2-3-3 TSP 采样器

新购置或维修后的采样器(如图 2-3-3 所示)在启动前,需进行流量校准。正常使用的采样器每月也要进行一次流量校准。

①计算采样器工作点的流量:采样器应工作在规定的采气流量下,该流量成为采样器的工作点。在正式采样前,应调整采样器,使其工作在正确的工作点上,按下述步骤进行。

采样器采样口的抽气速度 W 为 0.3 m/s,大流量采样器的工作点流量 Q_H(m^3/min)为:Q_H=1.05。

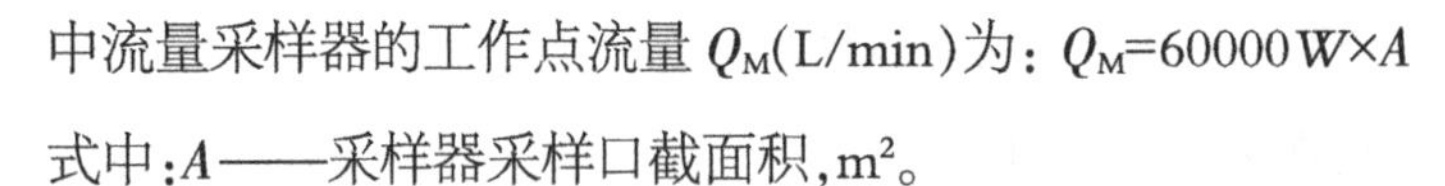

中流量采样器的工作点流量 Q_M(L/min)为: $Q_M=60000W\times A$

式中:A——采样器采样口截面积,m^2。

将 Q_H 和 Q_M 计算值换算成标准状态下的流量 Q_{HN}(m^3/min)和 Q_{MN}(L/min):

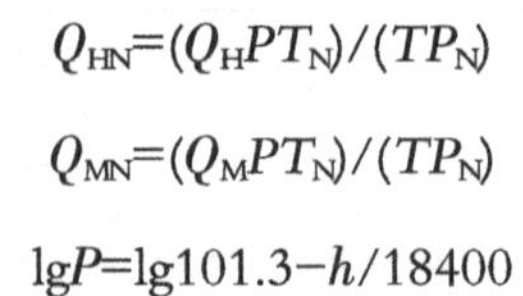

$$Q_{HN}=(Q_H P T_N)/(T P_N)$$

$$Q_{MN}=(Q_M P T_N)/(T P_N)$$

$$\lg P=\lg 101.3-h/18400$$

式中:T——测试现场月平均温度,K;

P_N——标准状态下的压强,101.3 kPa;

T_N——标准状态下的温度,273 K;

P——测试现场平均大气压,kPa;

h——测试现场海拔高度,m。

将下面第一个式子中 Q_N 用 Q_{HN} 或 Q_{MN} 代入,求出修正项 Y,再按下面第二个式子计算 ΔH(Pa):

$$Y=bQ_N+a$$

$$\Delta H=(Y^2 P_N T)/(P T_N)$$

式中:斜率 b 和截距 a 由孔口流量计的标定部门给出。

②采样器工作点流量的校准。

A.打开采样头的采样盖(如图 2-3-4 所示),按正常采样位置,放一张干净的采样滤膜,将孔口流量计的接口与采样头密封连接,孔口流量计的取压口接好压差计。

B.接通电源,开启采样器,待工作正常后,调节采样器流量,使孔口流量计压差值达到前面式子中计算的 ΔH 值。

C.校准流量时,要确保气路密封连接,流量校准后,如发现滤膜上尘的边缘轮廓不清楚或滤膜安装歪斜等情况,可能造成漏气,应重新进行校准。

D.校准合格的采样器即可用于采样,不得再改动调节器状态。

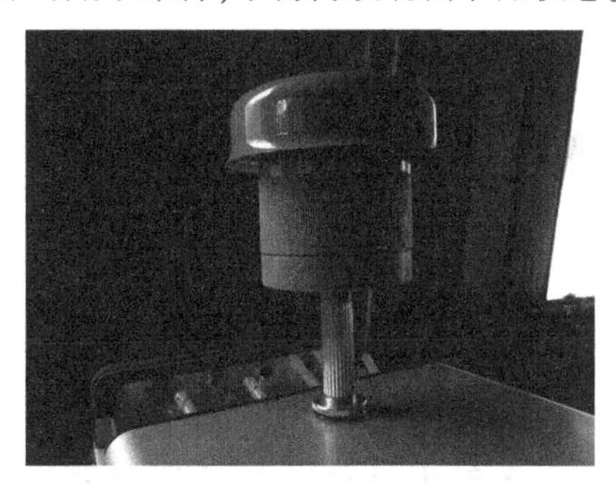

图 2-3-4 TSP 采样头及采样盖

(2)总悬浮颗粒物含量测定。

①滤膜准备。

A.每张滤膜均需用 X 光看片机进行检查,不得有针孔或任何缺陷。在选中的滤膜光滑表面的两个对角上打印编号,滤膜袋上打印同样编号备用。

B.将滤膜放在恒温恒湿箱中平衡 24 h,平衡温度取 15~30 ℃中任一点,记录下平衡温度与湿度。

C.在上述平衡条件下称量滤膜,大流量采样器滤膜称量精确到 1 mg,中流量采样器滤膜称量精确到 0.1 mg。记录下滤膜质量 m_0(g)。

D.称量好的滤膜平展地放在滤膜保存盒中,采样前不得将滤膜弯曲或折叠。

②安放滤膜及采样。

A.打开采样头顶盖,取出滤膜夹。用清洁干布擦去采样头内及滤膜夹的灰尘。

B.将已编号并称量过的滤膜绒面向上,放在滤膜支持网上。放上滤膜夹,对正,拧紧,使不漏气。安好采样头顶盖,按照采样器使用说明,设置采样时间,即可启动采样。

C.样品采完后,打开采样头,用镊子轻轻取下滤膜,采样面向里,将滤膜对折,放入号码相同的滤膜袋中。取滤膜时,如发现滤膜损坏,或滤膜上尘的边缘轮廓不清晰、滤膜安装歪斜(说明漏气),则本次采样作废,需重新采样。

③尘膜的平衡及称量。

尘膜在恒温恒湿箱中，与干净滤膜平衡条件相同的温度、湿度下，平衡 24 h。在上述平衡条件下称量尘膜，大流量采样器尘膜称量精确到 1 mg，中流量采样器尘膜称量精确到 0.1 mg。记录下尘膜质量 m_1。滤膜增重，大流量采样器滤膜增重不小于 100 mg，中流量采样器滤膜增重不小于 10 mg。

2.结果的表述

$$悬浮颗粒物含量(\mu g/m^3)=\frac{K\times(m_1-m_0)}{Q_N\times t}$$

式中：t ——累计采样时间，min；

Q_N——采样器平均抽气流量，即 Q_{HN} 或 Q_{MN} 的计算值；

K——常数，大流量采样器 $K=1\times10^6$，中流量采样器 $K=1\times10^9$。

活动 5 大气中总悬浮颗粒物记录与处理

将测定数据及处理结果记录于表 2-3-4 中。

表 2-3-4 总悬浮颗粒物的测定原始记录

<table>
<tr><td>样品名称</td><td></td><td>测定项目</td><td></td><td>测定方法</td><td></td></tr>
<tr><td>测定时间</td><td></td><td>采样器编号</td><td></td><td>采样地点</td><td></td></tr>
<tr><td>温度</td><td></td><td>湿度</td><td></td><td>滤膜编号</td><td></td></tr>
<tr><td>采样标准状态流量</td><td></td><td>累计采样时间</td><td></td><td>累计采样体积</td><td></td></tr>
<tr><td>测定次数</td><td colspan="2">1</td><td colspan="3">2</td></tr>
<tr><td>滤膜质量，g</td><td colspan="2"></td><td colspan="3"></td></tr>
<tr><td>尘膜质量，g</td><td colspan="2"></td><td colspan="3"></td></tr>
<tr><td>差值，g</td><td colspan="2"></td><td colspan="3"></td></tr>
<tr><td>TSP，μg/m³</td><td colspan="2"></td><td colspan="3"></td></tr>
<tr><td>平均值，μg/m³</td><td colspan="5"></td></tr>
<tr><td>相对极差，%</td><td colspan="5"></td></tr>
</table>

活动 6 撰写分析报告

将测定结果填写入表 2-3-5 中。

表 2-3-5 总悬浮颗粒物测定检验报告内页

采样地点			样品编号	
执行标准				
检测项目	检测结果	限值	本项结论	备注
以下空白				

检验员(签字):______________ 工号:______________ 日期:______________

任务评价

表 2-3-6 任务评价表

考核内容	序号	考核标准	分值	小组评价	教师评价
解读国家标准(10 分)	1	标准查找正确	3 分		
	2	仪器的确认(种类、规格、精度)正确	3 分		
	3	解读标准的原始记录填写无误	4 分		
仪器准备(10 分)	4	仪器选择正确(规格、型号)	4 分		
	5	仪器领用正确(规格、型号)	2 分		
	6	仪器领用记录的填写正确	4 分		
大气样采集(10 分)	7	选择采样点、采样方法、采样容器、采样量、运输等正确	5 分		
	8	大气样的保存方法、保存期等适当	5 分		
测定操作(30 分)	9	正确校对采样器流量	5 分		
	10	正确使用采样器	10 分		
	11	正确使用电子天平	2 分		
	12	正确恒重	5 分		
	13	再次测定操作正确	5 分		
	14	样品测定两次	3 分		

考核内容	序号	考核标准	分值	小组评价	教师评价
测后工作及团队协作(10分)	15	仪器清洗、归位正确	2分		
	16	仪器摆放整齐	2分		
	17	实验台面整洁	1分		
	18	分工明确,各尽其职	5分		
数据记录、处理及测定结果(25分)	19	及时记录数据、记录规范,无随意涂改	3分		
	20	正确填写原始记录表	2分		
	21	计算正确	5分		
	22	测定结果与标准值比较≤±1.0%	10分		
	23	相对极差≤1.0%	5分		
撰写分析报告(5分)	24	检验报告内容正确	2分		
	25	正确撰写检验报告	3分		
考核结果					

拓展提高

颗粒状污染物监测

大气颗粒物质的监测项目:总悬浮颗粒物(TSP)的测定、可吸入颗粒物(PM10或称IP)的测定、降尘量的测定、颗粒物中化学组分的测定及粒径测定。

一、总悬浮颗粒物的测定

总悬浮颗粒物可分为一次颗粒物和二次颗粒物。一次颗粒物是由天然污染源和人为污染源释放到大气中直接造成污染的物质,如:风扬起的灰尘、燃烧和工业烟尘。二次颗粒物是通过某些大气化学过程所产生的微粒,如:二氧化硫转化生成硫酸盐。

粒径小于100 μm的称为TSP,即总悬浮物颗粒物;粒径小于10 μm的称为PM10,即可吸入颗粒物。TSP和PM10在粒径上存在着包含关系,即PM10为TSP的一部分。国内外研究结果表明,PM10/TSP的重量比值为60%~80%。在空气质量预测中,烟尘或粉尘要给出粒径分布,当粒径大于10 μm时,要考虑沉降;小于10 μm时,与其他气态污染物一样,不考虑沉降。所有烟尘、粉尘联合预测,结果表达为TSP,仅对小于10 μm的烟尘、粉尘预测,结果表达为PM10。

大气中TSP的组成十分复杂,而且变化很大。燃煤排放烟尘、工业废气中的粉尘及地面扬尘是大气中总悬浮微粒的重要来源。TSP 是大气环境中的主要污染物，中国环境空气质量标准按不同功能区分为 3 级，规定了 TSP 年平均浓度限值和日平均浓度限值。

空气中的全部粉尘量为“总悬浮颗粒物”，去掉 10 μm 以上的颗粒物，剩下的就是“可吸入颗粒物”，技术上标为 PM10。我们经常听到的“可吸入颗粒物”就是这个 PM10。如果将 5 μm 以上的颗粒物去掉，剩下的“可吸入颗粒物”为 PM5。

(一)重量法基本原理

通过具有一定切割特性的采样器，以恒速抽取一定体积的空气，空气中某一粒径范围的悬浮颗粒物被截留在已恒重的滤膜上。根据采样前、后滤膜质量之差及采样体积，计算总悬浮颗粒物的浓度。滤膜经处理后，可再进行组分分析。

(二)采样

1.采样点的布设

我们在布设采样点时需要考虑污染物所处位置、设置条件是否统一、污染物浓度等方面的问题，其基本要求与气态污染物类似。布点方法主要有功能区布点法、网格布点法、同心圆布点法和扇形布点法。

2.采样仪器

总悬浮颗粒物采样器按照采气流量可分为大流量(1.1~1.7 m^3/min)和中流量(0.05 ~ 0.15 m^3/min)两种类型。

大流量 TSP 采样器由滤料采样夹、抽风机、流量控制器、计时器及控制系统、壳体等组成。大流量 TSP 采样器，滤料采样夹可以安装 20×25 cm^2 的玻璃纤维滤膜，以 1.1~1.7 m^3/min 流量采样 8~24 h。当采气量达到 1500~2000 m^3 时，样品滤膜可以用于测定颗粒物中的金属、无机盐及有机污染物等组分。

中流量 TSP 采样器由采样夹、采样管及采样泵等组成，工作原理与大流量采样器相似，只是采样夹面积和采样流量比大流量的小。我国规定采样夹的有效直径为 80 mm 或 100 mm，其对应的采气流量分别为 7.2~9.6 m^3/h 和 1.3~15 m^3/h。

采样器在使用过程中至少每月校准一次，采样前后流量校准误差应不大于 7%。

3.采样步骤

通常利用滤料阻留法对大气中的 TSP 进行采集。采样前要根据要求选择合适的滤膜，主要考虑滤膜的机械稳定性、热稳定性、化学稳定性、颗粒物捕集效率、风阻和负荷容量及空白浓度等。而且选择与分析仪器配套的采样滤膜非常重要，如当用 X 射线荧光法做元素分析时，颗粒物采样应用聚四氟乙烯材质的滤膜；当要用热光反射做元素碳和有机碳分析时，颗粒物采样分析应用石英滤膜。

4.影响采样准确性的主要因素

影响采样准确性的因素主要有人为干扰(选址和操作不当)、挥发损失(采样、运输和保存过程中易挥发物质挥发)、滤膜的损坏、运输过程中颗粒物的损失、相对湿度的影响等。

二、可吸入颗粒物的测定

可吸入颗粒又称为 IP 或 PM10，是指能够沉积于咽喉以下呼吸道部位的颗粒物。ISO 定义为空气动力学当量直径≤10 μm 的颗粒，又称为飘尘。可吸入颗粒物(PM10)与人体健康关系密切，是室内外空气质量的重要监测指标。测定 PM10 方法有重量法、压电晶体差频法、β 射线吸收法、光散射法等。而重量法具有检测限低，结果准确等优点。重量法是用具有入口切割的采样器采样并用重量法测定。切割器常有冲击式和旋风式两种，冲击式切割器可以装在大、中、小流量采样器上，而旋风式切割器主要用在小流量采样器上。其中二段冲击式小流量采样器已被列为室内空气中可吸入颗粒物测定的标准方法(GB/T 17095−1997)。压电晶体差频法是将压电晶体作为一种微天平，用静电采样器将颗粒物采集在石英谐振器的电极表面。电极上因增加了颗粒物的质量，其振荡频率发生变化。根据频率的变化，可测得空气中颗粒物的浓度。β 射线吸收法是利用颗粒物对 β 射线的吸收进行测定，其采样效率高达 99.98%，测得的结果是颗粒物的质量浓度，且不受颗粒物粒径、组成、颜色及分散状态的影响。光散射法是利用颗粒物对光的散射作用进行测定的，该法仪器携带方便，测定范围宽(0.01~100 mg/m^3)，是我国公共场所空气中可吸入颗粒物(PM10)浓度测定的标准方法(WS/T 206−2001)。

(一)小流量(冲击式)采样重量法

该法利用二段冲击式小流量采样器，在采样器规定流量下采样，空气中的颗粒物经惯性冲击分离，将空气动力学当量直径小于 30 μm 的颗粒收集于已恒重的滤料上。取下，称量，根据采样前后滤料的质量差及采样体积计算空气中可吸入颗粒物的浓度。

该法采样点的布置、采样时间和频率与 TSP 的测定基本一致。不同的是，可吸入颗粒采样器中加入了切割器，也称为分尘器。

(二)光散射法

空气样品经入口切割器被连续吸入暗室，一定粒径范围的颗粒物在暗室中与入射光作用,产生散射光。在颗粒物性质一定的条件下,颗粒物的散射光强度与其质量浓度成正比。散射光经光电传感器将光信号转变成电信号，经放大后再转换为每分钟电脉冲数（counts per minute,CPM),利用 CPM 便可测定空气中可吸入颗粒物的浓度。

三、降尘的测定

大气中的灰尘能自然沉降,称之为降尘,是指每个月(以 30 d 计)沉降于单位面积上的灰尘质量。它是指空气中粒径大于 10 μm 的颗粒物,在空气中飘浮的时间较短,极易降落到地面。降尘来自燃料燃烧产生的烟尘、工农业生产性粉尘和天然尘土。降尘可以污染空气,降低大气能见度,污染水源、土壤、食品等。降尘是大气污染监测的主要指标之一,灰尘的自然沉降能力主要决定于自身重量及粒度大小,但其他一些自然因素如气象条件(风力、降水、地形等)也起着一定作用。降尘量测定的常用方法仍然是重量法。

(一)基本原理

空气中可沉降的颗粒物沉降在装有乙二醇溶液的集尘缸内,经蒸发、干燥、称重后,计算降尘量,结果以每月每平方公里面积上沉降的降尘吨数表示,即单位为($t/km^2 \cdot 30\ d$)。

(二)采样

1.采样点的布设

该法采样点的布置、采样时间和频率和 TSP 的测定基本一致。将采样点选择在矮建筑物的顶部,以方便更换集尘缸等操作;采样点附近应无高大的建筑物、高大的树木及局部污染源;集尘缸距地面 5~15 m 高,相对高度 1~1.5 m,以防止受扬尘的影响;各采样点集尘缸的放置高度应基本一致。同时,在洁净区设置对照点。

2.采样方法

主要利用自然沉降法采集大气中的降尘,有湿法和干法两种具体操作方法。

(1)湿法。

在集尘缸中加入一定量的水和乙二醇,按布点要求放置。

(2)干法。

干法采样一般使用标准集尘器。

3.样品处理

将瓷坩埚编号,洗净,烘干,干燥冷却,称重,再烘干,冷却,再称重,直至恒重。小心清除落入缸内的异物,并用水将附着的细小尘粒冲洗下来,如用干法取样,需将筛板和圆环上的尘粒洗入缸内。将缸内的溶液和尘粒全部转移到1000 mL烧杯中,在电热板上小心蒸发,使体积浓缩至10~20 mL。将烧杯中溶液和尘粒转移到已恒重的瓷坩埚中,用水冲洗黏附在烧杯壁上的尘粒,并入瓷坩埚中。在电热板上小心蒸干后烘干至恒重,记录称量结果。

四、颗粒物粒径及化学组分的测定

(一)颗粒物粒径的测定

颗粒物的粒径是颗粒物最重要的性质,它反映了颗粒物来源的本质,影响空气的光散射性质和气候效应。颗粒物的许多性质如体积、质量和沉降速度等都与颗粒物的大小有关。不同粒径的颗粒物,其尘降效果、对人体的危害是有所不同的,而颗粒物的形状多数是不规则的,只有极少数呈球形,对于球形颗粒物,其粒径就等于该颗粒物的直径;而对于非球形颗粒物,其粒径需要用相关的测定方法对粒径的定义来进行确定。不同的粉尘粒径定义得出的粒径数值是不同的。因此,粉尘的粒径实质上是表示粉尘大小的一种特征尺寸。粉尘粒径大小不同,其物理、化学性质不同,对人和环境的危害亦不同,而且对除尘装置的设计和运行效果影响很大,所以要研究粉尘首先必须测定其粒径。

测定粒径的方法有:光学法、沉降法、电阻法、激光衍射法等。

(二)金属元素和金属化合物的测定

颗粒物中常需要测定的金属元素和非金属化合物有铍、铅、铁、铬、铜、锌、锰、砷、硫酸盐、硝酸盐、氯化物等。含量较低的物质需要用灵敏度高的方法测定。

测定颗粒物中的化学组分之前,应该根据样品的特点进行样品的预处理,常用的方法有湿式消解法、干式灰化法和水浸取法。本书主要介绍铍、六价铬、铁、铅的测定方法。

1.铍的测定

铍可用原子吸收分光光度法或桑色素荧光分光光度法测定。

原子吸收法测定原理是:用过氯乙烯滤膜采样,经干式灰化法或湿式消解法分解样品并制备成溶液,用高温石墨炉原子吸收分光光度计测定。将采集10 m^3气样的滤膜制备成10 mL样品溶液时,最低检出浓度一般可达3×10^{-10} mg/m^3。

桑色素荧光分光光度法的原理是：将采集在过氯乙烯滤膜上的含铍颗粒物用硝酸、硫酸消解，制备成溶液。在碱性条件下，铍离子与桑色素反应生成络合物，在 430 nm 激发光照射下，产生黄绿色荧光(530 nm)，用荧光分光光度计测定荧光强度进行定量。将采集 10 m^3 气样的滤膜制备成 25 mL 样品溶液，取 5 mL 测定时，最低检出浓度一般可达 5×10^{-7} mg/m^3。

2.六价铬的测定

空气中的六价铬化合物主要以气溶胶存在。用水浸取玻璃纤维滤膜上采集的铬化合物，在酸性条件下，六价铬氧化二苯碳酰二肼生成可溶性的紫红色化合物，可以用分光光度法测定。

3.铁的测定

用过氯乙烯滤膜采集颗粒物样品，经干式灰化法或湿式消解法分解样品后制成样品溶液。在酸性介质中，高价铁被还原成能与 4,7-二苯基-1,10 菲啰啉生成红色螯合物的亚铁离子，该螯合物可用分光光度法测定。

4.铅的测定

铅可用原子吸收分光光度法或双硫腙分光光度法测定。后者操作复杂，要求严格。

对于铜、锌、镉、镍、锰、铬等金属均可采用原子吸收分光光度法测定。

(三)有机化合物的测定

颗粒物中的有机组分很复杂，很多物质都具有致癌的作用，目前受到普遍关注的是多环芳烃。

课后自测

(1)什么是总悬浮颗粒物？

(2)常见的大气颗粒物质的监测项目有哪些？

(3)测定大气中 TSP 的原理和适用范围是什么？

(4)测定大气中 TSP 时，应注意哪些问题？

(5)简述可吸入颗粒物的检测方法。

(6)简述降尘的检测方法。

参考资料

GB/T 15432-1995《环境空气 总悬浮颗粒物的测定 重量法》

任务四 室内空气中甲醛的测定

任务引入

室内环境是指人们工作、生活、社交及其他活动所处的相对封闭的空间，包括住宅、办公室、教室、医院、候车(机)室及交通工具等室内活动场所。室内空气污染是指在封闭空间内的空气中存在对人体健康有危害的物质，并且浓度已经超过国家标准达到可以伤害人的健康的程度的现象。有害物包括甲醛、苯、氨、放射性氡等。随着污染程度加剧，人体会产生亚健康反应甚至威胁到生命安全。室内空气污染是日益受到重视的人体危害之一。其中甲醛对人体的危害具有长期性、潜伏性、隐蔽性的特点。长期吸入低浓度的甲醛可引发鼻咽癌等疾病。短时间吸入高浓度的甲醛，首先会感到眼睛、鼻子和咽喉不舒服，进而会引发咳嗽、哮喘、恶心、呕吐和头痛，甚至导致鼻出血。国家标准 GB/T 15516-1995《空气质量 甲醛的测定 乙酰丙酮分光光度法》中规定了室内空气中甲醛测定的方法。

中华人民共和国国家标准

空气质量 甲醛的测定
乙酰丙酮分光光度法

GB/T 15516—1995

Air quality — Determination of formaldehyde
— Acetylacetone spectrophotometric method

图 2-4-1 相关标准首页

任务目标

(1)会查阅有关标准,并能根据国家标准确认所需仪器和试剂。

(2)能根据国家标准规范配制甲醛测定的标准溶液。

(3)学会大气样品的采集与保存方法。

(4)了解室内空气中甲醛的危害。

(5)通过室内空气中甲醛的测定实验与职业技能实训加深理解,学会监测操作的全过程。

任务分析

1.明确任务流程

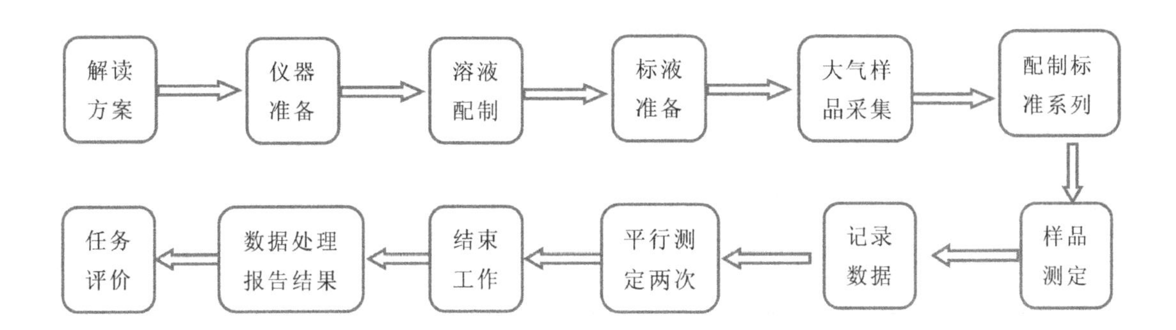

图 2-4-2 任务流程

2.任务难点分析

(1)甲醛标准贮备液的标定。

(2)分光光度计的使用。

3.任务前准备

(1)GB/T 15516-1995《空气质量 甲醛的测定 乙酰丙酮分光光度法》。

(2)室内空气中甲醛的测定视频资料。

(3)室内空气中甲醛的测定所需的仪器和试剂。

①仪器:采样器、皂膜流量计、多孔玻板吸收管、具塞比色管、分光光度计、倾斜式微压计、标准皮托管、采样引气管、空盒气压表、水银温度计、pH 酸度计、水浴锅等。

②试剂：不含有机物的蒸馏水、吸收液、乙酸铵、冰乙酸、乙酰丙酮溶液(0.25%，*V*/*V*)、盐酸溶液(1+5)、氢氧化钠溶液(30 g/100 mL)、碘溶液(0.1 mol/L)、碘酸钾溶液、淀粉溶液、硫代硫酸钠溶液、甲醛标准贮备液、甲醛标准使用液等。

相关知识

甲醛测定基础知识

甲醛是一种无色、极易溶于水、具有刺激性气味的气体。甲醛具有凝固蛋白质的作用，其35%~40%的水溶液被称作福尔马林，常用作浸渍标本和室内消毒。室内甲醛的主要污染源是复合木制品(刨花板、密度板、胶合板等人造板材制作的家具)、胶黏剂、墙纸、化纤地毯、油漆、炊事燃气和吸烟等。甲醛对人体的危害具有长期性、潜伏性、隐蔽性的特点。长期接触低剂量甲醛可引起慢性呼吸道疾病、女性月经紊乱、妊娠综合征，引起新生儿体质降低、染色体异常，甚至引起鼻咽癌。高浓度甲醛对神经系统、免疫系统、肝脏等都有毒害。甲醛还有致畸、致癌作用，长期接触甲醛的人，可能引起鼻腔、口腔、咽喉、皮肤和消化道的癌症。

甲醛的监测方法有乙酰丙酮分光光度法、酚试剂分光光度法、气相色谱法、AHMT 分光光度法、变色酸光度法、盐酸副玫瑰苯胺分光光度法等。国家标准《公共场所卫生检验方法 第 2 部分：化学污染物》(GB/T 18204.2−2014)规定甲醛的测定方法有酚试剂分光光度法、气相色谱法等。

(一)酚试剂分光光度法

原理：空气中的甲醛与酚试剂反应生成嗪，嗪在酸性溶液中被高铁离子氧化成蓝绿色化合物，根据颜色深浅，用分光光度法测定。

(二)气相色谱法

原理：空气中甲醛在酸性条件下吸附在涂有 2,4−二硝基苯(2,4−DNPH)6201 担体上，生成稳定的甲醛腙。用二硫化碳洗脱后，经 0V−色谱柱分离，用氢火焰离子化检测器测定，以保留时间定性，以峰高定量。该法常温下显色，灵敏度好。

任务实施

活动 1 解读室内空气中甲醛的测定国家标准

1.阅读与查找标准

(1)上网搜索查找甲醛的测定方法标准。

(2)仔细阅读国家标准 GB/T 15516-1995《空气质量 甲醛的测定 乙酰丙酮分光光度法》,确定甲醛的测定方案,找出方法的适用范围、检测限、方法原理、精密度和准确度等内容,并列出所需的其他相关标准。将查找结果填入表 2-4-1 中。

2.仪器和试剂的确认

依据查阅的标准,拟订仪器和试剂计划,填入表 2-4-1 中。

3.数据记录

表 2-4-1 解读《空气质量 甲醛的测定 乙酰丙酮分光光度法》国家标准的原始记录

记录编号			
一、阅读与查找标准			
方法原理			
相关标准			
检测限			
准确度		精密度	
二、标准内容			
适用范围		限值	
定量公式		性状	
样品处理			
操作步骤			
三、仪器确认			
所需仪器			检定有效日期
四、试剂确认			
试剂名称	纯度	库存量	有效期
五、安全防护			
确认人		复核人	

活动2 甲醛测定仪器准备

按国家标准 GB/T 15516-1995《空气质量 甲醛的测定 乙酰丙酮分光光度法》拟订和领取所需仪器，确认仪器的规格、型号，并完成表 2-4-2 领用记录的填写，做好仪器和设备的准备工作。

活动3 甲醛测定中溶液的制备

按国家标准 GB/T 15516-1995《空气质量 甲醛的测定 乙酰丙酮分光光度法》拟订和领取所需的试剂，完成表 2-4-2 领用记录的填写，并按要求配制所需的溶液和标准溶液。

表 2-4-2 仪器和试剂领用记录

仪器				
编号	名称	规格	数量	备注
试剂				
编号	名称	级别	数量	配制方法
备注				

溶液制备具体任务：(1)制备不含有机物的蒸馏水；(2)配制硫代硫酸钠溶液；(3)配制甲醛标准贮备液；(4)配制甲醛标准使用液。

甲醛测定中溶液的制备

(1)不含有机物的蒸馏水的制备。

加少量高锰酸钾的碱性溶液于水中再蒸馏。

(2)硫代硫酸钠溶液的配制。

①配制：25 g 硫代硫酸钠和 2 g 碳酸钠溶解于 1000 mL 新煮沸但已冷却的水中，贮于棕色试剂瓶中，放一周后过滤，并标定其浓度。

②标定：吸取碘酸钾标准溶液[$c(1/6KIO_3)$=0.1000 mol/L]25.0 mL 置于 250 mL 碘量瓶中，加40 mL 新煮沸但已冷却的水，加 10 g/100 mL 碘化钾溶液 10 mL，再加(1+5)盐酸溶液 10 mL，立即盖好瓶塞，混匀，在暗处静置 5 min 后，用硫代硫酸钠溶液滴定至淡黄色，加 1 mL 淀粉溶液继续滴定至蓝色刚刚褪去。硫代硫酸钠溶液浓度按下式计算。

$$c_{Na_2S_2O_3}=\frac{0.1\times25.0}{V_{Na_2S_2O_3}}$$

其中：$V_{Na_2S_2O_3}$——滴定消耗的硫代硫酸钠溶液体积的平均值，mL。

(3)甲醛标准贮备液的配制。

①配制：取 10 mL 甲醛溶液置于 500 mL 容量瓶中，用水稀释至刻度。

②标定：吸取 5.0 mL 甲醛标准贮备液于 250 mL 碘量瓶中，加 0.1 mol/L 碘溶液 30.00 mL，立即逐滴加入 30 g/100 mL 氢氧化钠溶液至颜色褪到淡黄色为止，静置 10 min，加(1+5)盐酸溶液 5 mL，在暗处静置 5~10 min，加入 100 mL 新煮沸但已经冷却的水，用标定好的硫代硫酸钠溶液滴定至淡黄色，加入新配制的 1 g/100 mL 淀粉指示剂 1 mL，继续滴定至蓝色刚刚消失为终点，同时进行空白测定。甲醛标准贮备液浓度按下式计算。

$$甲醛(mg/mL)=\frac{(V_1-V_2)\times c_{Na_2S_2O_3}\times15}{5.0}$$

其中：$c_{Na_2S_2O_3}$——硫代硫酸钠溶液的浓度，mol/L；

V_1——空白消耗硫代硫酸钠溶液体积的平均值，mL；

V_2——标定甲醛消耗硫代硫酸钠溶液体积的平均值，mL；

(4)甲醛标准使用液的制备。

用水将甲醛标准贮备液稀释成 5.00 μg/mL 甲醛标准使用液，2~5 ℃贮存可稳定一周。

活动 4 采集甲醛测定的室内空气样

(1)采集学校实验室中的室内空气样：采样系统包括采样引气管、采样吸收管(如图 2-4-3 所示)和空气采样器(如图 2-4-4 所示)。吸收管体积为 50 mL 或 125 mL，吸收液装液量分别为 20 mL 或 50 mL，以 0.5~1.0 L/min 的流量，采气 5~20 min。

图 2-4-3 采样吸收管

图 2-4-4 空气采样器

(2)样品的保存:采集好的样品于 2~5 ℃贮存,2 天内分析完毕。

(3)将室内空气样采集记录填写在表 2-4-3 中。

表 2-4-3 室内空气样的采集与保存记录

<table>
<tr><td colspan="2">采样时间</td><td colspan="2"></td><td colspan="2">温度</td><td colspan="3"></td></tr>
<tr><td colspan="2">相对湿度</td><td colspan="2"></td><td colspan="2">大气压</td><td colspan="3"></td></tr>
<tr><td colspan="2">采样仪器</td><td colspan="2"></td><td colspan="2">仪器编号</td><td colspan="3"></td></tr>
<tr><td rowspan="2">样品号</td><td rowspan="2">采样点</td><td rowspan="2">污染物</td><td colspan="2">采样时间</td><td rowspan="2">流量,L/min</td><td rowspan="2">采样体积,L</td><td rowspan="2">采样标准体积,L</td><td rowspan="2">天气状况</td></tr>
<tr><td>始</td><td>终</td></tr>
<tr><td></td><td></td><td></td><td>时 分</td><td>时 分</td><td></td><td></td><td></td><td></td></tr>
<tr><td></td><td></td><td></td><td>时 分</td><td>时 分</td><td></td><td></td><td></td><td></td></tr>
<tr><td></td><td></td><td></td><td>时 分</td><td>时 分</td><td></td><td></td><td></td><td></td></tr>
</table>

采样人员:__________ 记录人员:__________

活动 5 室内空气中甲醛的测定

1.实验原理

甲醛气体经水吸收后,在 pH=6 的乙酸-乙酸铵缓冲溶液中,与乙酰丙酮作用,在沸水浴条件下,迅速生成稳定的黄色化合物,在波长 413 nm 处测定。

2.操作步骤

(1)采样体积的校准。

①校准流量。

在采样时用皂膜流量计对空气采样器进行流量校准。采样体积 V_m(L)为:$V_m=Q_r' \times n$。

式中:Q_r'——经校准后的流量,L/min;

n——采样时间,min。

②测量压强。

连接标准皮托管和倾斜式微压计进行压强测量,空气采样用空盒气压表进行气压读数,废气或空气压强以 P_m(kPa)表示。

③测量温度。

用水银温度计测量管道废气或空气温度,以 t_m(℃)表示。

④校准体积。

采气标准状态体积 V_n(L)按下式计算：

$$V_n=V_m\times 2.694\times \frac{101.325+P_m}{273+t_m}$$

式中：V_m——废气或空气采样体积，L；

P_m——废气或空气压强，kPa；

t_m——废气或空气温度，℃；

V_n——废气或空气采样体积(0 ℃，101.325 kPa)，L。

(2)测定。

①标准曲线绘制。

分别吸取 0.0 mL，0.2 mL，0.8 mL，2.0 mL，4.0 mL，6.0 mL，7.0 mL 甲醛标准使用液于 7 支 25 mL 具塞比色管中，用水稀释定容至 10.0 mL 刻线，加 0.25%乙酰丙酮溶液 2.0 mL，混匀，置于沸水浴加热 3 min，取出冷却至室温，用 1 cm 吸收池，以水为参比，于波长 413 nm 处测定吸光度。将上述系列标准溶液测得的吸光度 A 值扣除试剂空白(零浓度)的吸光度 A_0 值，便得到标准吸光度 y 值，以标准吸光度 y 为纵坐标，以甲醛含量(μg)为横坐标，绘制标准曲线，或用最小二乘法计算其回归方程式。方程如为：$y=bx+a$

式中：a——标准曲线截距；

b——标准曲线斜率。

由斜率倒数求得标准因子：$B_s=1/b$。

②样品测定。

将吸收后的样品溶液移入 50 mL 或 100 mL 容量瓶中，用水稀释定容，取少于 10 mL 试样(吸取量视试样浓度而定)，于 25 mL 比色管中，用水定容至 10.0 mL 刻线，然后按标准曲线绘制的步骤进行分光光度法测定。

③空白试验。

用现场未采样空白吸收管的吸收液按标准曲线绘制的步骤进行空白测定。

3.结果的表述

试样中甲醛的吸光度 y 用下式计算：$y=A_s-A_b$。

式中：A_s——样品测定吸光度；

A_b——空白试验吸光度。

试样中甲醛含量 x(μg)用下式计算：

$$x=\frac{y-a}{b}\times\frac{V_1}{V_2} \text{ 或 } x=(y-a)B_s\times\frac{V_1}{V_2}$$

式中：V_1——定容体积，mL；

V_2——测定取样体积，mL。

废气或环境空气中甲醛浓度 ρ(mg/m³)用下式计算：

$$\rho=\frac{x}{V_n}$$

式中：V_n——所采气样标准状态体积(0 ℃，101.325 kPa)，L。

活动 6 室内空气中甲醛测定记录与处理

将测定数据及处理结果记录于表 2-4-4 中。

表 2-4-4 甲醛含量测定的原始记录

样品名称		测定项目		测定方法	
测定时间		采样器编号		采样地点	
温度		湿度		采样器编号	
采样标准状态流量		累计采样时间		累计采样体积	

一、标准曲线绘制							
序号	1	2	3	4	5	6	7
标准工作液浓度，μg/mL							
标液体积，mL	0.0	0.2	0.8	2.0	4.0	6.0	7.0
标液含量，μg							
吸光度							
校准后的吸光度							
标准曲线方程							
R							

二、试样的测定		
测定次数	1	2
定容体积，mL		
测定取样体积，mL		
试样吸光度		
校准后的吸光度		
甲醛浓度，mg/m³		
平均值，mg/m³		
相对极差，%		

活动 7 撰写分析报告

将测定结果填写入表 2-4-5 中。

表 2-4-5 甲醛含量测定检验报告内页

采样地点			样品编号	
执行标准				
检测项目	检测结果	限值	本项结论	备注
以下空白				

检验员(签字):______________ 工号:______________ 日期:______________

任务评价

表 2-4-6 任务评价表

考核内容	序号	考核标准	分值	小组评价	教师评价
解读国家标准(10 分)	1	标准查找正确	2 分		
	2	仪器的确认(种类、规格、精度)正确	2 分		
	3	试剂的确认(种类、纯度、数量)正确	2 分		
	4	解读标准的原始记录填写无误	4 分		
仪器准备(5 分)	5	仪器选择正确(规格、型号)	2 分		
	6	仪器领用正确(规格、型号)	1 分		
	7	仪器领用记录的填写正确	2 分		
溶液准备(10 分)	8	试剂领用正确(种类、纯度、数量)	2 分		
	9	试剂领用记录的填写正确	3 分		
	10	正确配制所需溶液	5 分		
空气样采集保存(15 分)	11	选择采样点、采样方法、采样容器、采样量、运输等正确	5 分		
	12	空气样的保存方法、保存期等适当	5 分		
	13	空气样的处理方法等正确	5 分		
测定操作(25 分)	14	正确使用分光光度计	5 分		
	15	测定甲醛操作正确	10 分		
	16	读数正确	2 分		
	17	再次测定操作正确	5 分		
	18	样品测定两次	3 分		

续表

考核内容	序号	考核标准	分值	小组评价	教师评价
测后工作及团队协作（5分）	19	仪器清洗、归位正确	1分		
	20	药品、仪器摆放整齐	1分		
	21	实验台面整洁	1分		
	22	分工明确，各尽其职	2分		
数据记录、处理及测定结果（25分）	23	及时记录数据、记录规范，无随意涂改	3分		
	24	正确填写原始记录表	2分		
	25	计算正确	5分		
	26	测定结果与标准值比较≤±1.0%	10分		
	27	相对极差≤1.0%	5分		
撰写分析报告（5分）	28	检验报告内容正确	2分		
	29	正确撰写检验报告	3分		
考核结果					

拓展提高

室内空气污染监测

一、室内空气污染

（一）室内空气污染的由来及其严重性

室内空气污染产生的原因与人类对建筑有更多的功能要求有关。早期的建筑，因材料和能源近乎纯粹天然，且仅考虑御寒、照明、烹饪和隐秘等功能，所以几乎没有室内空气污染问题。而现代的建筑，人们运用了大量的人工合成材料，建立了靠人工照明和空调换气的密闭空间，使建筑越来越与自然隔绝，成为高耗能、高污染的非生态体。人每天有70%~80%的时间在室内度过，老人、婴儿和行动不便者更高。人每天吸入空气10 m^3左右，长时间停留室内并吸入大量含高浓度有害化学物质的空气，会对健康产生或大或小的影响。大量研究表明，室内空气污染会引发眼鼻喉不适、干咳、皮肤过敏干燥发痒、头痛、头晕、恶心和注意力不集中等“建筑综合征”，虽然这些症状的具体原因还在研究中，但大多数“建筑综合征”患者在离开建筑物一段时间后症状缓解的事实，说明这些症状的出现与建筑内空气质量欠佳有一定的相关性。

(二)室内空气污染的特征

由于室内空气污染物来源广泛、种类繁多,各种污染物对人体的危害程度不同,并且在现代的建筑设计中越来越考虑能源的有效利用,使室内与外界的通风换气非常少,在这种情况下室内和室外就变成两个相对不同的环境,因此室内空气污染有其自身的特点,主要表现在以下几个方面:

1.累积性

室内环境是一个相对密闭的空间,其空气流动性远不如室外大气,因而大气扩散稀释作用受到诸多因素限制。污染物进入室内空间后,其浓度在较长时间内不降低,甚至短期内升高,常表现为污染物累积效应。

2.长期性

甲醛、苯等许多室内污染物来自大芯板和油漆涂料等永久性室内装修材料,这些装修材料只要存在于室内就会不断释放污染物质,直至材料报废移出。污染源的长期存在是室内污染具有长期性的最主要原因,通常情况下时间都在 3~15 年,比如放射性污染,潜伏期达几十年之久。因而即使开窗通风换气,也只能是通风换气期间污染物浓度降低,通风换气结束,污染物浓度又会逐渐升高。

3.多样性

引发室内空气污染的污染源多种多样,释放污染物的种类多种多样,有物理污染、化学污染、生物污染、放射性污染等。因而室内空气污染的表现也是多种多样。再者,同类型同强度的室内空气污染程度,因居住者身体健康状况不同,其受害症状及危害程度也多种多样。

4.综合性

一般情况下,室内空气中的污染物多种多样,其对居住者的危害通常不同于各个污染物单独作用的危害之和,而表现出污染物的联合危害作用,即污染危害的综合效应。这种综合效应有时表现为减缓机体对危害的拮抗作用,但更多的时候表现为扩大危害的协同作用。

二、室内空气污染物的来源与种类

(一)室内空气污染物来源

1.室外空气的污染

室外污染源引起的室内空气污染,只要关闭窗户隔断污染物进入途径,或是不在污染高发区购置住宅,就能得到有效控制。室外空气污染主要来源于工业废气、汽车尾气、光化学烟雾等,其主要污染物有有机物、烟尘、SO_2、NO_x、PAN 等。

2.室内污染

室内污染源引起的室内空气污染，因污染源不易阻断、污染危害长期存在等而备受关注,成为目前室内空气污染防治的重点。室内污染主要来自于建筑及装饰材料、家用电器、装饰植物等,其主要污染物有氨、氡、放射性核素、颗粒物、甲醛、苯、二甲苯、挥发性有机物等。

(二)室内空气污染物的种类

1.悬浮固体污染物

室内空气中的固体悬浮颗粒，主要是分散于空气中粒径在 0.01~100 μm 的微小液滴和固体颗粒物,其中对人群健康影响最大的是可吸入颗粒。主要指灰尘、可吸入颗粒物、植物花粉、微生物细胞(细菌、病毒和其他致病微生物)、烟雾等。这类物质除了其本身可能是有害物质外,还可能是细菌等致病微生物携带者,是多种致癌化学物质和放射性物质的载体。室内空气中长期存在大量携带有害物质的颗粒物会诱发居住者及室内工作人员患各种疾病,甚至致癌。

2.气态化学污染物

室内空气中的气态化学污染物主要包括挥发性有机物和气态无机物。室内空气污染中的挥发性有机物主要有醛类、环烷烃、烃类、脂类、酚类和多环芳烃类等,其中以甲醛、苯、甲苯、二甲苯等挥发性有机物和苯并[a]芘污染最为常见。室内空气污染中的无机物主要有二氧化硫、二氧化氮、臭氧和氨。

(三)常见室内空气污染物

1.甲醛(详见本任务 室内空气中甲醛的测定 相关知识 甲醛测定基础知识)

2.苯

苯是一种无色、具有特殊芳香气味的液体。苯及苯系物被人体吸入后,可出现中枢神经系统麻醉作用;可抑制人体造血功能,使红细胞、白细胞和血小板减少,再生障碍性贫血患病率增大;可导致女性月经异常和胎儿先天性缺陷等危害。轻度中毒会造成嗜睡、头痛、头晕、恶心、呕吐、胸部紧束感等,并可有轻度黏膜刺激症状;重度中毒可出现视物模糊、震颤、呼吸浅而快、心律不齐、抽搐和昏迷;严重者可出现呼吸和循环衰竭,心室颤动。化学胶、油 漆、涂料和黏合剂是室内空气中苯的主要来源。

3.总挥发性有机物(TVOC)

常温下能够挥发成气体的各种有机化合物的总称为总挥发性有机物，是指沸点在50~260 ℃之间、室温下饱和蒸气压大于 133.322 Pa 的易挥发性有机化合物。室内空气中常见的有甲醛、苯、甲苯、二甲苯、乙苯、苯乙烯、三氯乙烯、四氯乙烯和四氯化碳等。由于其成分复杂、种类繁多，故一般不予以逐个分别表示，而以总挥发性有机物(TVOC)表示其总量。TVOC 多表现出毒性、刺激性和致癌性，对人体健康造成现实或潜在的危害。长期吸入 TVOC 会引起机体免疫水平失调，影响中枢神经系统功能，出现头晕、头痛、嗜睡、乏力、胸闷、食欲不振、恶心、贫血等症状，严重时可损伤肝脏和造血系统，出现变态反应等。室内空气中 TVOC 的来源主要是复合板、涂料、黏合剂等建筑装修材料，其次是消毒剂、清洁剂和空气清新剂等化学合成生活用品，此外还有炊事燃气、香烟、装饰植物等天然生活用品。

4.氨

氨是一种无色、极易溶于水、具有刺激性气味的气体。氨可通过皮肤及呼吸道进入机体引起中毒，又因其极易溶于水而对眼、喉和上呼吸道作用快、刺激性强。短时间接触氨，轻者引发鼻充血和分泌物增多，重者可导致肺水肿。长时间接触低浓度氨可引起咽喉炎，使患者声音嘶哑；长时间接触高浓度氨可引发咽喉水肿、痉挛而导致窒息，也可能出现呼吸困难、肺水肿和昏迷休克。室内空气中氨的主要来源是混凝土中的防冻剂、防火板中的阻燃剂和化工涂料中的增白剂。

5.氡

氡是一种无色、无味、无法觉察的放射性惰性气体。常温下氡在空气中能形成放射性气溶胶而污染空气，易被呼吸系统截留，并在肺部不断累积而诱发肺癌、白血病和呼吸道病变。世界卫生组织认为氡是仅次于吸烟引起肺癌的第二大致癌物质。水泥、砖块、沙石、花岗岩、大理石和陶瓷砖等建筑材料，以及地质断裂带处的土壤都会有氡及其子体析出。

课后自测

(1)什么是室内空气污染？常见的室内空气污染物有哪些？

(2)简述室内空气污染的特点。

(3)测定室内空气中甲醛的含量的原理和适用范围是什么？

(4)测定室内空气中甲醛的含量时，应注意哪些问题？

参考资料

GB/T 15516−1995《空气质量 甲醛的测定 乙酰丙酮分光光度法》

项目三 土壤监测技术

项目导入

土壤是在地球表面生物、气候、母质、地形、时间等因素综合作用下所形成的，能够生长绿色植物、具有生态环境调控功能、处于永恒变化中的疏松矿物质与有机质的混合物，是由地球陆地的表面矿物质、有机质、水、空气和生物组成的。它介于大气圈、岩石圈、水圈和生物圈的界面交接地带，是联系有机界和无机界的中心环节，是结合自然地理环境各组成要素的纽带，是地球表层系统中物质与能量迁移和转化的重要环节。土壤资源是指具有农、林、牧业生产性能的土壤类型的总称，是人类生活和生产最基本、最广泛、最重要的自然资源，属于地球上陆地生态系统的重要组成部分。同时土壤还通过本身的缓冲性、同化和净化功能，在稳定和保护人类生存环境中发挥着极为重要的作用。因此土壤是环境中特有的组成部分，其质量优劣直接影响人类的生产、生活和发展。

世界土壤资源比较突出的问题是耕地面积小，而且分布不均。地球上陆地总面积约 14900 万平方千米，而无冰覆盖的陆地面积约 13000 万平方千米，其中可耕地面积约有 3000 万平方千米，约占无冰覆盖的陆地面积的 23%，已耕地面积仅有 1400 万平方千米，只占无冰覆盖的陆地面积的 10.8%，其中以俄罗斯、美国、加拿大、印度和中国等国的耕地面积较大。尽管还有 12.2%的可耕地有待开发，然而其中有些在现有条件下是难以利用的土地，例如冻土、沙漠、裸岩、陡坡山地等，真正肥沃而便于耕种的土地大部分已被垦殖，同时耕地的分布又很不平衡。

我国土壤资源丰富、类型多样，山地土壤资源多，但是耕地面积少、分布不平衡。据统计，截至2015年末我国耕地13499.87万公顷（约20.25亿亩），只占世界同类耕地的8%，居世界第三位。人均耕地面积982平方米（即1.47亩），远低于世界人均耕地面积2175平方米（约3.3亩）的占有水平。概括而言，截至2015年末全国可供农、林、牧生产的用地约占整个国土面积的67%左右。

我国土壤资源存在耕地逐年减少，侵蚀严重，肥力下降，盐碱化、沙化加剧等问题较为突出，更严重的是土壤受污染日益严重，造成农田生态恶化。常见的土壤污染物有四类：(1)化学污染物，如汞、镉、铅等无机污染物和化学农药、石油等有机污染物。(2)物理污染物，如工厂、矿山的固体废弃物，尾矿、废石、粉煤灰和工业垃圾等。(3)生物污染物，如城市垃圾和卫生设施排出的废水、废物等。(4)放射污染物。

土壤应用功能不同，对土壤质量的要求也各异，依据土壤的不同用途以及土壤保护的需要，中华人民共和国环境保护部和国家质量监督检验检疫总局制定了相应的土壤环境质量标准，包括农田、蔬菜地、茶园、果园、牧场、林地、自然保护区等地的土壤环境质量标准。

土壤监测的项目主要包括常规项目、特定项目和选测项目。常规项目包括pH值、阳离子交换量、重金属等。特定项目包括特征项目如GB 15618-1995《土壤环境质量标准》中未要求控制的污染物。选测项目包括影响产量项目、污水灌溉项目、持久性有机污染物(POPs)与高毒类项目等。

本项目共包含两个工作任务。

土壤监测技术
- 任务一 土壤中水分的测定
- 任务二 土壤中总铬的测定

任务一 土壤中水分的测定

任务引入

土壤中水分是土壤生物及作物生长必需的物质，不是污染组分，但无论用新鲜土样还是风干土样测定污染组分时，都需要测定土壤含水量，以便计算按烘干土样为基准的测定结果。国家环境保护标准 HJ 613−2011《土壤 干物质和水分的测定 重量法》中规定了土壤中干物质和水分测定的方法。

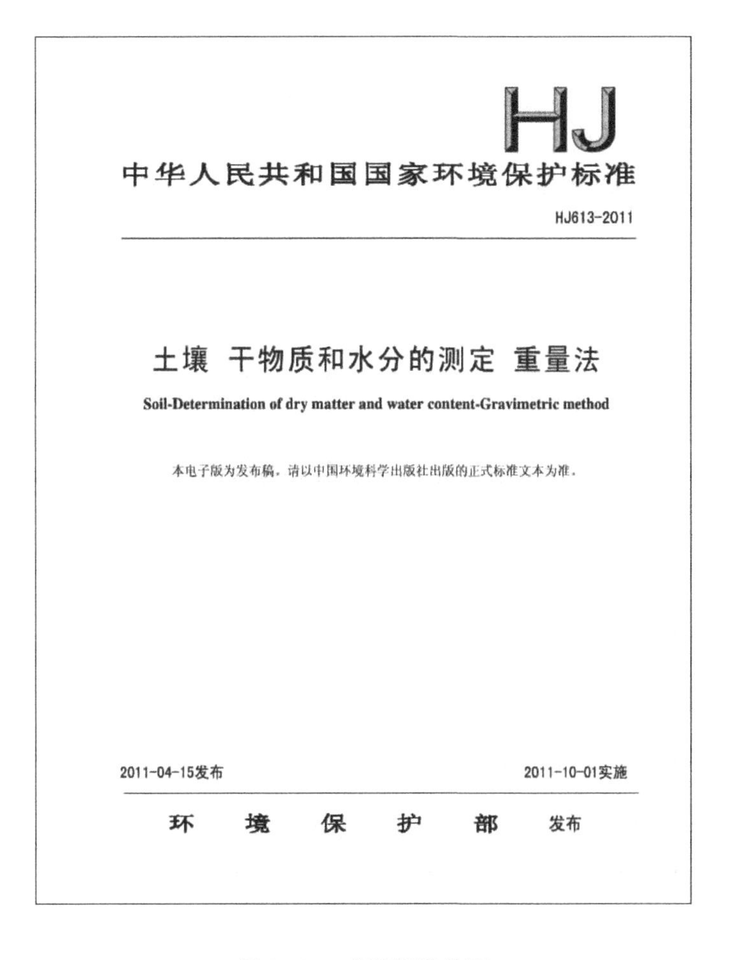
HJ

中华人民共和国国家环境保护标准

HJ613-2011

土壤 干物质和水分的测定 重量法

Soil-Determination of dry matter and water content-Gravimetric method

本电子版为发布稿，请以中国环境科学出版社出版的正式标准文本为准。

2011-04-15发布　　2011-10-01实施

环　境　保　护　部　发布

图 3-1-1 相关标准首页

任务目标

(1)会查阅有关标准,并能根据标准确认所需仪器和试剂。

(2)初步学会土壤样品的采集与保存方法。

(3)掌握重量法测定土壤中水分的测量原理。

(4)通过土壤中水分的测定实验与职业技能实训加深理解,学会监测操作的全过程。

(5)理解干物质含量、水分含量、恒重等名词术语。

(6)会区分土壤污染的类型,熟悉土壤中污染物的来源及对土壤污染的程度、对环境的影响。

(7)熟悉土壤监测项目的内容。

任务分析

1.明确任务流程

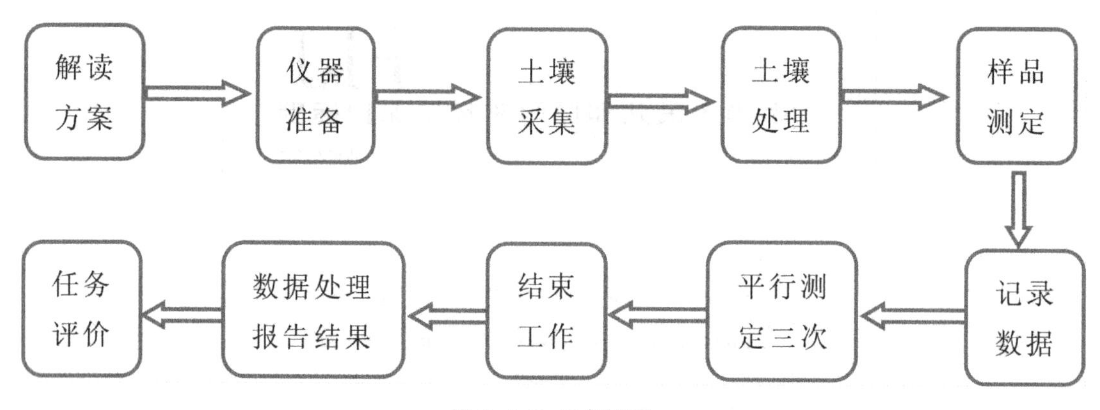

图 3-1-2 任务流程

2.任务难点分析

(1)土壤样品的采集及处理。

(2)恒重的掌握。

3.任务前准备

(1)HJ 613-2011《土壤 干物质和水分的测定 重量法》。

(2)土壤采集的相关资料。

(3)土壤中水分的测定所需的仪器:鼓风干燥箱、干燥器、分析天平、具塞容器、样品勺、样品筛、土壤样品采集器等。

相关知识

一、土壤水分测定基础知识

土壤含水量是土壤中所含水分的数量。一般是指土壤绝对含水量,即 100 g 烘干土中含有水的质量,也称土壤含水率。进行土壤水分含量的测定有两个目的:一是为了解田间土壤的实际含水状况,以便及时进行灌溉、保墒或排水,以保证作物的正常生长;或联系作物长相、长势及耕栽培措施,总结丰产的水肥条件;或联系苗情症状,为诊断提供依据。二是风干土样水分的测定,为各项分析结果计算的基础。风干土中水分含量受大气中相对湿度的影响。水不是土壤的一种固定成分,在计算土壤各种成分时不包括水分。因此,一般不用风干土作为计算的基础,而用烘干土作为计算的基础。分析时一般都用风干土,计算时就必须根据水分含量换算成烘干土。

测定时把土样放在 105~110 ℃的烘箱中烘至恒重,则失去的质量为水分质量,即可计算土壤水分百分数。在此温度下土壤吸着水被蒸发,而结构水不致破坏,土壤有机质也不致分解。

二、土样的采集和保存

(一)土壤样品采集

1.采样准备

(1)组织准备。

由具有野外调查经验且掌握土壤采样技术规程的专业技术人员组成采样小组,采样前学习有关技术文件,了解监测技术规范。

(2)资料收集。

收集监测区域的交通图、土壤图、地质图、大比例尺地形图等资料,供制作采样工作图和标注采样点位用;收集监测区域土类、成土母质等土壤信息资料;收集工程建设或生产过程对土壤造成影响的环境研究资料;收集造成土壤污染事故的主要污染物的毒性、稳定性以及如何消除等资料;收集土壤历史资料和相应的法律(法规);收集监测区域工农业生产及排污、污灌、化肥农药施用情况资料;收集监测区域气候资料(温度、降水量和蒸发量)、水文资料;收集监测区域遥感与土壤利用及其演变过程方面的资料等。

(3)现场调查。

现场踏勘,将调查得到的信息进行整理和利用,丰富采样工作图的内容。

(4)采样工具准备。

①工具类:铁锹、铁铲、圆状取土钻、螺旋取土钻、竹片及适合特殊采样要求的工具等。

②器材类:GPS、罗盘、照相机、胶卷、卷尺、铝盒、样品袋、样品箱等。

③文具类:样品标签、采样记录表、资料夹等。

④安全防护用品:工作服、工作鞋、安全帽、药品箱等。

2.监测项目与频次

土壤监测项目分常规项目、特定项目和选测项目,监测频次与其相应。

常规项目原则上为 GB 15618-1995《土壤环境质量标准》中所要求控制的污染物。特定项目为 GB 15618-1995《土壤环境质量标准》中未要求控制的污染物,但根据当地环境污染状况,确认在土壤中积累较多、对环境危害较大、影响范围广、毒性较强的污染物,或者污染事故对土壤环境造成严重不良影响的物质,具体项目由各地自行确定。选测项目一般包括新纳入的在土壤中积累较少的污染物、由于环境污染导致土壤性状发生改变的土壤性状指标以及生态环境指标等,由各地自行选择测定。土壤监测项目与监测频次见表 3-1-1。常规项目可按当地实际适当降低监测频次,但不可低于 5 年一次,选测项目可按当地实际适当提高监测频次。

表3-1-1 土壤监测项目与监测频次

项目类别		监测项目	监测频次
常规项目	基本项目	pH 值、阳离子交换量	每 3 年一次 农田在夏收或秋收后采样
	重点项目	镉、铬、汞、铅、砷、铜、锌、镍、六六六、滴滴涕	
特定项目(污染事故)		特征项目	及时采样,根据污染物变化趋势决定监测频次
选测项目	影响产量项目	全盐量、硼、氟、氮、磷、钾	每 3 年一次 农田在夏收或秋收后采样
	污水灌溉项目	氰化物、六价铬、挥发酚、烷基汞、苯并[a]芘、有机质、硫化物、石油类等	
	POPs 与高毒类农药	苯、挥发性卤代烃、有机磷农药、PCB、PAH 等	
	其他项目	结合态铝(酸雨区)、硒、钒、氧化稀土总量、钼、铁、锰、镁、钙、钠、铝、硅、放射性比活度等	

3.采样方法

(1)采样要求。

在采样时,要求土样有代表性,因此需多点取样,充分混合,布点均匀,混合样品的取样数量应根据试验区的面积以及地力是否均匀而定,通常为5~20个点,采样深度只需耕作层土壤0~20 cm,最多采到犁底层的土壤,对作物根系较深的,可适当增加采样深度。

(2)采样工具。

①采样筒:采样筒适合于表层土样的采集。采样筒为长10 cm、直径8 cm金属或塑料的采样器。

②管形土钻:管形土钻取土速度快,又少混杂,故特别适用于大面积多点混合样品的采集,但它不太适用于砂性的土壤或干硬的黏性土壤。

③普通土钻:此种土钻使用方便,但它一般只适用于湿润的土壤,不适于很干的土壤,也不适于砂土。用普通土钻采集的土样,分析结果往往比其他工具采集的土样的分析结果要低,特别是有机质、有效养分等的分析结果较为明显。这是因为用普通土钻取样,容易损失一部分表层土样。由于表层土往往较干,容易掉落,而表层土的有效养分和有机质的含量较高。

不同取土工具带来的差异,主要是由于上下土体不一致,这也说明采样时,应注意采土深度、上下土体保持一致。

(3)采样单元的划分。

由于土壤的不均一性,导致同一研究区域各土壤具有差异性,同一块土壤中不同点也具有差异,故在实地采样前,应先根据现场勘察和所搜集的有关资料,将研究范围划分为若干个采样单元。

采样单元的划分以土类和成土母质类型为主,其次根据地形、地貌、土上设施状况、土壤类型、农田等级等因素确定,原则上应使所采土样能使所研究的问题在分析数据中得到全面的反映。在一个采样单元中,如果用多个样点的样品分别进行分析,其平均值或其他统计值(如标准差或置信区间等)的可靠性,无疑要比单独取一个样品的分析结果更大,但这样做的工作量比较大。如果把多个样点的土样等量地混合均匀,组成一个混合样品进行测定,工作量就可大为减少,而其测定值也可得到相近的代表性,因为混合样品的测定值,实际上相当于各个样点分别测定的平均值。采样单元的划分总体要遵循“同一单元内的差异性尽可能小,不同单元之间的差异性尽可能大”。

(4)确定采样的布点原则。

根据任务的性质、复杂程度、区域规模的大小和所要求的精度统筹设计,进行科学的优化布点。布点原则是布设采样点的依据。在采样点数与采样密度确定之后,采样点该如何设置,点位如何分配,样点设在什么地方才能满足研究的需要,如何使所布设的采样点具有较好的代表性和典型性,其基本要求如下:

①布点要有代表性、兼顾均匀性,采样集中在位于每个采样单元相对中心位置的典型地块,面积以 1~10 亩的典型地块为宜。

②采集样品要具有所在单元所表现特征最明显、最稳定、最典型的性质,要避免各种非调查因素的影响,一个土壤样品只能代表一种土壤条件,采样点应基本能代表整个采样单元的土壤特性。

③尽量避免在多种土壤类型和多种母质母岩交叉分布的边沿地带安排样点。

④布点应考虑不同的土地利用方式、种植制度和不同的地形部位。

⑤不在水土流失严重或表土被破坏处设置采样点。

⑥采样点远离铁路、公路、道路,不能在住宅周围、田边、沟边、路旁、粪坑附近、肥堆边、坟堆附近等人为干扰严重的地方设点。

⑦选择土壤类型特征明显的地点挖掘土壤剖面,要求剖面发育完整、层次较清楚且无侵入体。

⑧在耕地上采样,应了解作物种植及农药使用情况,选择不施或少施农药、肥料的地块作为采样单元,以尽量减少人为活动的影响。

⑨记录现场采样点的具体情况,如土壤剖面形态特征等的详细情况。

(5)采样点的布点设计方法。

根据地形、样点数量和地力均匀程度布置采样点,土壤环境样品一般采用下列几种布点方法。

①对角线采样法。

面积较小、地势平坦、研究区域较端正或方形的污水灌溉或受废水污染土壤,可采用对角线采样法,可分为单对角线取样法和双对角线取样法两种。单对角线取样法是在田块的某条对角线上,按一定的距离选定所需的全部样点;双对角线取样法由研究单元的某一角向对角引一直线,再从相邻角落向其对角引对角线,将两条对角线划分为若干等份(一般 3~5 等份),在每等份的中点处采样。取样点不少于 5 个。根据调查目的、研究区域面积和地形等条件可做变动,多划分几个等份段,适当增加采样点。如图3-1-3所示。

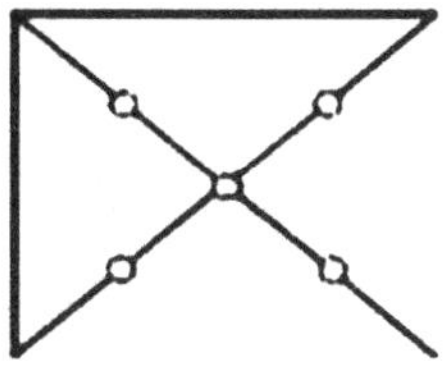

图 3-1-3 对角线采样法

②蛇形采样法。

面积较大、形状长条或复杂、肥力不匀、地势较平坦的田块多采用蛇形采样法(折线取样法),采样点数较多。按此法采样,在研究单元曲折前进来分布样点,至于曲折的次数则根据研究单元的长度、样点密度而有变化,一般在3~7次之间。该法布样点数目较多,能全面客观地评价污染土壤污染情况,在布点的同时要做到与土壤生长作物监测同步进行布点、采样、监测,以便于监测分析。如图3-1-4所示。

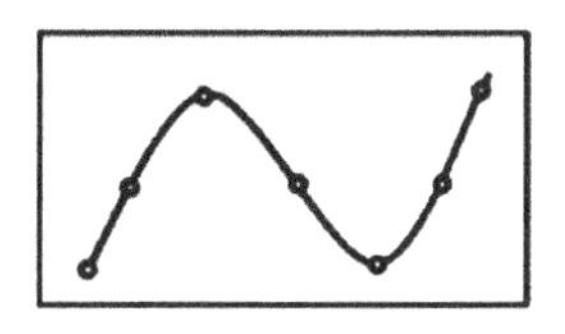

图 3-1-4 蛇形采样法

③棋盘式采样法。

面积较大、形状方正、肥力均匀、地势较平坦的田块可采用棋盘式采样方法(方格取样法),采样点数约10点以上。如图3-1-5所示。

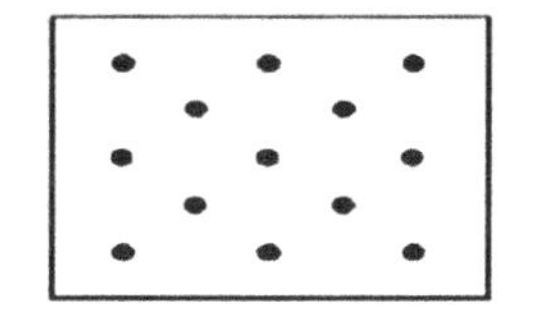

图 3-1-5 棋盘式采样法

(6)采样方法。

①采样筒取样。

适合表层土壤的采集。采样筒直接压入土层内,然后用铲子将其铲出,清除采样筒口多余的土壤,采样筒内的土壤即为所取样品。

②土钻取样。

土钻取样是用土钻钻至所需深度后,将其提出,用挖土勺挖出土样。

③挖坑取样。

挖坑取样适用于采集分层的土样。先用铁铲挖一截面1.5×1.0 m,深1.0 m的坑,如图3-1-6所示,根据土壤剖面颜色、结构、质地、松紧度、温度、植物根系分布等划分土层,并进行仔细观察,将剖面形态、特征自上而下逐一记录,随后由下而上逐层采集,沿土壤剖面层次分层取样。典型的自然土壤剖面分为A层(表层,腐殖质淋溶层)、B层(亚层,淀积层)、C层(风化母岩层,母质层)和底岩层,如图3-1-7所示。平整一面坑壁,并用干净的取样小刀或小铲刮去坑壁表面1~5 cm的土,然后在所需层次内采样0.5~1 kg,装入容器内。另外,挖掘土壤剖面有以下几点注意事项:第一,一般要使剖面观察面向着太阳光线,以便观察和摄影,但在山区或林区，由于坡向或条件限制不可能见到直射光线；第二，挖出的表土和底土分别堆放在土坑两侧，不要相互混合，以便观察完毕后分层填回，不致打乱土层，影响肥力，特别对于农业耕作区更应注意；第三，在观察面上方，不应堆土，也不应站人或走动，以免破坏土壤表层结构，影响剖面形态的观察和描述及取样。另外，在研究重金属在垂直方向上移动时，一般是在剖面中有代表性的典型部位取样，而不在过渡层上取样。为避免污染，应刮去其表层，从下而上逐层取样，一般上层采样较密，下层采样较稀。

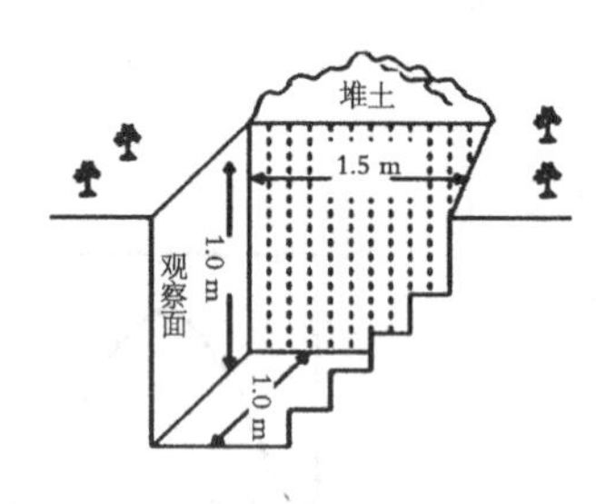

图 3-1-6 土壤剖面挖掘示意图

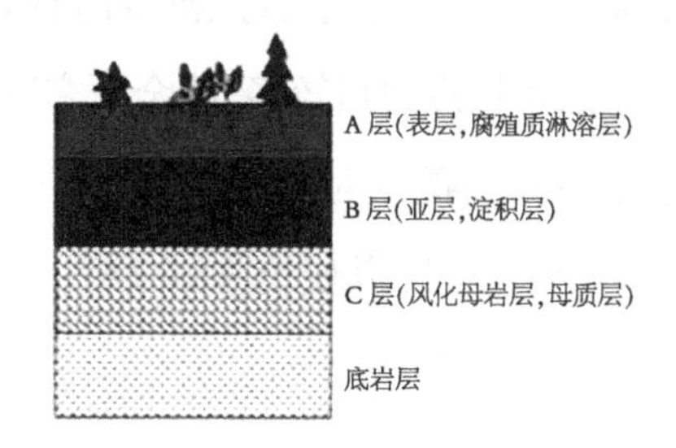

图 3-1-7 土壤剖面挖掘示意图

4.样品采集

采样时，首先将采样点处地面落叶、杂物除去，用小土铲去掉表层 3 mm 左右的土壤，将采样工具垂直插入至采样深度，若用小铁铲可稍倾斜向下。各点采样深度、重量尽可能均匀一致，并将各点所取样品集中混匀。如图 3-1-8 所示为采集土样的图片。

图 3-1-8 土样采集

一个混合样品重在 1 kg 左右，如果重量超出很多，可以把各点采集的土壤放在塑料布上用手捏碎铺平，用四分法（如图 3-1-9 所示）对角取两份混合放在布袋或塑料袋里，其余可弃去。用铅笔注明采样地点、采土深度、采样日期、采样人，标签一式两份，一份放在袋里，一份扣在袋上。与此同时要做好采样记录。

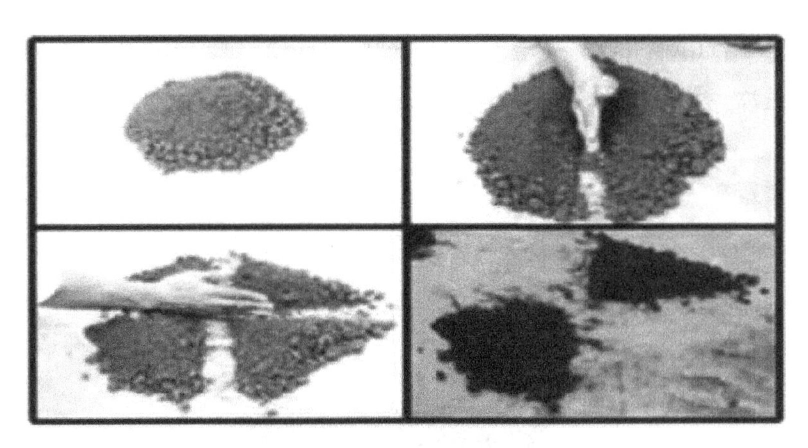

图 3-1-9 四分法分取土样

(二)土壤样品的加工

从野外采集回来的样品,除需要测定土壤样品中的游离挥发酚、铵态氮、硝态氮、低价铁、挥发性有机物等不稳定项目时,应在采样现场采集新鲜土样并对采样瓶进行严格的密封外,多数项目的测定都必须对土壤样品进行处理。

样品处理的目的是:(1)挑出植物残体、石块、砖块等,以除去非土样的组成部分。(2)适当磨细、充分混匀,使分析时所称取的少量样品具有较高的代表性,以减少称样误差。(3)全量分析项目,样品需要磨细,以使分析样品的反应能够完全和一致。(4)使样品可以长期保存,不致因微生物活动而霉坏,引起性质的改变。

土壤样品的处理包括风干、去杂、研磨、过筛、混匀、土样保存和登记操作。

1.风干和去杂

从田间采回的土样,应及时进行风干,如图 3-1-10 所示。及时风干的原因是:(1)因为土壤的含水量不稳定,如不风干, 则样品监测数据不稳定,样品之间缺少可比性。(2)由于新鲜样品含水量大、颗粒大,故称样时的误差较大,为减少称量误差,样品必须风干。(3)由于含水量高,微生物活跃,易使样品发生霉变。风干的方法是将土壤样品弄成碎块平铺在干净的纸上,摊成薄薄的一层放在既阴凉干燥通风,又无特殊的气体(如氯气、氨气、二氧化硫等)、无灰尘污染的室内风干,经常翻动,加速干燥。切忌阳光直接暴晒或烘烤。

图 3-1-10 土样风干

在土样半干时,须将大土块捏碎(尤其是黏

性土壤),如图 3-1-11 所示,以免完全干后结成硬块,难以磨细。样品风干后,应捡出枯枝落叶、植物根、残体等。若土壤中有铁锰结核、石灰结核或石子过多,应细心捡出称重,记下所占的百分数。

图 3-1-11 捏碎土样

2.研磨与过筛、混匀

风干后的土样用有机玻璃棒、木棒或不锈钢棒碾碎后,如图 3-1-12 所示,过 2 mm 尼龙筛去除 2 mm 以上的沙砾和植物残体。按规定通过 2 mm 孔径的土壤用作物理分析,通过 1 mm 或 0.5 mm 孔径的土壤用作化学分析,也可用粉碎机进行粉碎,如图 3-1-13 所示,若沙砾含量较多,应计算它占整个土壤的百分数。将上述风干的细土反复按四分法弃取,最后留下足够分析用的数量(重金属测定可留 100 g)。用四分法弃取的样品,另装瓶备用。留下的样品,再进一步用有机玻璃棒或玛瑙研钵予以磨细,全部过 100 目尼龙筛。过筛后的样品,充分摇匀,装瓶分析用。在制备样品时,必须注意样品不要被所分析的化合物或元素污染。另外,研磨过细会破坏土壤矿物的结构,使 pH 值等测定结果增大,这一点应当注意。

图 3-1-12 研磨土样

图 3-1-13 粉碎机粉碎土样

(三)土样保存与登记操作

制备好的土样按名称、编号和粒径分类保存。样品装入广口瓶后,应贴上标签,记明土样号码、土类名称、采样地点、深度、日期、孔径、采集人等。瓶内的样品应保存在样品架上,尽量避免日光、高温、潮湿或酸碱性气体等的影响,否则影响分析结果的准确性。对新鲜样品的保存应按以下要求处理:含易分解或易挥发等不稳定组分的样品要采取低温保存的运输方法,并尽快送到实验室分析测试;测试项目需要新鲜样品的土样,采集后用可密封的聚乙烯或玻璃容器在 4 ℃以下避光保存,样品要充满容器;避免用含有待测组分或对测试有干扰的材料制成的容器盛装保存样品,测定有机污染物用的土壤样品要选用玻璃容器保存,具体保存条件如表 3-1-2 所示;预留样品在样品库造册保存,分析取用后的剩余样品,待全部测定数据完成后,也移交样品库保存。分析取用后的剩余样品一般保留半年,预留样品一般保留 2 年,特殊、珍稀、仲裁、有争议样品一般要永久保存。要保持样品库干燥、通风、无阳光直射、无污染;要定期清理样品,防止霉变、鼠害及标签脱落。样品入库、领用和清理均需记录。

表 3-1-2 新鲜样品的保存条件和时间

测试项目	容器材质	温度,℃	可保存时间,d	备注
金属(汞和六价铬除外)	聚乙烯、玻璃	<4	180	
汞	玻璃	<4	28	
砷	聚乙烯、玻璃	<4	180	
六价铬	聚乙烯、玻璃	<4	1	
氧化物	聚乙烯、玻璃	<4	2	
挥发性有机物	玻璃(棕色)	<4	7	采样瓶装满装实并密封
半挥发性有机物	玻璃(棕色)	<4	10	采样瓶装满装实并密封
难挥发性有机物	玻璃(棕色)	<4	14	

任务实施

活动 1 解读土壤中干物质和水分的测定国家标准

1.阅读与查找标准

(1)上网搜索查找土壤中水分的测定方法标准。

(2)仔细阅读国家标准 HJ 613-2011《土壤 干物质和水分的测定 重量法》,确定土壤中水分测定方案，找出方法的适用范围、方法原理、精密度等内容，并列出所需的其他相关标准。将查找结果填入表3-1-3中。

2.仪器和试剂的确认

依据查阅的标准，拟订仪器计划，填入表3-1-3中。

3.数据记录

表3-1-3 解读《土壤 干物质和水分的测定 重量法》国家标准的原始记录

<table>
<tr><td>记录编号</td><td colspan="3"></td></tr>
<tr><td colspan="4">一、阅读与查找标准</td></tr>
<tr><td>方法原理</td><td colspan="3"></td></tr>
<tr><td>相关标准</td><td colspan="3"></td></tr>
<tr><td>精密度</td><td colspan="3"></td></tr>
<tr><td colspan="4">二、标准内容</td></tr>
<tr><td>适用范围</td><td colspan="3"></td></tr>
<tr><td>定量公式</td><td></td><td>性状</td><td></td></tr>
<tr><td>样品处理</td><td colspan="3"></td></tr>
<tr><td>操作步骤</td><td colspan="3"></td></tr>
<tr><td colspan="4">三、仪器确认</td></tr>
<tr><td colspan="3">所需仪器</td><td>检定有效日期</td></tr>
<tr><td colspan="3"></td><td></td></tr>
<tr><td colspan="3"></td><td></td></tr>
<tr><td colspan="4">四、安全防护</td></tr>
<tr><td colspan="4"></td></tr>
<tr><td>确认人</td><td></td><td>复核人</td><td></td></tr>
</table>

活动2 水分测定仪器准备

按标准HJ 613-2011《土壤 干物质和水分的测定 重量法》拟订和领取所需仪器，确认仪器的规格、型号，并完成表3-1-4领用记录的填写，做好仪器和设备的准备工作。

测定所需的仪器：鼓风干燥箱、干燥器、分析天平、具塞容器、样品勺、样品筛、土壤样品采集器。

表3-1-4 仪器领用记录

<table>
<tr><td colspan="5">仪器</td></tr>
<tr><td>编号</td><td>名称</td><td>规格</td><td>数量</td><td>备注</td></tr>
<tr><td></td><td></td><td></td><td></td><td></td></tr>
<tr><td></td><td></td><td></td><td></td><td></td></tr>
<tr><td>备注</td><td colspan="4"></td></tr>
</table>

活动 3 采集水分测定的土样

(1)取学校土样:选取学校花坛的土壤,采集 20 cm 左右深处的土样约 1 kg。

(2)将土样采集与保存记录填写在表 3-1-5 中。

表 3-1-5 土样的采集与保存记录

序号	测定项目	采样时间	采样点	样品编号	采样深度	采样容器	土壤形状描述	保存期	采样量	备注

采样人员:________　　　　记录人员:________

注意事项

(1)制作过程中采样时的土壤标签和土壤始终放在一起,严禁混错,样品名称和编码始终不变。

(2)制样工具每处理一份样后擦抹(洗)干净,严防交叉污染。

活动 4 土壤中水分的测定

1.实验目的

土壤水分是土壤的重要组成部分,也是重要的土壤肥力因素。进行土壤水分的测定有两个目的:一是了解田间土壤的水分状况,为土壤耕作、播种、合理排灌等提供依据; 二是在室内分析工作中,测定风干土的水分,把风干土重换算成烘干土重,可作为各项分析结果的计算基础。

2.实验原理

土壤水分的测定方法很多,最常用的是烘干法。烘干法以质量为基础,测定土壤样品的水分含量,土壤样品于 105 ± 5 ℃ 下干燥至恒重,计算干燥前后土壤重量之差值,以干基为基础,计算水分含量。本方法适用于所有形态的土壤样品,对已预处理风干的土壤样品或直接采取自野外(如田间)含水土壤样品,依照不同的程序操作。

3.操作步骤

(1)风干土壤试样的测定。

具塞容器和盖子于鼓风干燥箱,如图 3-1-14 所示 105±5 ℃下烘干 1 h,稍冷,盖好盖子，然后置于干燥器中至少冷却45 min，测定带盖容器质量m_0，精确至0.01 g。用样品勺将10~15 g风干土壤试样转移至已称重的具塞容器中，盖上容器盖，测定总质量m_1，精确至0.01 g。取下容器盖，将容器和风干土壤试样一并放入烘箱中，在105±5 ℃下烘干至恒重，同时烘干容器盖。盖上容器盖，置于干燥器中至少冷却45 min，取出立即测定带盖容器和烘干土壤的总质量m_2，精确至0.01 g。

图3-1-14 鼓风干燥箱

(2)新鲜土壤试样的测定。

具塞容器和盖子于105±5 ℃下烘干1 h，稍冷，盖好盖子，然后置于干燥器中至少冷却45 min，测定带盖容器质量m_0，精确至0.01 g。用样品勺将30~40 g新鲜土壤试样转移至已称重的具塞容器中，盖上容器盖，测定总质量m_1，精确至0.01 g。取下容器盖，将容器和新鲜土壤试样一并放入烘箱中，在105±5 ℃下烘干至恒重，同时烘干容器盖。盖上容器盖，置于干燥器中至少冷却45 min，取出立即测定带盖容器和烘干土壤的总质量m_2，精确至0.01 g。

注：应尽快分析待测试样，以减少其水分的蒸发。

4.结果的表述

土壤样品中的水分含量，按照如下公式进行计算。

$$W_{H_2O}=\frac{m_1-m_2}{m_2-m_0}\times 100\%$$

式中：W_{H_2O}——土壤样品中的水分含量，%；

m_0——带盖容器的质量，g；

m_1——带盖容器及风干土壤试样或带盖容器及新鲜土壤试样的总质量，g；

m_2——带盖容器及烘干土壤的总质量,g。

测定结果精确至 0.1%。

注意事项

(1)实验过程中应避免具盖容器内土壤细颗粒被气流或风吹出。

(2)一般情况下,在 105±5 ℃下有机物的分解可以忽略。但是对于有机质含量>10%(质量分数)的土壤样品,应将干燥温度改为 50 ℃,然后干燥至恒重,必要时,可抽真空,以缩短干燥时间。

(3)一些矿物质(如石膏)在 105 ℃干燥时会损失结晶水。

(4)如果样品中含有挥发性(有机)物质,本方法不能准确测定其水分含量。

(5)如果待测样品是含有石膏、石子、树枝等的新鲜潮湿土壤,以及含有其他影响测定结果的内容,均应在检测报告中注明。

(6)土壤水分含量是基于干物质计算的,所以其结果可能超过 100%。

活动 5 水分的测定数据记录与处理

将测定数据及处理结果记录于表 3-1-6 中。

表 3-1-6 水分的测定原始记录

样品名称		测定项目		测定方法	
测定时间		环境温度		合作人	

样品编号	容器恒重 m_0,g	烘干前容器加样品质量 m_1,g	烘干后容器加样品质量 m_2,g	水分含量,%
水分平均含量,%				
相对极差,%				

分析者(签字):________ 复核者(签字):________

活动6 撰写分析报告

将测定结果填写入表3-1-7中。

表3-1-7 水分测定检验报告内页

采样地点		样品编号	
执行标准			
检测项目	检测结果		
本项结论			
备注			
以下空白			

检验员(签字):________ 工号:________ 日期:________

任务评价

表3-1-8 任务评价表

考核内容	序号	考核标准	分值	小组评价	教师评价
解读国家标准(10分)	1	标准查找正确	2分		
	2	仪器的确认(种类、规格、精度)正确	2分		
	3	试剂的确认(种类、纯度、数量)正确	2分		
	4	解读标准的原始记录填写无误	4分		
仪器准备(10分)	5	仪器选择正确(规格、型号)	3分		
	6	仪器领用正确(规格、型号)	3分		
	7	仪器领用记录的填写正确	4分		
土样采集保存(15分)	8	选择采样点、采样方法、采样容器、采样量、运输等正确	5分		
	9	土样的保存方法、保存期等适当	5分		
	10	土样的处理等正确	5分		
测定操作(25分)	11	正确使用烘箱	5分		
	12	正确使用天平	10分		
	13	正确使用干燥器	2分		
	14	恒重操作正确	5分		
	15	样品测定两次	3分		
测后工作及团队协作(10分)	16	仪器清洗、归位正确	2分		
	17	药品、仪器摆放整齐	2分		
	18	实验台面整洁	1分		
	19	分工明确,各尽其职	5分		

续表

考核内容	序号	考核标准	分值	小组评价	教师评价
数据记录、处理及测定结果（25分）	20	及时记录数据、记录规范，无随意涂改	3分		
	21	正确填写原始记录表	2分		
	22	计算正确	5分		
	23	测定结果与标准值比较≤±1.0%	10分		
	24	相对极差≤1.0%	5分		
撰写分析报告（5分）	25	检验报告内容正确	2分		
	26	正确撰写检验报告	3分		
考核结果					

拓展提高

土壤监测的基本知识

土壤是指陆地地表具有肥力并能生长植物的疏松表层。它处在地球岩石圈的最外面，具有支持植物和微生物生长繁殖的能力。它介于大气圈、岩石圈、水圈和生物圈的界面交接地带，是联系有机界和无机界的中心环节，是结合自然地理环境各组成要素的纽带，是地球表层系统中物质与能量迁移和转化的重要环节，占据着特殊的空间地位。土壤具有其独特的生成和发展规律，具有物理的、化学的、生物的一系列复杂属性和独特的功能。从环境科学的角度来看，土壤不仅是一种自然资源，还是人类生存环境的重要组成部分，是地球上一切生物赖以生存的基础。因而，土壤是环境中特有的组成部分，其质量优劣直接影响人类的生产、生活和发展。

一、土壤组成及土壤特性

(一)土壤组成

地球表层的岩石经过物理的、化学的和生物的风化作用，逐渐被破坏成疏松的、大小不等的矿物颗粒(称为母质)。土壤是由固体、液体和气体三相共同组成的疏松多孔体。在固相物质之间存在着形状和大小不同的孔隙，孔隙中存在着水分和空气。总体来说土壤是由土壤矿物质、土壤有机质、土壤生物等组成。其中固相物质约占土壤总容积的50%，液相和气相约占土壤总容积的50%。

1.土壤矿物质

土壤矿物质是岩石经物理风化和化学风化作用形成的，占土壤固相部分总重量的90%以上，是土壤的骨骼和植物营养元素的重要供给源，按其成因可分为原生矿物质和次生矿物质两类。凡在地壳中最先存在的、经风化作用后仍然无变化地遗留在土壤中的一类矿物，称为原生矿物质；而在土壤形成过程中，由原生矿物质转化成新的矿物，统称次生矿物质。

土壤矿物质所含主体元素是氧、硅、铝、铁、钙、钠、钾、镁等，约占96%，其他元素含量多在0.1%以下，甚至低于十亿分之几，属微量、痕量元素。

2.土壤有机质

土壤有机质是土壤中含碳有机化合物的总称，由进入土壤的植物、动物、生物残体及施入土壤的有机肥料经分解转化逐渐形成，是土壤形成的标志。它通常可分为腐殖物质和非腐殖物质两部分，腐殖物质是其主要组成部分。土壤有机质一般占土壤固相物质总质量的5%左右，对于土壤的物理、化学和生物学性状有较大的影响。

3.土壤生物

土壤生物主要包括土壤微生物(细菌、真菌、放线菌、藻类等)、土壤微动物(原生动物、蠕虫和节肢动物等)及土壤动物(两栖类、爬行类等)，它们不但是土壤有机质的重要来源，参与土壤形成、养分转移、物质迁移等，而且对进入土壤的有机污染物的降解及无机污染物(如重金属)的形态转化、降解、固定起着主导作用，是净化土壤的主力军。

4.土壤溶液

土壤溶液是土壤水分及其所含溶质的总称，存在于土壤孔隙中，土壤溶液中的水来源于大气降水、地表径流和农田灌溉、降雪。若地下水位接近地表面(2~3 cm)，也是土壤水的重要来源之一。土壤溶液中的溶质包括可溶性无机盐、可溶性有机物、无机胶体及可溶性气体等。土壤溶液既是植物养分的主要来源，也是进入土壤的各种污染物向其他环境圈层迁移的媒介。

5.土壤空气

土壤空气存在于未被水分占据的土壤孔隙中。如在排水良好的土壤中，土壤空气主要来源于大气，其组分与大气基本相同，以氮、氧和二氧化碳为主，而在排水不良的土壤中氧含量下降，二氧化碳含量增加。除此以外土壤空气中还含有一些生物化学反应和化学反应产生的还原性气体，如甲烷、硫化氢、氢气、氨气等等。

(二)土壤的基本性质

1.吸附性

土壤中存在胶体物质，因此土壤具有吸附性。土壤胶体是指土壤中具有胶体性质的微细颗粒，包括无机胶体(如黏土矿物质和各种水合氧化物等)、有机胶体(如腐殖质等)、有机-无机复合胶体。由于土壤胶体具有巨大的比表面积，其胶粒表面还带有电荷，通过离子交换吸附能力使土壤具有吸附性，使土壤对有机污染物(如有机磷和有机氯农药等)和无机污染物(如 Hg^{2+}、Pb^{2+}、Cu^{2+}、Cd^{2+}等重金属离子)有极强的吸附能力，因此对污染物在土壤中的迁移、转化有着重要的作用。

2.酸碱性

土壤的酸碱性是土壤的重要理化性质之一，是土壤在形成过程中受生物、气候、地质、水文等因素综合作用的结果。土壤的酸碱度可以划分为 9 级：pH<4.5 为极强酸性土，pH 值为 4.5~5.5 为强酸性土，pH 值为 5.5~6.0 为酸性土，pH 值为 6.0~6.5 为弱酸性土，pH 值为 6.5~7.0 为中性土，pH 值为 7.0~7.5 为弱碱性土，pH 值为 7.5~8.5 为碱性土，pH 值为 8.5~9.5 为强碱性土，pH>9.5 为极强碱性土，正常土壤的 pH 值在 5~8 范围内。土壤的酸碱性直接或间接地影响着污染物在土壤中的迁移、转化，还可以影响土壤微生物的活性，影响有机污染物的分解强度和速率。

3.氧化还原性

由于土壤中存在着多种氧化性和还原性有机物质及无机物质，使土壤具有氧化性和还原性特性。土壤中的游离氧和高价金属离子、硝酸根等是主要的氧化剂；土壤有机质及其在厌氧条件下形成的分解产物和低价金属离子是主要的还原剂。土壤环境的氧化作用或还原作用的强度可以用氧化还原电位(E_h)来衡量。因为土壤中氧化态和还原态物质的组成十分复杂，计算 E_h 很困难，所以主要用实测的氧化还原电位衡量。通常当 $E_h>300$ mV 时，氧化体系起主导作用，土壤处于氧化状态；当 $E_h<300$ mV 时，还原体系起主导作用，土壤处于还原状态。

4.自净作用

在土壤中，土壤具有自身能更新的能力称为土壤自净作用。当污染物进入土壤后，就能经生物和化学降解变为无毒物质；或者通过化学沉淀、配合作用变为不溶性化合物；或是被土壤胶体吸附，植物较难加以利用而退出生物小循环，脱离食物链或被排除在土壤之外。土壤对于不同污染物质的净化能力也是不同的。总而言之，土壤的自净速度比较缓慢。

(三)土壤背景值

土壤背景值又称土壤本底值，它是未受人类活动影响的土壤环境本身的化学组成和元素含量。但实际上目前已经很难找到绝对不受人类活动和污染影响的土壤，只能去找影响尽可能少的土壤。不同自然条件下发育的不同土类或同一种土类发育于不同的母质母岩区，其土壤环境背景值也有明显差异，就是同一地点采集的样品，分析结果也不可能完全相同，因此土壤环境背景值只是代表土壤环境发展中的一个历史阶段，实际上是一个相对的概念，是一个范围值，而不是一个确定值。

土壤背景值是环境保护和环境科学的基础数据，是研究污染物在土壤中变迁和进行土壤质量评价与预测的重要依据。

二、土壤污染及来源

土壤污染是指生物性污染物或有毒有害化学性污染物通过一定途径进入土壤中，使土壤质量下降，引起土壤正常结构、组成和功能发生变化，超过了土壤对污染物的净化能力，破坏了自然动态平衡，直接或间接引起不良后果，最终危害人类的生存和健康的现象。

(一)土壤污染源

土壤依靠自身的功能、组分和特性，对介入的外界物质有很大的缓冲能力和自身更新作用。因为土壤有极大的比表面积，其颗粒物层对污染物有过滤、吸附作用。土壤空气中的氧可做氧化剂，土壤中的水分可做溶剂，特别是土壤微生物有强大的生物降解能力，能将污染物降解产物纳入天然循环轨道。但土壤的自净能力是有限的，外来污染物超过土壤自净能力，影响土壤的正常功能或用途，甚至引起生态变异或生态平衡的破坏时，就造成了土壤污染。土壤污染最明显的标志是农产品产量和质量的下降，即土壤的生产能力降低。土壤污染源同水、大气等污染源一样，可分为天然污染源和人为污染源两大类。

1.天然污染源

天然污染源是指自然界自行向环境排放有害物质或造成影响的场所，是由一些自然现象引起的，如某些气象因素造成的土壤淹没、冲刷流失、风蚀，地震造成的“冒沙”“冒黑水”，火山爆发的岩浆和降落的火山灰等，都可不同程度地污染土壤。

2.人为污染源

由于人类活动所形成的污染源称为人为污染源。人为污染源是土壤污染研究的主要对象，其污染土壤的途径是很多的，归结起来，有下列几种：

(1)固体废弃物的堆放。

随着工农业生产的发展和城市化的扩大，土壤被城市垃圾、工业废渣、污泥、尾矿等固体废弃物作为处理排放场所，被当成人类天然的大“垃圾箱”用。这些固体废弃物中的有害物质经雨水浸泡后进入土壤。这是造成土壤污染的重要途径之一。

(2)农药和化肥的施用。

农药在生存、运输、销售以及使用过程中都会产生污染。由于近年来施肥、施农药等增产措施，也就使污染物随之进入土壤中，并在土壤中逐渐积蓄，这也是造成土壤污染的重要途径之一。尤其是难降解的人工合成有机农药和人畜粪便中的病原微生物及寄生虫卵造成的土壤污染更为严重，同时化肥的不合理过量施用使土壤养分平衡失调，有毒的化肥对植物造成毒害，使作物大面积受害。

(3)污水灌溉。

长期使用不符合灌溉标准的水、生活污水、工业废水等灌溉农田，以及雨水将废渣中的污染物淋洗流入农田，这也是造成土壤污染的重要途径之一。这些污水未经处理使得灌溉区土壤中有害物质有明显的累积。

(4)大气沉降。

大气污染物的“干降”或“湿降”进入土壤，也是造成土壤污染的一个不可轻视的途径，如“酸雨”的危害。

(二)土壤中的主要污染物

土壤污染物质大致可分为无机污染物和有机污染物两大类。表 3–1–9 列举了土壤中的主要污染物质及其来源。

表3–1–9 土壤中主要污染物质

污染物种类			主要来源
无机污染物	重金属	汞(Hg)	氯碱工业、含汞农药、汞化物生产等工业废水和污泥
		镉(Cd)	冶炼、电镀、染料等工业废水、污泥和废气，肥料杂质
		铜(Cu)	冶炼、铜制品生产等废水、废渣和污泥，含铜农药
		锌(Zn)	冶炼、镀锌、人造纤维、纺织工业等废水、废渣和污泥，含锌农药，磷肥
		铬(Cr)	冶炼、电镀、制革、印染等工业废水、污泥
		铅(Pb)	颜料、冶炼等工业废水，农药，汽油防爆燃烧排气
		镍(Ni)	冶炼、电镀、炼油、染料等工业废水、污泥

续表

污染物种类			主要来源
无机污染物	非金属	砷(As)	硫酸、化肥、农药、医药、玻璃等工业废水、废气和农药
		硒(Se)	电子、电器、油漆、墨水等工业排放物
	放射性元素	铯(^{137}Cs)	原子能、核工业、同位素生产等工业废水、废渣和核爆炸
		锶(^{90}Sr)	原子能、核工业、同位素生产废水、废渣和核爆炸
	其他	氟(F)	冶炼、磷酸和磷肥、氟硅酸钠等工业废水、废气和肥料
		酸、碱、盐	化工、机械、电镀、酸雨、造纸、纤维等工业废水
有机污染物	有机农药		农药的生产和使用
	酚类有机物		炼焦、炼油、石油化工、化肥、农药等工业废水
	氰化物		电镀、冶金、印染等工业废水、废气
	石油		油田、炼油、输油管道漏油
	苯并[a]芘		炼焦、炼油等工业
	有机性洗涤剂		机械工业、城市污水
	一般有机物		城市污水、食品、屠宰工业
有害微生物			城市污水、医院污水、厩肥、垃圾

三、土壤污染的特点和类型

由于“三废”物质、化学物质、农药、微生物等进入土壤并不断积累，引起土壤的组成、结构、功能发生改变，从而影响植物的正常生长和发育，以致在植物体内积累，使农产品的产量与质量下降，最终影响人体健康。

（一）土壤污染的特点

1.隐蔽性

土壤的污染不像水和大气的污染那样直观，通过人的感觉器官也不一定能发现。往往是通过农作物，如粮食、蔬菜、水果以及家畜、家禽等食物污染，再通过人食用后身体的健康状况来反映。从开始污染到导致后果，有一段很长的间接、逐步、积累的隐蔽过程。如日本的镉米引起的“痛痛病”事件，当查明原因时，造成事件的那个矿已经开采完了。因此土壤污染从产生到出现问题通常会滞后较长的时间。

2.不可逆转性

土壤的污染和净化过程需要相当长的时间。土壤一旦被污染很难恢复，而重金属的污染是不可逆的过程,许多有机化学物质的污染也需要较长时间才能降解,因此土壤一旦被污染后,有时就要被迫改变用途或放弃。因此对土壤的保护,要有长远观点,当今人们要利用它,将来人们还要利用它,尽管污染物含量很小,但要考虑它的长期积累后果。

3.累积性

污染物质在土壤中很难迁移,因此容易在土壤中不断积累而超标。这些严重的污染物质通过食物链危害动物和人体,甚至使人畜失去赖以生存的基础。

4.土壤污染的判定比较复杂

到目前为止,国内外尚未对土壤定出类似于水和大气的判定标准。因为土壤中污染物质的含量与农作物生长发育之间的因果关系十分复杂, 有时污染物质的含量超过土壤背景值很高,并未影响植物的正常生长;有时植物生长已受影响,但植物体内未见污染物的积累。

因其特点,目前我国土壤污染监测还存在污染物特性针对性不强,调查农产品样品数量偏少,且受时间限制,现行标准体系尚不完善,特别是有机污染物没有参照标准等情况。

(二)土壤污染的发生类型

1.水体污染型

受污染的地面水体(工业废水和城市污水)所含的污染物十分复杂,污染物质大多以废水灌溉的形式从地面进入土壤,一般集中于土壤表层。但随着废水灌溉时间的延长,污染物质可能由上部土体向下部土体扩散和迁移,甚至到达地下水。这是土壤污染的最重要发生类型。它的特点是沿河流或干渠呈树枝状或片状分布。

2.大气污染型

土壤污染物质来源于被污染的大气,其特点是以大气污染源为中心呈带状或环状分布,长轴沿主风向伸长。其污染面积和扩散距离取决于污染物质的性质、排放量及形式。除酸性物质外,大气污染物主要为重金属放射性元素等,它们通过沉降和降水降落到地面,因此大气污染土壤的污染物质主要集中于土壤表层(0~5 cm)。

3.农业污染型

农业污染型污染物质主要来自城市垃圾、污泥、化肥、农药等。其污染程度与污染物的种类、污染的轻重、土壤的作用方式和耕作制度有关,主要污染物为农药和重金属,污染物质主要集中于表层耕作层(0~20 cm),它的分布比较广泛。

4.生物污染型

由于废水灌溉,特别是城市污水灌溉、施用垃圾等,使土壤受生物污染,成为某些病菌的发源地。

5.固体废弃物污染型

土壤表面堆放或处理固体废弃物和废渣，通过大气扩散或降雨淋滤，使周围地区的土壤受到污染。

（三）土壤污染对环境的危害

1.土壤污染会引起土壤酸碱度的变化

如果长期给土壤施用酸性肥料，会引起土壤酸化；施用碱性肥料及粉尘长期散落在土壤中，又可引起土壤的碱化。最近几年世界各地不断出现的酸雨，尤其是北欧造成土壤酸化的现象比较普遍和严重，以至于影响农作物的生长发育，最后导致减产。

2.土壤中的有害物质直接影响植物的生长

土壤中如有较浓的砷残留物存在时，会阻止树木生长，使树木提早落叶，果实萎缩、减产；土壤中如有过量的铜和锌，能严重地抑制植物的生长和发育；土壤用含镉废水灌溉，对小麦和大豆的生长及产量均有影响，随着施镉量的增加，植物体内镉含量也增加，从而使产量降低。当使用 2.5 mg/L 镉溶液灌溉时，大豆除生长缓慢外，还表现出病状（中毒症状），使靠近主茎的叶脉变为微红棕色；如果镉浓度再加大，叶脉的棕色进一步扩大到整片叶子；剧烈中毒时大豆的叶绿素也会遭到破坏。目前全国农产品有毒有害物质残留问题日趋严重，已成为制约农村经济发展的重要因素。

3.土壤污染危害人体健康

土壤污染物被植物吸收后，通过食物链危害人体健康。如日本的“痛痛病”就是镉污染土壤，并通过水稻引起人的镉中毒事件。总之，某些污染物，特别是重金属污染物进入土壤后，能被土壤吸收积累，然后又被植物吸收积累，当人畜食用这些植物或种子、果实时便会引起慢性或急性中毒，从而影响人体健康。

课后自测

(1)什么是土壤?土壤由哪些物质组成?

(2)简述土壤的基本性质。

(3)何谓土壤的背景值?

(4)土壤污染监测有哪些布点方法?

(5)简述土壤污染的类型及其特点。

(6)简述土壤中的主要污染物。

参考资料

(1)GB 15618−1995《土壤环境质量标准》

(2)HJ 613−2011《土壤 干物质和水分的测定 重量法》

任务二 土壤中总铬的测定

任务引入

土壤重金属污染是指由于人类活动，土壤中的微量金属元素在土壤中的含量超过背景值，过量沉积而引起的含量过高的现象。污染土壤的重金属主要包括汞(Hg)、镉(Cd)、铅(Pb)、铬(Cr)和类金属砷(As)等生物毒性显著的元素，以及有一定毒性的锌(Zn)、铜(Cu)、镍(Ni)等元素。它们主要来自农药、废水、污泥和大气沉降等，如汞主要来自含汞废水，镉、铅污染主要来自冶炼排放和汽车废气沉降，砷则被大量用作杀虫剂、杀菌剂、杀鼠剂和除草剂。过量重金属可引起植物生理功能紊乱、营养失调，镉、汞等元素在作物籽实中富集系数较高，即使超过食品卫生标准，也不影响作物生长、发育和产量，此外汞、砷能减弱和抑制土壤中硝化、氨化细菌活动，影响氮素供应。重金属污染物在土壤中移动性很小，不易随水淋滤，不为微生物降解，通过食物链进入人体后，潜在危害极大，应特别注意防止重金属对土壤的污染。一些矿山在开采中尚未建立石排场和尾矿库，废石和尾矿随意堆放，致使尾矿中富含难解的重金属进入土壤，加之矿石加工后余下的金属废渣随雨水进入地下水系统，造成严重的土壤重金属污染。

铬是众多重金属中存在比较广泛的危害性较强的一种，铬在环境中通常以正三价和正六价的形态存在，Cr(Ⅲ)毒性小，不易迁移，而Cr(Ⅵ)毒性大，容易被人体吸收，可通过食物链在生物体内富集，且不能被微生物分解，是一种公认的致癌致突变物质。铬是迁移性污染物，进入环境后，容易导致土壤和地下水的污染，因此，检测土壤中的铬的含量是很有必要的。

标准HJ 491-2009《土壤 总铬的测定 火焰原子吸收分光光度法》中规定了土壤中总铬的测定方法。

HJ
中华人民共和国国家环境保护标准
HJ 491—2009

土壤 总铬的测定
火焰原子吸收分光光度法
Soil quality—Determination of total chromium
—Flame atomic absorption spectrometry

2009-09-27 发布
2009-11-01 实施
环境保护部 发布

图 3-2-1 相关标准首页

任务目标

(1)会查阅有关标准,并能根据国家标准确认所需仪器和试剂。

(2)能根据国家标准规范配制各种标准贮备液及标准工作液。

(3)了解重金属的定义,初步学会土样的采集与处理方法。

(4)掌握火焰原子吸收分光光度法测定总铬的测量原理。

(5)通过土壤中总铬的测定实验与职业技能实训加深理解,学会监测操作的全过程。

任务分析

1.明确任务流程

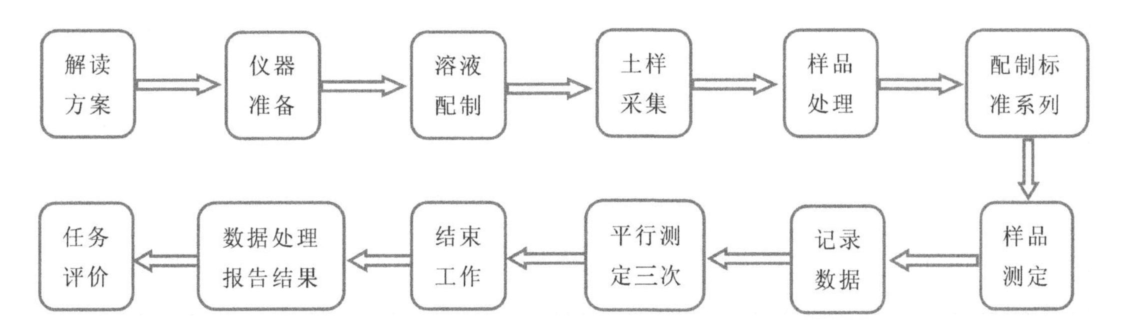

图 3-2-2 任务流程

2.任务难点分析

(1)标准贮备液及标准工作液的配制。

(2)土壤样品的预处理。

(3)原子吸收分光光度计的使用。

3.任务前准备

(1)HJ 491-2009《土壤 总铬的测定 火焰原子吸收分光光度法》。

(2)土壤中总铬的测定相关资料。

(3)土壤中总铬的测定所需的仪器和试剂。

①仪器:原子吸收分光光度计,铜、锌、镍、铬、镉、铅空心阴极灯,空气压缩机,实验室常见玻璃仪器等。

②试剂:盐酸,硝酸,盐酸溶液(1+1),氢氟酸,10%氯化铵溶液,铬标准贮备液,铬标准使用液,高氯酸等。

相关知识

一、土壤样品的预处理

土壤中污染物种类繁多，污染组分含量低，并且处于固体状态，不同的污染物在不同土壤中的样品预处理方法及测定方法各异。因此要根据不同的监测要求和监测目的，选定样品预处理方法。在测定之前，往往需要处理成液体状态和将欲测组分转变为适合测定方法要求的形态、浓度，以及消除共存组分的干扰。土壤样品的预处理方法主要有分解法和提取法，前者用于元素的测定，后者用于有机污染物和不稳定组分的测定。

（一）土壤样品分解方法

土壤样品分解方法有：酸分解法、碱熔分解法、高压密闭分解法、微波炉加热分解法及干灰化分解法等。分解的作用是破坏土壤的矿物晶格和有机质，使待测元素进入试样溶液中。

1.酸分解法

酸分解法也称消解法，是测定土壤中重金属常选用的方法。分解土壤样品常用的混合酸消解体系有：盐酸-硝酸-氢氟酸-高氯酸、硝酸-氢氟酸-高氯酸、硝酸-硫酸-高氯酸、硝酸-硫酸-磷酸等。为了加速土壤中待测组分的溶解，还可以加入其他氧化剂或还原剂，如高锰酸钾、五氧化二钒、亚硝酸钠等。

2.碱熔分解法

碱熔分解法是将土壤样品与碱混合，在高温下熔融，使样品分解的方法。所用器皿有铝坩埚、瓷坩埚、镍坩埚和铂金坩埚等。常用的熔剂有碳酸钠、氢氧化钠、过氧化钠、偏硼酸锂等。其操作要点是：称取适量土样于坩埚中，加入适量熔剂（用碳酸钠熔融时应先在坩埚底垫上少量碳酸钠或氢氧化钠），充分混匀，移入马弗炉中高温熔融。熔融温度和时间视所用熔剂而定，如用碳酸钠于 900~920 ℃熔融 0.5 h，用过氧化钠于 650~700 ℃熔融 20~30 min 等。熔融好的土样冷却至 60~80 ℃后，移入烧杯中，于电热板上加水和(1+1)盐酸加热浸提和中和、酸化熔融物，待大量盐类溶解后，滤去不溶物，滤液定容，供分析测定。

碱熔分解法具有分解样品完全，操作简便、快速，且不产生大量酸蒸气的特点，但由于使用试剂量大，引入了大量可溶性盐，也易引进污染物质。另外，有些重金属如铬、镉等在高温下易挥发损失。

3.高压密闭分解法

该方法是将用水润湿、加入混合酸并摇匀的土样放入能严密密封的聚四氟乙烯坩埚内，置于耐压的不锈钢套筒中，放在烘箱内加热(一般不超过 180 ℃)分解的方法，具有用酸量少、易挥发元素损失少、可同时进行批量试样分解等特点。其缺点是看不到分解反应过程，只能在冷却开封后才能判断试样分解是否完全；分解试样量一般不能超过 1.0 g，使测定含量极低的元素时称样量受到限制；分解含有机质较多的土壤时，特别是在使用高氯酸的场合下，有发生爆炸的危险，可先在 80~90 ℃将有机物充分分解。

4.微波炉加热分解法

该方法是将土壤样品和混合酸放入聚四氟乙烯容器中，置于微波炉内加热使试样分解的方法。由于微波炉加热不是利用热传导方式使土壤从外部受热分解，而是以土样与酸的混合液作为发热体，从内部加热使土样分解，热量几乎不向外部传导损失，所以热效率非常高，并且利用微波炉能剧烈搅拌和充分混匀土样，使其加速分解。如果用微波炉加热分解法分解一般土壤样品，经几分钟便可达到良好的分解效果。

5.干灰化分解法

干灰化消解法又称燃烧法或高温分解法。根据待测组分的性质，选用铂、石英、银、镍或瓷材质坩埚盛放样品，将其置于高温电炉中加热，控制温度为 450~550 ℃，使其灰化完全，将残渣溶解供分析用。对于易挥发的元素，如汞、砷等，为避免高温灰化损失，可用氧瓶燃烧法进行灰化。此法是将样品包在无灰滤纸中，滤纸包钩在磨口塞的铂丝上，瓶中预先充入氧气和吸收液，将滤纸引燃后，迅速盖紧瓶塞，让其燃烧灰化，摇动瓶子让燃烧产物溶解于吸收液中，溶液供分析用。

(二)土壤样品提取方法

测定土壤中的有机污染物、受热后不稳定的组分，以及进行组分形态分析时，需要采用提取方法。提取溶剂常用有机溶剂、水和酸。

1.有机污染物的提取

测定土壤中的有机污染物，一般用新鲜土样。称取适量土样放入锥形瓶中，放在振荡器上，用振荡提取法提取。对于农药、苯并[a]芘等含量低的污染物，为了提高提取效率，常用索氏提取器提取法。常用的提取剂有环己烷、石油醚、丙酮、二氯甲烷、三氯甲烷等。

2.无机污染物的提取

土壤中易溶无机物组分、有效态组分，可用酸或水浸取。例如，用 0.1 mol/L 盐酸振荡提取镉、铜、锌，用蒸馏水提取构成 pH 的组分，用无硼水提取有效态硼等。

(三)净化和浓缩

土壤样品中的待测组分被提取后,往往还存在干扰组分,或达不到分析方法测定要求的浓度,需要进一步净化或浓缩。常用净化方法有层析法、蒸馏法等;浓缩方法有 K-D 浓缩器法、蒸发法等。土壤样品中的氰化物、硫化物常用蒸馏-碱溶液吸收法分离。

任务实施

活动 1　解读土壤中总铬测定国家标准

1.阅读与查找标准

(1)上网搜索查找总铬的测定方法标准。

(2)仔细阅读标准 HJ 491-2009《土壤　总铬的测定　火焰原子吸收分光光度法》,确定土壤中总铬的测定方案,找出方法的适用范围、检测限、方法原理、精密度和准确度等内容,并列出所需的其他相关标准。将查找结果填入表 3-2-1 中。

2.仪器和试剂的确认

依据查阅的标准,拟订仪器和试剂计划,填入表 3-2-1 中。

3.数据记录

表 3-2-1　解读《土壤　总铬的测定　火焰原子吸收分光光度法》标准的原始记录

记录编号			
一、阅读与查找标准			
方法原理			
相关标准			
检测限			
准确度		精密度	
二、标准内容			
适用范围		限值	
定量公式		性状	
样品处理			
操作步骤			
三、仪器确认			
所需仪器			检定有效日期

续表

四、试剂确认			
试剂名称	纯度	库存量	有效期
五、安全防护			
确认人		复核人	

活动 2 总铬测定的仪器准备

按标准 HJ 491–2009《土壤 总铬的测定 火焰原子吸收分光光度法》拟订和领取所需仪器,确认仪器的规格、型号,并完成表 3–2–2 领用记录的填写,做好仪器和设备的准备工作。

活动 3 总铬测定的溶液制备

按标准 HJ 491–2009《土壤 总铬的测定 火焰原子吸收分光光度法》拟订和领取所需的试剂,完成表 3–2–2 领用记录的填写,并按要求配制所需的溶液和标准溶液。

表 3–2–2 仪器和试剂领用记录

仪器				
编号	名称	规格	数量	备注
试剂				
编号	名称	级别	数量	配制方法
备注				

溶液制备具体任务:(1)制备盐酸溶液(1+1);(2)制备 10%氯化铵溶液;(3)配制铬标准贮备液;(3)配制铬标准使用液。

总铬测定溶液制备方法

(1)10%氯化铵溶液的配制:准确称取 10 g 氯化铵,用少量水溶解后全部转移入 100 mL 容量瓶中,用水定容至标线,摇匀。

(2)ρ=1000 mg/L 的铬标准贮备液的配制:准确称取 0.2829 g 基准重铬酸钾(120 ℃烘干至恒重),用少量水溶解后定容至 100 mL。于冰箱 2~8 ℃可保存 6 个月。

(3)ρ=50 mg/L 的铬标准使用液的配制：吸取 1000 mg/L 铬标准贮备液 5.00 mL 于 100 mL 容量瓶中，加水定容至标线，摇匀，临用时现配。

活动 4 采集总铬测定的土样

(1)取学校土样：选取学校花坛的土壤，采集 20 cm 左右深处的土样约 500 g。混匀后用四分法缩分至约 100 g。缩分后的土样经风干（自然风干或冷冻干燥）后，除去土样中石子和动植物残体等异物，用木棒（或玛瑙棒）研压，通过 2 mm 尼龙筛除去 2 mm 以上的沙砾，混匀。用玛瑙研钵将通过 2 mm 尼龙筛的土样研磨至全部通过 100 目（孔径 0.149 mm）尼龙筛，混匀后备用。

(2)将土样采集与保存记录填写在表 3-2-3 中。

表 3-2-3 土样的采集与保存记录

序号	测定项目	采样时间	采样点	样品编号	采样深度	采样容器	土壤形状描述	保存期	采样量	备注

采样人员：____________　　　　记录人员：____________

注意事项

(1)制作过程中采样时的土壤标签和土壤始终放在一起，严禁混错，样品名称和编码始终不变。

(2)制样工具每处理一份样后擦抹（洗）干净，严防交叉污染。

活动 5 土壤中总铬的测定

1.实验原理

采用盐酸-硝酸-氢氟酸-高氯酸全分解的方法，破坏土壤的矿物晶格，使试样中的待测元素全部进入试液，并且，在消解过程中，所有铬都被氧化成 $Cr_2O_7^{2-}$。然后，将消解液喷入富燃性空气-乙炔火焰中。在火焰的高温下，形成铬基态原子，并对铬空心阴极灯发射的特征谱线 357.9 nm 处产生选择性吸收。在选择的最佳测定条件下，测定铬的吸光度。

2.操作步骤

(1)试样的准备。

①全消解方法。

准确称取 0.2~0.5 g(精确至 0.0002 g)试样于 50 mL 聚四氟乙烯坩埚中,用水润湿后加入 10 mL 盐酸,于通风橱内的电热板上低温加热,使样品初步分解,待蒸发至约剩 3 mL 时,取下稍冷,然后加入 5 mL 硝酸、5 mL 氢氟酸、3 mL 高氯酸,加盖后于电热板上中温加热 1 h 左右,然后开盖,电热板温度控制在 150 ℃,继续加热除硅,为了达到良好的飞硅效果,应经常摇动坩埚。当加热至冒浓厚高氯酸白烟时,加盖,使黑色有机碳化物分解。待坩埚壁上的黑色有机物消失后,开盖,驱赶白烟并蒸至内容物呈黏稠状。视消解情况,可再补加 3 mL 硝酸、3 mL 氢氟酸、1 mL 高氯酸,重复以上消解过程。取下坩埚稍冷,加入 3 mL 盐酸溶液(1+1),温热溶解可溶性残渣,全量转移至 50 mL 容量瓶中,加入 5 mL 10%氯化铵溶液,冷却后用水定容至标线,摇匀。

图 3-2-3 微波消解仪

②微波消解法。

准确称取 0.2 g(精确至 0.0002 g)试样于微波消解仪(如图 3-2-3 所示)中,用少量水润湿后加入 6 mL 硝酸、2 mL 氢氟酸,按照一定升温程序进行消解,冷却后将溶液转移至 50 mL 聚四氟乙烯坩埚中,加入 2 mL 高氯酸,电热板温度控制在 150 ℃,驱赶白烟并蒸至内容物呈黏稠状。取下坩埚稍冷,加入盐酸溶液(1+1)3 mL,温热溶解可溶性残渣,全量转移至 50 mL 容量瓶中,加入 5 mL10%氯化铵溶液,冷却后定容至标线,摇匀。

(2)仪器测量条件。

铬火焰原子吸收分光光度法仪器参考条件,见表3-2-4:

表 3-2-4 火焰原子吸收分光光度法仪器测量条件

元素	Cr
测定波长,nm	357.9
通带宽度,nm	0.7
火焰性质	还原性
次灵敏线,nm	359.0,360.5,425.4
燃烧器高度,mm	8

(3)制备标准曲线。

分别吸取 0.00 mL,0.50 mL,1.00 mL,2.00 mL,3.00 mL,4.00 mL 铬标准使用液于 50 mL 容量瓶中,然后依次加入 5 mL 10%氯化铵溶液,3 mL 盐酸溶液(1+1),用水定容至刻度,摇匀。其铬的质量浓度分别为 0.00 mg/L,0.50 mg/L,1.00 mg/L,2.00 mg/L,3.00 mg/L,4.00 mg/L。采用原子吸收分光光度计(如图 3-2-4 所示)按仪器测量条件由低到高质量浓度顺序测定标准溶液的吸光度。

用减去空白的吸光度与相对应的铬的质量浓度绘制标准曲线。

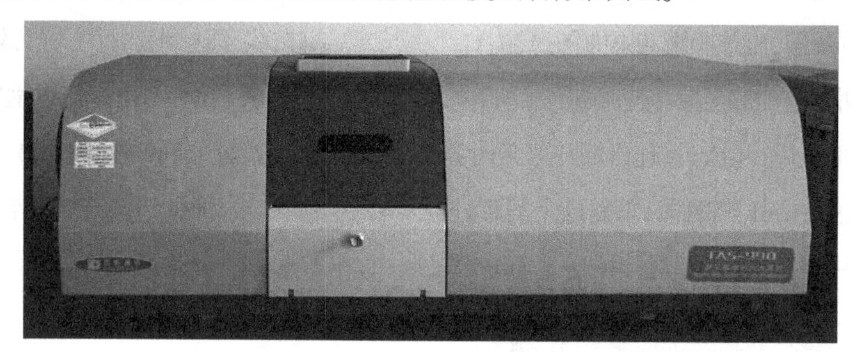

图 3-2-4 原子吸收分光光度计

(4)空白试验。

用去离子水代替试样,采用和试液制备相同的步骤和试剂,制备全程序空白溶液,并按仪器测量条件测定。每批样品至少制备 2 个以上的空白溶液。

(5)测定。

取适量试液,并按仪器测量条件测定试液的吸光度,由吸光度值在标准曲线上查得铬质量浓度。

3.结果的表述

土壤中铬的含量 w(mg/kg)按如下公式计算:

$$w=\frac{\rho\times V}{m\times(1-f)}$$

式中:ρ——试液吸光度减去空白溶液的吸光度,然后从标准曲线上查得铬的质量浓度,mg/L;

V——样品消解后定容的体积,mL;

m——试样重量,g;

f——试样中水分的含量,%。

活动 6 土壤中总铬的测定数据记录与处理

将测定数据及处理结果记录于表 3-2-5 中。

表 3-2-5 总铬的测定原始记录

<table>
<tr><td>样品名称</td><td></td><td>测定项目</td><td colspan="2"></td><td>测定方法</td><td></td></tr>
<tr><td>测定时间</td><td></td><td>环境温度</td><td colspan="2"></td><td>环境湿度</td><td></td></tr>
<tr><td>测定波长</td><td></td><td>通带宽度</td><td colspan="2"></td><td>次灵敏线</td><td></td></tr>
<tr><td colspan="7">一、标准曲线的绘制</td></tr>
<tr><td>标准工作液浓度,mg/L</td><td colspan="6"></td></tr>
<tr><td>序号</td><td>1</td><td>2</td><td>3</td><td>4</td><td>5</td><td>6</td></tr>
<tr><td>标液的体积,mL</td><td>0.00</td><td>0.50</td><td>1.00</td><td>2.00</td><td>3.00</td><td>4.00</td></tr>
<tr><td>标液的浓度,mg/L</td><td></td><td></td><td></td><td></td><td></td><td></td></tr>
<tr><td>吸光度</td><td></td><td></td><td></td><td></td><td></td><td></td></tr>
<tr><td>校准后的吸光度</td><td></td><td></td><td></td><td></td><td></td><td></td></tr>
<tr><td>标准曲线方程</td><td colspan="6"></td></tr>
<tr><td>R</td><td colspan="6"></td></tr>
<tr><td colspan="7">二、试样的测定</td></tr>
<tr><td>测定次数</td><td colspan="2">1</td><td colspan="2">2</td><td colspan="2">3</td></tr>
<tr><td>试样重量,g</td><td colspan="2"></td><td colspan="2"></td><td colspan="2"></td></tr>
<tr><td>试样吸光度</td><td colspan="2"></td><td colspan="2"></td><td colspan="2"></td></tr>
<tr><td>校准后的吸光度</td><td colspan="2"></td><td colspan="2"></td><td colspan="2"></td></tr>
<tr><td>试样浓度,mg/L</td><td colspan="2"></td><td colspan="2"></td><td colspan="2"></td></tr>
<tr><td>计算公式</td><td colspan="6"></td></tr>
<tr><td>总铬含量,mg/kg</td><td colspan="2"></td><td colspan="2"></td><td colspan="2"></td></tr>
<tr><td>平均值,mg/kg</td><td colspan="6"></td></tr>
<tr><td>相对极差,%</td><td colspan="6"></td></tr>
</table>

分析者(签字):______________ 复核者(签字):______________

活动 7　撰写分析报告

将测定结果填写入表 3-2-6 中。

表 3-2-6　总铬测定检验报告内页

采样地点			样品编号	
执行标准				
检测项目	检测结果	限值	本项结论	备注
以下空白				

检验员(签字):＿＿＿＿＿＿　工号:＿＿＿＿＿＿　日期:＿＿＿＿＿＿

任务评价

表 3-2-7　任务评价表

考核内容	序号	考核标准	分值	小组评价	教师评价
解读国家标准(10 分)	1	标准查找正确	2 分		
	2	仪器的确认(种类、规格、精度)正确	2 分		
	3	试剂的确认(种类、纯度、数量)正确	2 分		
	4	解读标准的原始记录填写无误	4 分		
仪器准备(5 分)	5	仪器选择正确(规格、型号)	2 分		
	6	仪器领用正确(规格、型号)	1 分		
	7	仪器领用记录的填写正确	2 分		
溶液准备(10 分)	8	试剂领用正确(种类、纯度、数量)	2 分		
	9	试剂领用记录的填写正确	3 分		
	10	正确配制所需溶液	5 分		
土样采集保存处理(15 分)	11	选择采样点、采样方法、采样容器、采样量、运输等正确	5 分		
	12	土样的保存方法、保存期等适当	5 分		
	13	土样的处理方法等正确	5 分		
测定操作(25 分)	14	正确使用原子吸收分光光度计	5 分		
	15	测定总铬含量操作正确	10 分		
	16	读数正确	2 分		
	17	再次测定操作正确	5 分		
	18	样品测定三次	3 分		

续表

考核内容	序号	考核标准	分值	小组评价	教师评价
测后工作及团队协作(5分)	19	仪器清洗、归位正确	1分		
	20	药品、仪器摆放整齐	1分		
	21	实验台面整洁	1分		
	22	分工明确,各尽其职	2分		
数据记录、处理及测定结果(25分)	23	及时记录数据、记录规范,无随意涂改	3分		
	24	正确填写原始记录表	2分		
	25	计算正确	5分		
	26	测定结果与标准值比较≤±1.0%	10分		
	27	相对极差≤1.0%	5分		
撰写分析报告(5分)	28	检验报告内容正确	2分		
	29	正确撰写检验报告	3分		
考核结果					

拓展提高

土壤中重金属污染物测定

目前国内外的现行标准中,对于土壤中重金属污染物的测定,主要测定重金属元素的总量。金属污染物的迁移、转化规律,并不取决于污染物的总浓度(或总量),而是取决于其在土壤环境中存在的化学形态,这是因为不同化学形态的重金属其毒理特征不同。目前,土壤环境中重金属元素的形态分析是当今环境科学研究领域的前沿课题。

一、重金属元素的总量测定

根据我国《土壤环境质量标准》(GB 15618—1995)规定,土壤中重金属污染常规测定的项目有Cd、Cu、Pb、Zn、Hg、Cr、Ni七种,其测定方法有原子吸收分光光度法、冷原子吸收法、紫外-可见分光光度法等。土壤中重金属测定与水及大气中测定时的最大不同点在于样品的预处理。土壤样品多采用多元酸消解体系及干灰化法消解的预处理方式,测定元素不同,消化用酸的种类也有所不同。土壤中部分重金属的消解方法、测定方法、测定仪器如下:

(一)镉

土样经盐酸-硝酸-高氯酸消解后采用萃取-火焰原子吸收法以及石墨炉原子吸收法进

行测定,测定仪器为原子吸收分光光度计。

(二)铜

土样经盐酸-硝酸-高氯酸消解后采用火焰原子吸收分光光度法测定,测定仪器为原子吸收分光光度计。

(三)铅

土样经盐酸-硝酸-氢氟酸—高氯酸消解后采用萃取-火焰原子吸收法以及石墨炉原子吸收法进行测定,测定仪器为原子吸收分光光度计。

(四)锌

土样经盐酸-硝酸-高氯酸消解后采用火焰原子吸收分光光度法测定,测定仪器为原子吸收分光光度计。

(五)汞

土样经硝酸-硫酸-五氧化二钒或硫酸-硝酸-高锰酸钾消解后采用冷原子吸收法测定,测定仪器为测汞仪。

(六)铬

土样经硫酸-硝酸-氢氟酸消解后采用高锰酸钾氧化,二苯碳酰二肼分光光度法或加氯化铵溶液后用火焰原子吸收分光光度法测定, 测定仪器为可见光分光度计或原子吸收分光光度计。

(七)锰

土样经盐酸-氢氟酸-高氯酸消解后采用原子吸收法测定,测定仪器为原子吸收分光光度计。

二、土壤中重金属形态分析

所谓形态,实际上包括价态、化合态、结合态和结构态四个方面。土壤中重金属形态上的差异可能会导致不同生物毒性的环境行为,具体表现为:重金属态转变为非自然态时,其毒性增加;离子态的毒性大于络合态;金属有机物的毒性大于无机物;价态不同,毒性不同;金属羰基化合物常常有剧毒;不同的化学形态,对生物体的可利用性也不同。因此,只有借助于形态分析,才可能确切了解化学污染物对生态环境、环境质量、人体健康的影响。从某种意义上来讲,研究金属元素的形态较之研究其总浓度显得更为重要。

土壤中重金属的形态分析一般采用五步连续提取法，即可交换态、碳酸盐结合态、铁锰氧化物结合态、有机物结合态和残渣态。具体步骤如下:

(一)可交换态

2 g 试样中加入 16 mL 1 mol/L 的氯化镁，室温下振荡 1 h，离心 10 min (400 r/min) ，吸出上层清液分析。

(二)碳酸盐结合态

经处理后的残余物在室温下用 16 mol/L 的乙酸钠提取，提取前用乙酸把 pH 值调到 5.0，振荡 8 h，离心，吸出上层清液分析。

(三)铁锰氧化物结合态

经处理后的残余物中加入 16 mL 0.4 mol/L 盐酸羟胺，在 20%乙酸中提取，提取温度在 96±3 ℃，时间为 4 h，离心，吸出上层清液分析。

(四)有机物结合态

经处理后的残余物中加入 3 mL 0.02 mol/L 硝酸和 5 mL 30%过氧化氢，然后用硝酸调节 pH 值至 2，将混合物加热至 85±2 ℃，保温 2 h，并在加热中间振荡几次。再加入 5 mL 过氧化氢，调节 pH 值至 2，将混合物于 85±2 ℃加热 3 h，并间断振荡。冷却后，加入 5 mL 3.2 mol/L乙酸铵的 20%硝酸溶液，稀释到 20 mL，振荡 30 min，离心，吸出上层清液分析。

(五)残渣态

对处理后的残余物，利用硝酸-高氯酸-氢氟酸-高氯酸消解法消解分析。

一般认为，在 5 种不同的存在形式中，可交换态和碳酸盐结合态金属易迁移、转化，对人类和环境危害较大;铁锰氧化物结合态和有机物结合态较为稳定，但在外界条件变化时也有释放出金属离子的机会;残渣态一般称为非有效态，因为以这种形态存在的重金属在自然条件下不易释放出来。

课后自测

(1)什么是重金属污染？主要的重金属有哪些？

(2)什么是土壤的预处理？其目的是什么？如何进行预处理？

(3)测定土壤中总铬含量的原理和适用范围是什么？

(4)测定土壤中总铬时,应注意哪些问题？

(5)简述常见重金属的消解、测定方法。

参考资料

HJ 491−2009《土壤 总铬的测定 火焰原子吸收分光光度法》

附录一　水样保存和容器的洗涤

项目	采样容器	保存剂及用量	保存期	采样量，mL①	容器洗涤
浊度*	G.P.		12 h	250	I
色度*	G.P.		12 h	250	I
pH 值*	G.P.		12 h	250	I
电导*	G.P.		12 h	250	I
悬浮物**	G.P.		14 d	500	I
碱度**	G.P.		12 h	500	I
酸度**	G.P.		30 d	500	I
COD	G.	加 H_2SO_4，pH≤2	2 d	500	I
高锰酸盐指数**	G.		2 d	500	I
DO*	溶解氧瓶	加入硫酸锰，碱性 KI 叠氮化钠溶液，现场固定	24 h	250	I
BOD_5**	溶解氧瓶		12 h	250	I
TOC	G.	加 H_2SO_4，pH≤2	7 d	250	I
F^-**	P		14 h	250	I
Cl^-**	G.P.		30 h	250	I
Br^-**	G.P.		14 h	250	I
I^-	G.P.	NaOH，pH=12	14 h	250	I
SO_4^{2-}**	G.P.		30 d	250	I
PO_4^{3-}	G.P.	NaOH，H_2SO_4 调 pH=7，$CHCl_3$ 0.5%	7 d	250	Ⅳ
总磷	G.P.	HCl，H_2SO_4，pH≤2	24 h	250	Ⅳ
氨氮	G.P.	H_2SO_4，pH≤2	24 h	250	I
NO_2^--N**	G.P.		24 h	250	I
NO_3^--N**	G.P.		24 h	250	I
总氮	G.P.	H_2SO_4，pH≤2	7 d	250	I
硫化物	G.P.	1 L 水样加 NaOH 至 pH 值约为 9，加入 5%抗坏血酸 5 mL，饱和 EDTA 3 mL，滴加饱和 $Zn(Ac)_2$ 至胶体产生，常温蔽光	24 h	250	I

续表

项目	采样容器	保存剂及用量	保存期	采样量,mL[①]	容器洗涤
总氰	G.P.	NaOH, pH≥9	12 h	250	Ⅰ
Be	G.P.	HNO_3,1 L 水样中加浓 HNO_3 10 mL	14 d	250	Ⅲ
B	P	HNO_3,1 L 水样中加浓 HNO_3 10 mL	14 d	250	Ⅰ
Na	P	HNO_3,1 L 水样中加浓 HNO_3 10 mL	14 d	250	Ⅱ
Mg	G.P.	HNO_3,1 L 水样中加浓 HNO_3 10 mL	14 d	250	Ⅱ
K	P	HNO_3,1 L 水样中加浓 HNO_3 10 mL	14 d	250	Ⅱ
Ca	G.P.	HNO_3,1 L 水样中加浓 HNO_3 10 mL	14 d	250	Ⅱ
Cr (Ⅵ)	G.P.	NaOH, pH=8~9	14 d	250	Ⅲ
Mn	G.P.	HNO_3,1 L 水样中加浓 HNO_3 10 mL	14 d	250	Ⅲ
Fe	G.P.	HNO_3,1 L 水样中加浓 HNO_3 10 mL	14 d	250	Ⅲ
Ni	G.P.	HNO_3,1 L 水样中加浓 HNO_3 10 mL	14 d	250	Ⅲ
Cu	P	HNO_3,1 L 水样中加浓 HNO_3 10 mL[②]	14 d	250	Ⅲ
Zn	P	HNO_3,1 L 水样中加浓 HNO_3 10 mL[②]	14 d	250	Ⅲ
As	G.P.	HNO_3,1 L 水样中加浓 HNO_3 10 mL,DDTC 法,HCl 2 mL	14 d	250	Ⅰ
Se	G.P.	HCl,1 L 水样中加浓 HCl 2 mL	14 d	250	Ⅲ
Ag	G.P.	HNO_3,1 L 水样中加浓 HNO_3 2 mL	14 d	250	Ⅲ
Cd	G.P.	HNO_3,1 L 水样中加浓 HNO_3 10 mL[②]	14 d	250	Ⅲ
Sb	G.P.	HCl, 0.2% (氢化物法)	14 d	250	Ⅲ
Hg	G.P.	HCl,1%如水样为中性, 1 L 水样中加浓 HCl 10 mL	14 d	250	Ⅲ
Pb	G.P.	HNO_3,1%如水样为中性,1 L 水样中加浓 HNO_3 10 mL[②]	14 d	250	Ⅲ
油类	G	加入 HCl 至 pH≤2	7 d	250	Ⅱ
农药类**	G	加入抗坏血酸 0.01~0.02 g 除去残余氯	24 h	1000	Ⅰ
除草剂类**	G	(同上)	24 h	1000	Ⅰ

续表

项目	采样容器	保存剂及用量	保存期	采样量,mL①	容器洗涤
邻苯二甲酸酯类**	G	(同上)	24 h	1000	I
挥发性有机物**	G	用 1+10 HCl 调至 pH=2,加入 0.01~0.02 g 抗坏血酸除去残余氯	12 h	1000	I
甲醛**	G	加入 0.2~0.5 g/L 硫代硫酸钠除去残余氯	24 h	250	I
酚类**	G	用 H_3PO_4 调至 pH=2, 用 0.01~0.02 g 抗坏血酸除去残余氯	24 h	1000	I
阴离子表面活性剂	G.P.		24 h	250	Ⅳ
微生物**	G	加入硫代硫酸钠至 0.2~0.5 g/L 除去残余物,4 ℃保存	12 h	250	I
生物**	G.P.	不能现场测定时用甲醛固定	12 h	250	I

注:(1)* 表示应尽量做现场测定;

** 表示低温(0~4 ℃)遮光保存。

(2)G 为硬质玻璃瓶,P 为聚乙烯瓶(桶)。

(3)①为单项样品的最少采样量;

②如用溶出伏安法测定,可改用 1 L 水样中加 19 mL 浓 $HClO_4$。

(4)Ⅰ,Ⅱ,Ⅲ,Ⅳ表示四种洗涤方法,如下。

Ⅰ:洗涤剂洗一次,自来水洗三次,蒸馏水洗一次;

Ⅱ:洗涤剂洗一次,自来水洗两次,1+3HNO_3 荡洗一次,自来水洗三次,蒸馏水洗一次;

Ⅲ:洗涤剂洗一次,自来水洗两次,1+3HNO_3 荡洗一次,自来水洗三次,去离子水洗一次;

Ⅳ:铬酸洗液洗一次,自来水洗三次,蒸馏水洗一次。

如果采集污水样品可省去用蒸馏水、去离子水清洗的步骤。

(5)经 160 ℃干热灭菌 2 h 的微生物、生物采样容器,必须在两周内使用,否则应重新灭菌;经 121 ℃高压蒸汽灭菌 15 min 的采样容器,如不立即使用,应于 60 ℃将瓶内冷凝水烘干,两周内使用。细菌监测项目采样时不能用水样冲洗采样容器,不能采混合水样,应单独采样后 2 h 内送实验室分析。

附录二 吸收瓶的检查与采样效率的测定

1.玻板阻力及微孔均匀性检查

新的多孔玻板吸收瓶在检查前,应用(1+1)HCl 浸泡 24 h 以上,用清水洗净。

每只吸收瓶在使用前或使用一段时间以后应测定其玻板阻力，检查通过玻板后气泡分散的均匀性。阻力不符合要求和气泡分散不均匀的吸收瓶不宜使用。

内装 10 mL 吸收液的多孔玻板吸收瓶,以 0.4 L/min 流量采样时,玻板阻力应在 4~5 kPa 之间,通过玻板后的气泡应分散均匀。

内装 50 mL 吸收液的大型多孔玻板吸收瓶,以 0.2 L/min 流量采样时,玻板阻力应在 5~6 kPa 之间,通过玻板后的气泡应分散均匀。

2.采样效率(*E*)的测定

采样效率低于 0.97 的吸收瓶,不宜使用。吸收瓶在使用前和使用一段时间以后,应测定其采样效率。

吸收瓶的采样效率测定方法如下:

将两只吸收瓶串联,按短时间采样(1 h 以内)操作,采集环境空气,当第一只吸收瓶中 NO_2 浓度约为 0.4 μg/mL 时,停止采样。按样品测定前后两只吸收瓶中样品的吸光度,第一只吸收瓶的采样效率 E 按下式计算:

$$E=\frac{\rho_1}{\rho_1+\rho_2}$$

式中:ρ_1、ρ_2——分别为串联的第一只、第二只吸收瓶中 NO_2 的浓度,μg/mL;

E——吸收瓶的采样效率。

附录三 地表水环境质量标准(GB 3838-2002)

表 1 地表水环境质量标准基本项目标准限值 单位:mg/L

序号	分类 标准值 项目		Ⅰ类	Ⅱ类	Ⅲ类	Ⅳ类	Ⅴ类
1	水温(℃)		人为造成的环境水温变化应限制在: 周平均最大温升≤1 周平均最大温降≤2				
2	pH 值(无量纲)		6~9				
3	溶解氧	≥	饱和率 90%(或 7.5)	6	5	3	2
4	高锰酸盐指数	≤	2	4	6	10	15
5	化学需氧量(COD)	≤	15	15	20	30	40
6	五日生化需氧量(BOD_5)	≤	3	3	4	6	10
7	氨氮(NH_3-N)	≤	0.15	0.5	1.0	1.5	2.0
8	总磷(以 P 计)	≤	0.02(湖、库 0.01)	0.1(湖、库 0.025)	0.2(湖、库 0.05)	0.3(湖、库 0.1)	0.4(湖、库 0.2)
9	总氮(湖、库,以 N 计)	≤	0.2	0.5	1.0	1.5	2.0
10	铜	≤	0.01	1.0	1.0	1.0	1.0
11	锌	≤	0.05	1.0	1.0	2.0	2.0
12	氟化物(以 F^- 计)	≤	1.0	1.0	1.0	1.5	1.5
13	硒	≤	0.01	0.01	0.01	0.02	0.02
14	砷	≤	0.05	0.05	0.05	0.1	0.1
15	汞	≤	0.00005	0.00005	0.0001	0.001	0.001
16	镉	≤	0.001	0.005	0.005	0.005	0.01
17	铬(六价)	≤	0.01	0.05	0.05	0.05	0.1
18	铅	≤	0.01	0.01	0.05	0.05	0.1
19	氰化物	≤	0.005	0.05	0.2	0.2	0.2
20	挥发酚	≤	0.002	0.002	0.005	0.01	0.1
21	石油类	≤	0.05	0.05	0.05	0.5	1.0
22	阴离子表面活性剂	≤	0.2	0.2	0.2	0.3	0.3
23	硫化物	≤	0.05	0.1	0.2	0.5	1.0
24	粪大肠菌群(个/L)	≤	200	2000	10000	20000	40000

表 2 地表水环境质量标准基本项目分析方法

序号	基本项目	分析方法	检测限，mg/L	方法来源
1	水温(℃)	温度计法		GB 13195-91
2	pH 值(无量纲)	玻璃电极法		GB 6920-86
3	溶解氧	碘量法	0.2	GB 7489-89
		电化学探头法		GB 11913-89
4	高锰酸盐指数		0.5	GB 11892-89
5	化学需氧量(COD)	重铬酸盐法	10	GB 11914-89
6	五日生化需氧量(BOD_5)	稀释与接种法	2	GB 7488-87
7	氨氮(NH_3-N)	纳氏试剂比色法	0.05	GB 7479-87
		水杨酸分光光度法	0.01	GB 7481-87
8	总磷(以 P 计)	钼酸铵分光光度法	0.01	GB 11893-89
9	总氮(湖、库，以 N 计)	碱性过硫酸钾消解紫外分光光度法	0.05	GB 11894-89
10	铜	2,9-二甲基-1,10-菲咯啉分光光度法	0.06	GB 7473-87
		二乙基二硫代氨基甲酸钠分光光度法	0.010	GB 7474-87
		原子吸收分光光度法(螯合萃取法)	0.001	GB 7475-87
11	锌	原子吸收分光光度法	0.05	GB 7475-87
12	氟化物(以 F^- 计)	氟试剂分光光度法	0.05	GB 7483-87
		离子选择电极法	0.05	GB 7484-87
		离子色谱法	0.02	HJ/T 84-2001
13	硒	2,3-二氨基萘荧光法	0.00025	GB 11902-89
		石墨炉原子吸收分光光度法	0.003	GB/T 15505-1995
14	砷	二乙基二硫代氨基甲酸银分光光度法	0.007	GB 7485-87
		冷原子荧光法	0.00006	①
15	汞	冷原子吸收分光光度法	0.00005	GB 7468-87
		冷原子荧光法	0.00005	①
16	镉	原子吸收分光光度法(螯合萃取法)	0.001	GB 7475-87
17	铬(六价)	二苯碳酰二肼分光光度法	0.004	GB 7467-87
18	铅	原子吸收分光光度法(螯合萃取法)	0.01	GB 7475-87
19	氰化物	异烟酸-吡唑啉酮比色法	0.004	GB 7487-87
		吡啶-巴比妥酸比色法	0.002	

续表

序号	基本项目	分析方法	检测限,mg/L	方法来源
20	挥发酚	蒸馏后 4-氨基安替比林分光光度法	0.002	GB 7490-87
21	石油类	红外分光光度法	0.01	GB/T 16488-1996
22	阴离子表面活性剂	亚甲蓝分光光度法	0.05	GB 7494-87
23	硫化物	亚甲基蓝分光光度法	0.005	GB/T 16489-1996
		直接显色分光光度法	0.004	GB/T 17133-1997
24	粪大肠菌群(个/L)	多管发酵法、滤膜法		①

注:暂采用下列分析方法,待国家方法标准发布后,执行国家标准。

①《水和废水监测分析方法(第三版)》,中国环境科学出版社,1989 年。

附录四 环境空气质量标准(GB 3095-2012)

表 1 环境空气污染物基本项目浓度限值

序号	污染物项目	平均时间	浓度限值		单位
			一级	二级	
1	二氧化硫(SO_2)	年平均	20	60	μg/m³
		24 小时平均	50	150	
		1 小时平均	150	500	
2	二氧化氮(NO_2)	年平均	40	40	
		24 小时平均	80	80	
		1 小时平均	200	250	
3	一氧化碳(CO)	24 小时平均	4	4	mg/m³
		1 小时平均	10	10	
4	臭氧(O_3)	日最大 8 小时平均	100	160	μg/m³
		1 小时平均	160	200	
5	颗粒物(粒径小于等于 10 μm)	年平均	40	70	
		24 小时平均	50	150	
6	颗粒物(粒径小于等于 2.5 μm)	年平均	15	35	
		24 小时平均	35	75	

表 2 环境空气污染物其他项目浓度限值

序号	污染物项目	平均时间	浓度限值		单位
			一级	二级	
1	总悬浮颗粒物(TSP)	年平均	80	200	μg/m³
		24 小时平均	120	300	
2	氮氧化物(NO_x)	年平均	50	50	
		24 小时平均	100	100	
		1 小时平均	250	250	
3	铅(Pb)	年平均	0.5	0.5	
		季平均	1	1	
4	苯并[a]芘(BaP)	年平均	0.001	0.001	
		24 小时平均	0.0025	0.0025	

表 3 各项污染物分析方法

<table>
<tr><th rowspan="2">序号</th><th rowspan="2">污染物项目</th><th colspan="2">手工分析方法</th><th rowspan="2">自动分析方法</th></tr>
<tr><th>分析方法</th><th>标准编号</th></tr>
<tr><td rowspan="2">1</td><td rowspan="2">二氧化硫(SO_2)</td><td>环境空气 二氧化硫的测定 甲醛吸收-副玫瑰苯胺分光光度法</td><td>H J482</td><td rowspan="2">紫外荧光法、差分吸收光谱分析法</td></tr>
<tr><td>环境空气 二氧化硫的测定 四氯汞盐吸收-副玫瑰苯胺分光光度法</td><td>HJ 483</td></tr>
<tr><td>2</td><td>二氧化氮(NO_2)</td><td>环境空气 氮氧化物（一氧化氮和二氧化氮）的测定 盐酸萘乙二胺分光光度法</td><td>HJ 479</td><td>化学发光法、差分吸收光谱分析法</td></tr>
<tr><td>3</td><td>一氧化碳(CO)</td><td>空气质量 一氧化碳的测定 非分散红外法</td><td>GB 9801</td><td>气体滤波相关红外吸收法、非分散红外吸收法</td></tr>
<tr><td rowspan="2">4</td><td rowspan="2">臭氧</td><td>环境空气 臭氧的测定 靛蓝二磺酸钠分光光度法</td><td>HJ 504</td><td rowspan="2">紫外荧光法、差分吸收光谱分析法</td></tr>
<tr><td>环境空气臭氧的测定紫外光度法</td><td>HJ 590</td></tr>
<tr><td>5</td><td>颗粒物(粒径小于等于 10 μm)</td><td>环境空气 PM10 和 PM2.5 的测定 重量法</td><td>HJ 618</td><td>微量振荡天平法、β射线法</td></tr>
<tr><td>6</td><td>颗粒物(粒径小于等于 2.5 μm)</td><td>环境空气 PM10 和 PM2.5 的测定 重量法</td><td>HJ 618</td><td>微量振荡天平法、β射线法</td></tr>
<tr><td>7</td><td>总悬浮颗粒物(TSP)</td><td>环境空气 总悬浮颗粒物测的测定 重量法</td><td>GB/T 15432</td><td>–</td></tr>
<tr><td>8</td><td>氮氧化物(NO_x)</td><td>环境空气 氮氧化物（一氧化氮和二氧化氮）的测定 盐酸萘乙二胺分光光度法</td><td>HJ 479</td><td>化学发光法、差分吸收光谱分析法</td></tr>
<tr><td rowspan="2">9</td><td rowspan="2">铅(Pb)</td><td>环境空气 铅的测定 石墨炉原子吸收分光光度法(暂行)</td><td>HJ 539</td><td rowspan="2">–</td></tr>
<tr><td>环境空气 铅的测定 火焰原子吸收分光光度法</td><td>GB/T 15264</td></tr>
<tr><td rowspan="2">10</td><td rowspan="2">苯并[a]芘(BaP)</td><td>环境空气 飘尘中苯并 [a] 芘的测定 乙酰化滤纸层析荧光分光光度法</td><td>GB 8971</td><td rowspan="2">–</td></tr>
<tr><td>环境空气 苯并[a]芘的测定 高效液相色谱法</td><td>GB/T 15439</td></tr>
</table>

表4 污染物浓度数据有效性的最低要求

污染物项目	平均时间	数据有效性规定
二氧化硫(SO_2)、二氧化氮(NO_2)、颗粒物(粒径小于等于10 μm)、颗粒物(粒径小于等于2.5 μm)、氮氧化物(NO_x)	年平均	每年至少有324个日平均浓度值 每月至少有27个日平均浓度值 (二月至少有25个日平均浓度值)
二氧化硫(SO_2)、二氧化氮(NO_2)、一氧化碳(CO)、颗粒物(粒径小于等于10 μm)、颗粒物(粒径小于等于2.5 μm)、氮氧化物(NO_x)	24小时平均	每日至少有20个小时平均浓度值或采样时间
臭氧(O_3)	8小时平均	每8小时至少有6个小时平均浓度值
二氧化硫(SO_2)、二氧化氮(NO_2)、一氧化碳(CO)、臭氧(O_3)、氮氧化物(NO_x)	1小时平均	每小时至少有45分钟的采样时间
总悬浮颗粒物(TSP)、苯并[a]芘(BaP)、铅(Pb)	年平均	每年至少有分布均匀的60个日平均浓度值 每月至少有分布均匀的5个日平均浓度值
铅(Pb)	季平均	每季至少有分布均匀的15个日平均浓度值 每月至少有分布均匀的5个日平均浓度值
总悬浮颗粒物(TSP)、苯并[a]芘(BaP)、铅(Pb)	24小时平均	每日应有24小时的采样时间

【1】税永红，吴国旭.环境检测技术[M].北京：科学出版社，2009.

【2】李弘.环境监测技术(第二版)[M].北京：化学工业出版社，2014.